# 披沙拣金

## ——东西方艺术引领当代珠宝创作与非遗活化研究

苏　婧　郑耿坚　郑诞生　郑焕坚　著

江苏凤凰美术出版社
全国百佳图书出版单位

**图书在版编目（CIP）数据**

披沙拣金：东西方艺术引领当代珠宝创作与非遗活化研究 / 苏婧等著. -- 南京：江苏凤凰美术出版社，2022.12

ISBN 978-7-5741-0557-7

Ⅰ.①披… Ⅱ.①苏… Ⅲ.①宝石－设计－研究－中国②宝石－非物质文化遗产－研究－中国 Ⅳ.①TS934.3

中国版本图书馆CIP数据核字（2022）第238590号

**责任编辑** 王左佐
**责任校对** 韩　冰
**封面设计** 苏　婧
**责任监印** 唐　虎

**书　　名** 披沙拣金——东西方艺术引领当代珠宝创作与非遗活化研究
**著　　者** 苏　婧　郑耿坚　郑诞生　郑焕坚
**出版发行** 江苏凤凰美术出版社（南京市湖南路1号　邮编：210009）
**印　　刷** 南京新世纪联盟印务有限公司
**开　　本** 787 mm×1092mm　1/16
**印　　张** 16.75
**字　　数** 220千字
**版　　次** 2022年12月第1版　2022年12月第1次印刷
**标准书号** ISBN 978-7-5741-0557-7
**定　　价** 128.00元

营销部电话　025-68155675　营销部地址　南京市湖南路1号
江苏凤凰美术出版社图书凡印装错误可向承印厂调换

# 序

方韦

**艺术之于人类：**

是精神的愉悦 是智慧的启迪

是至美的享受 是奋进的力量

英国诗人塞·丹尼尔说：“珠宝，爱情的演说家，男人深知它能打动女人的心。”珠宝常常被爱情所“裹挟”。殊不知，珠宝除去佩戴装饰、传递情感、凝聚财富、彰显权威等表象意义之外，也被无数艺术家当作颜彩与画布，当作技巧与雕塑。珠宝，是当之无愧的人类文化艺术标签，是俗世物质与风雅意境的通行媒介。

真正的艺术是一种信仰，是人们对精神世界是否强大且能否被人们普遍接受的见证，珠宝有了艺术作为信仰，能让人类生活得更充实，让浸润艺术的心从此不老。

关于珠宝的创作，灵感来自大千世界，既能汲取历史、哲学、绘画、建筑、宗教等人类智慧精粹的营养，又能运用人类沿袭数千年的“非遗技艺”与信息时代的最尖端的制造工艺。

无数巧夺天工的作品，在历史长河中与时光一同流淌；无数珍贵而又转瞬即逝的高光时刻被凝固下来。

《披沙拣金》一书，将作者研习珠宝艺术以来，在与国内珠宝行业顶尖创作企业和人物交流合作中对珠宝艺术的多方向探索心得进行总结。初读仿佛以青绿之彩穿越“千里江山”，可打开珠宝创作理念的灵感边界，解开以往拘泥于有限题材及使用场景的束缚。再读，可细细揣摩意匠升华所造就的璀璨瑰宝，在世俗与超脱之间反复抚慰和激励我们的内心。

书中最难能可贵之处在于：将艺术流派与珠宝作品案例巧妙转化的笔精墨妙；将博大精深的意境以精湛工艺穿越时空的匠心独运；将东西方美学与技艺比肩而立的兼收并蓄！

最终，回到现实中来。国内珠宝行业的发展，已经跨越了物资匮乏时代的紧缺，在向品牌战略、品质跃升的方向进发。“品牌”，依靠文化传承为底蕴，以产品至臻为载体，用服务备至以传递。上自做强一个品牌，下至一件产品、一次服务，也正面临着提升、转变、竞争、淘汰，正如书名《披沙拣金》的含义。前路不易，读好书、同思考、共勉！

# 目　录

# 色彩与绘画

## ——在珠宝艺术中的非遗活化

早在人类文明伊始，珠宝就出现在了有记录的文明遗迹中，至今已有7000多年的历史。珠宝虽不是人类生存的必需品，却是生活的必需品。它反映着一个人的身份、地位，更关乎一个人的风格与思想，让佩戴它的人获得精神上的满足。珠宝艺术并不是世界的孤岛，而是时代的回响。一个时代的精神内核往往会通过各种艺术流派和文化精神传递流行。作为文明的缩影，艺术也随着时代潮起潮落演进流传，这是艺术保持旺盛生命力的必然之道，也是珠宝艺术与设计活化与传承的方向。

在庞大的艺术世界里，绘画是最早被认定的代表。色彩在明暗浅淡中调和出灵性的光辉，线条在交错勾连中编织起情韵的流动，构图在框架章法内凝聚起视线的交融。色彩、线条、构图，这些绘画艺术天然的要素与珠宝设计完美契合，它们共通的艺术轨迹也连接起了两者在意境上的沟通。从绘画作品中作为装饰而存在的珠宝，到以艺术流派为灵感进行创意和设计的珠宝，东西方的绘画艺术很早就与珠宝设计缔结了不解之缘。虽然哲学基础、抽象方式、表达形式的不同使得东西方色彩与绘画的本质有着天然的差异，然而在符号元素的象征性、情感抒发的表征性以及心境灵魂的归属感与认同感上却又有着共通之处。在如此背离又纠葛的前提下，珠宝这项背负着人类非遗技艺的艺术形式将以更具活力和缤纷的姿态传承发展下去。

# 中国色彩与绘画

## ——与当代珠宝艺术的融合

# 中国色彩

在现代汉语的惯常语境中，色彩与颜色意义相通。但在古代，颜色却并非“色彩”的同义，而是指代容颜、面貌，比如“颜色憔悴”。直至唐代，颜色才渐渐有了“色彩”的含义，但色彩所包含的内容又不仅仅指颜色样貌本身。在中国文化中，“色彩”源自天地，出自人伦，能够融于生活，观照内心，成为观察与了解世界的一种方式。

作为视觉传导的媒介，色彩承载了文化价值的传播。中国风格的珠宝设计应在色彩的调配、命名以及运用中将传统文化的内涵与意蕴纳入其中，通过珠宝艺术的中国色彩，传承中国文化的风采与自信。

# 中国色彩的源起与形成

## 五行、五方与五色

在中国文化史的表述手段中，色彩是独特的存在。相较于文字的明确、图像的清晰，色彩的表情述意有一种难以捉摸的情绪化。当目睹漫天红霞时，有人激昂兴奋，有人失落怅惘，有人感怀慨叹……一种色彩能诱发千百种心绪的触动，但却难以名状。这种无法言表的模糊性正是色彩的魅力所在。

华夏文明伊始的色彩体系在秦汉时期首次被构建为成熟且纯正的色彩观，这是生长于两河（长江、黄河）流域，未受异域文化影响的华夏五色——中国色彩历史的认知正开始于"五色观"的形成。

上古时期的艰辛困苦并非我们在追忆人类历史开篇时想象的那样充满原始野性的美，刀耕火种、混沌素朴的安逸平和只是那个洪荒时代——"新冰期"的一个切片。在流传下来的文献碎片中，隐藏着斑斑血泪的生存真相："人居禽兽之间，动作以避寒，阴居以避暑"[1]。"昔者先王未有宫室，冬则居营窟，夏则居橧巢。未有火化，食草木之实，鸟兽之肉，饮其血，茹其毛。未有麻丝，衣其羽皮。"[2]弱小的华夏先民在恶劣的环境中挣扎抗争，面对浩瀚天地、山川江海，体悟日月运行、时序更迭，祈愿神灵相助。在这一过程中，人类洞悉了宇宙奥义，并渐渐形成了空间方位感知——"阴阳五行"的宇宙框架化方式，"四时五方"观念应运而生，从时间和空间两个维度影响着先秦时期人类生活的方方面面，包括色彩的归纳。于是，五行（金、木、水、火、土）、五方（西、东、北、南、中）、五色（白、青、黑、赤、黄）相互关联、一一对应（图001），形成了中国古代社会等级、哲学伦理、礼教宗法的内核与工具，也成为华夏民族礼制文明与传统文化的重要组成部分。

中国的传统色彩的文化内涵、政治态度以及美学意义是极其丰富的。千百年来，人们的衣食住行、审美意趣、情操品性等都保存着色彩的印记。色彩，在中国五千年的历

[1] 先秦至汉《黄帝内经》。

[2] 西汉《礼记·礼运》。

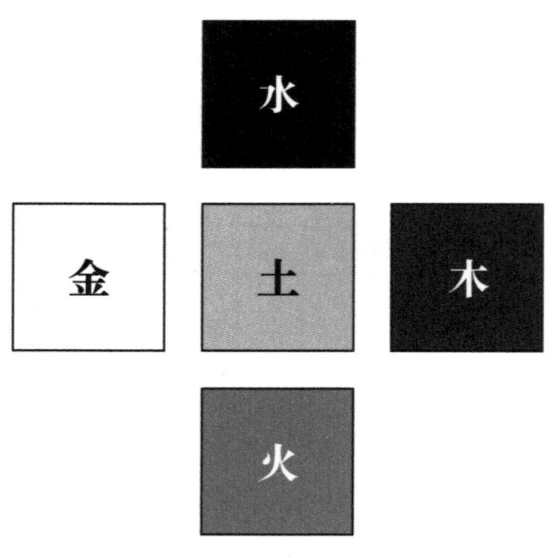


图001　五行、五方、五色的对应关系

史中参与了政治经济、社会习俗以及思想文化标准的制定，成就了中国人自我价值的认定。

## 正色与间色

自周朝开始，在世界万物“阴阳”属性划分的影响下，色彩也被相应分为正色与间色，并建立起华夏民族延续数千年的尊卑等级制度。

正色与间色概念的表达，最早出现在西汉戴圣辑录的《礼记·玉藻》中：“士不衣织。无君者不贰采。衣正色，裳间色。非列采不入公门……”“正色”指出席正式场合的服饰色彩；“间色”指出席非正式场合、染色不正的服饰色彩。郑玄注释曰：“谓冕服玄上纁下。”对天子冕服制度进行特别说明为玄色（正色）上衣，纁（间色）下裳。因“间色”是由不同比例的“正色”调和而成，归属为次要的颜色，故又称为“闲色”。可见，中国古代社会以正色为尊，间色为卑，看重衣色之纯，贵一色而贱贰采。正色之于中国文化的尊崇地位就这么被确定下来，一如战国时期《孙子兵法·势篇》所云：“色不过五，五色之变，不可胜观也。”色彩可千变万化，但始终离不开“五色”，正色与间色的划分同样反映着先秦时期宇宙二分框架的结果。

秦汉时期，受阴阳五行合流思想的影响，正色、间色的种类被规定为五正色与五间色。唐初孔颖达在主持编撰的《礼记正义》中援引南朝梁学者皇侃的说法：“皇氏云：‘正谓青、赤、黄、白、黑，五方正色也；不正谓五方间色也，绿、红、碧、紫、骝黄是也。’”自魏晋南北朝以来，这一说法流传甚广，再经过与秦汉以来的阴阳、五行、五方等色彩体系的融合，“五正色”与“五间色”（图002）逐渐成为明贵贱、辨等级的工具，并成为中国古代社会官方认证的色彩系统。

五正色：青 赤 黄 白 黑

图002　五正色与五间色

中国古代社会，除了表述正色的颜色词外，大量的颜色用词都是间色。“间色”与百姓生活休戚相关，是世俗色彩重要的组成部分[1]。

正色所包含的意义如同“正”字的本义一样，具有正统、纯正不杂之意。《助字辨略》卷四云：“凡色不杂糅，方不偏畸者，曰正。正自纯全之义。”因此，正色所承载的文化内涵便具有规范礼制上的正统之义。间色与正色相对，“间”古字作“閒”，《说文解字·门部》：“閒，隙也，从门，从月。”徐锴注：“夫门夜闭，闭而见月光，是有閒隙也。”“间”原义指门有缝，可见透入的月光，后引申出泄漏、掺杂之意。这与早期染色织物中混入其他色彩，获得“不纯”杂色的含义相通。甚至在先秦的部分文献中，“间”色通作“姦（奸）”色。《周礼·地官·司市》：“凡市伪饰之禁”，郑玄注：“姦色乱正色”。可见，在文明形成的早期，古人对于间色的理解与正色的“正统纯粹”相对，有略含贬义的价值判定。

然而，虽然先秦文献中大量出现“间色”一词，但其中真正的观念内涵却并非形成于此时，而是在中国传统文化的建构过程中逐渐成为社会体系的重要元素，作为中国古代哲学的产物渗透入世俗生活的方方面面，是古人对色彩认识的抽象概括。

## 正色·青

青属木，代表东方，最早见于西周金文，本义指蓝色、蓝色矿石或草木的颜色。在整

[1] 肖世孟：《“间色”考》，收录于《2021中国传统色彩学术年会论文集》，文化艺术出版社，2021年版。

个东方色彩谱系中，青色代指从蓝色过渡至绿色的一系列色彩。

在中国的传统文化中，对“青”的定义较为复杂，可能在古人的理解中，它是最为包容的颜色。《尔雅·释器》中说：“青，谓之葱。”《释名·释采帛》中说：“青，生也，象物生时色也。”青被解释为植物的颜色，是春天的象征。非常有意思的是，《说文解字·青部》中说：“青，东方色也。木生火，从生、丹。丹青之信，言必然。”这段记述对“青”的解释中错将秦篆“井”字解为“丹”，从而造成后世理解的一系列错误。正确解读为“‘青’字本从‘生’从‘井’，这个结构所表达的意义当然应与农作制度有关……实际是在借初生的禾苗喻指绿色”[1]。虽然青色的范围随着时代的发展不断扩充，但根据其字形本义的分析，青色的本色应为绿色无疑。

“青”的本义与农作相关，后扩展至所有草木之色。绿色的青苗和草木都是生命之初生机盎然的象征，进而引申出青春、青年、青岁等美好意义。孟郊《劝学》：“青春须早为，岂能长少年。”文天祥《送张宗甫兄弟楚观登舟赴湖北试》：“见说青年文赋好，士龙一笑共云间。”钱抠《香奁八咏其二·月奁匀面》：“青岁不留人易老，翠鸾飞去影空存。”描绘出一个个如青苗草木般活力蓬勃的少年郎。

褚少孙补传《史记·三王世家》：“青采出于蓝，而质青于蓝。”其中的“蓝”指一种染色力极强的植物蓝草，叶子用于制作靛青色染料。《诗经·小雅·采绿》：“终朝采蓝，不盈一襜。”郑玄笺：“蓝，染草也。”《荀子·劝学》中说：“青，取之于蓝，而青于蓝。”这出于蓝草的青色显然已不再是“青”的本义本色了，而是如纳兰性德在《高楼望月》中所写的“青天如海水，碧月如珠圆”中描述的如海水般深蓝的夜空之色。

虽然蓝草染色力强，但矿物染料青雘染出的青色更为持久，这种青色较蓝色更深，接近黑色。《山海经·南山经》：“又东三百里，曰青丘之山，其阳多玉，其阴多青雘。”郭璞注：“雘，黝属。”因此，青的意义中又添了黑色。近代诗人苏曼殊就用“淡扫蛾眉朝画师，同心华髻结青丝”的诗句描画了一位容貌俏丽、乌发满头的女乐师形象。

当青色以文字意象融入文学创作时，便氤氲成华夏文明中一抹不变的底色。这一色彩并非一个固定的颜色名称，而是一种情感意象的综合，凝结着高远、旷达、纯净、浩瀚的意蕴，代表着中国人谦逊儒雅、坚忍素朴的人格情怀。中国的第一部诗歌总集《诗经》中处处可见“青”的身影，如《诗经·卫风·淇奥》：“瞻彼淇奥，绿竹青青。有匪君子，充耳琇莹，会弁如星。瑟兮僩兮，赫兮咺兮。有匪君子，终不可谖兮。”诗歌以“绿竹”起兴，借绿竹的青翠来赞颂君子丰仪俊朗、品性高洁的形象，开创了以竹喻人

[1] 冯时：《“青”谈》，收录于《2021中国传统色彩学术年会论文集》，文化艺术出版社，2021年版。

的先河。

南朝宋明帝泰始四年改旧制定“五辂六服”，其中：“又以纮冕二彩缯，青衣裳，乘木辂，耕稼，飨国子。”[1]天子在孟春之际，乘车至田间，与群臣“躬耕帝籍田”[2]，并在宴请学子们的场合中，着青色冕服，服色穿戴既出自月令传统，也体现出对莘莘学子的关爱尊重。学子着青的传统由来已久，《诗经·郑风·子衿》：“青青子衿，悠悠我心。纵我不往，子宁不嗣音？青青子佩，悠悠我思。纵我不往，子宁不来？挑兮达兮，在城阙兮。一日不见，如三月兮。”《毛诗》释曰：“青衿，青领也，学子之服。”表达的是一位少女对爱人纯粹且深沉的思念。她的爱人应是一位在远方求学的少年学子，少女期盼着他的来信，更将这份情感物化成爱人青色的衣襟和佩带，让唱和之人也不禁产生深深的情感共鸣。

宋之问《初至崖口》“锦缋织苔藓，丹青画松石”中的“丹青”指画作或颜料，引申自《山海经·南山经》中所提及的“丹雘”：“又东五百里，曰鸡山，其上多金，其下多丹雘。”但这里所呈现的青色不再是“青雘”的青黑色，而是湛蓝纯澈的浅青色。《周礼·秋官·职金》：“掌凡金玉锡石丹青之戒令。”郑玄注：“青，空青也。”丹青属于矿物染料，不仅色彩明丽且不易褪色，所以不仅被用作颜料，也比喻忠贞不渝。《后汉书·公孙述传》：“陈言祸福，以明丹青之信。”傅玄《董逃行历九秋篇》：“妾心结意丹青，何忧君心中倾。”更有“丹册纪勋、青史纪事”的含义。王充《论衡·书虚》：“俗语不实，成为丹青；丹青之文，贤圣惑焉。”宋文天祥《正气歌》：“时穷节乃见，一一垂丹青。”“青”所蕴含的文化内涵早已超脱了它作为一种颜色的固有使命，从无数诗词歌赋中出现的频率来看，它是中国文人表达思想与情感难以替代的元素。

“诗画本一律”，在传统绘画领域，中国古代的艺术家们都非常擅于运用青色。早在隋唐之前，画家们就热衷描绘山川景致，形成了中国绘画的青绿主色调。青绿山水在绢本上的形成源自石青、石绿等矿石颜料的使用，不仅色彩艳丽、不易褪色且极具视觉冲击力。清代画家张庚曰：“画，绘事也，古来无不设色，且多青绿。”唐宋之后“青绿山水”日渐式微，主色调也由青色变成墨色，沉淀为中国绘画艺术中另一种更为深沉宁和的“青色”。

魏晋时期，借由佛教的传入，我国的宗教美术受西域民族色彩观的影响，改变了黑红色的基调，青绿兴起。在这一时期，敦煌壁画的用色出现了在红、白、黑等浓烈原色中，掺入较大面积的蓝色和绿色，瓦解了画面阴森、粗粝的原始气息，形成了红绿、蓝橙、

[1] 南朝梁《宋书卷十八·志第八·礼五》。

[2] 战国《吕氏春秋·孟春纪》。

金黄与蓝紫的补色对比，灿烂浓艳，宝光华彩。（图003）

隋唐时期的绘画艺术更是走向全面辉煌，以石青、石绿为主色的青绿山水开始繁荣。展子虔的《游春图》、李思训的《江帆楼阁图》、李昭道的《明皇幸蜀图》（图004）等是隋唐青绿山水的代表作，色彩馥郁奢华，极富装饰性。

图003　北魏　莫高窟254窟《萨埵太子本生图》（局部）

图004　唐　李昭道《明皇幸蜀图》

北宋初，青绿“衰弱”，《宣和画谱》中也提及：“当时着色山水未多，能效思训者亦少。”但至哲宗、徽宗时代，“青绿”地位再次被大大提高，出现了旷世长卷——王希孟的《千里江山图》，成为中国美术史上前无古人后无来者的“青绿”巅峰。“青绿山水”的辉煌一直延续至南宋，代表人物有赵伯驹、赵伯骕兄弟，留下了《江山秋色图》（图005）、《万松金阙图》《湖庄清夏图》等传世之作。

图005　北宋　赵伯驹《江山秋色图》

瓷器一直是中国文人日常所爱之器物，在折射着传统工艺美学流变的过程中也展现出中国文化对于青色的崇尚。晚明时期，文人对前代瓷器的喜好也从色彩偏好上反映出来。周世宗柴荣御用“柴窑”所出的“天青色”是晚明文人的终极梦想。千年来，“高不可攀”的柴窑瓷未现真品，仅出现在明代学者文震亨所著《长物志·器具》的描述中：“柴窑最贵，世不一见，闻其制：青如天，明如镜，薄如纸，声如磬，未知然否？”明代谢肇淛撰《五杂俎》中说：“陶器，柴窑最古，今人得其碎片，亦与金翠同价矣。盖色既鲜碧，而质复莹薄，可以装饰玩具而成器者，杳不可复见矣。世传柴世宗时烧造，所司请其色，御批云：‘雨过天青云破处，这般颜色作将来’。”可见，柴荣的审美品位极高，是一位真正的色彩大师。“天青色”是大雨过后云彩裂开的缝隙里透出的那抹嫩青，不是耀眼的碧或蓝，而是清凌凌带着水汽的。这个要求非常苛刻，但也证明了古人在造色上有多大胆。据传，这个苛刻的颜色最终还是烧制出来了，融合了宋代美学的理性、沉静、悠远与淡泊，在宋徽宗时期达到了艺术的顶峰。这种又称为“雨过天青”的釉色冷静柔雅、纯素含蓄，是对青色美瓷最好的诠释，也是中国古代“尚青”观念的完美注解（图006）。

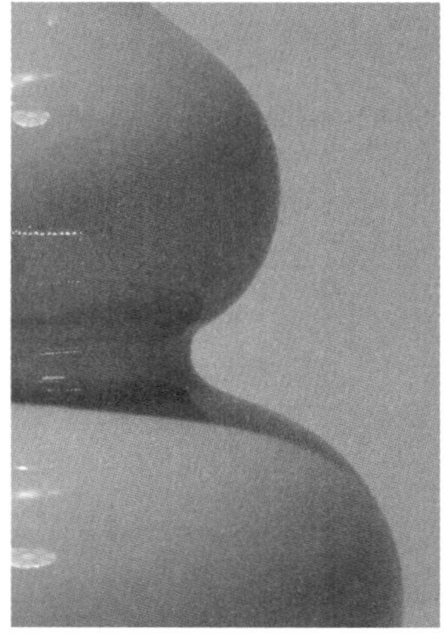

图006　清　乾隆　豆青釉葫芦瓶　大都会博物馆藏

## 正色·赤

赤属火，代表南方。作为甲骨文中最早出现的含有色彩意义的古汉字之一，“赤”的字形结构为上“人”（或“大”）下“火”：一种解释为人被火焰灼烤时的情形；另一种解释为火烧得极大极旺时的色泽与状态。不论哪种解读，都隐含着原始先民对“赤”色的膜拜与敬畏。东汉许慎在其编写的《说文解字》中也说：“赤者，火色也。”当人类因火的使用结束茹毛饮血的生活时，文明已在孕育之中。发源于渭泾流域的姜姓部落首领号神农氏，因懂得用火而得到王位。古人认为火与太阳同源，日为火之精，神农氏因而被尊称为炎帝，在上古神话中化身为火神或太阳神的形象，《白虎通·五行》曰：“炎帝者，太阳也。”在《礼记·月令》和《吕氏春秋》的记述中，炎帝与祝融是南方和夏季的帝与神，所谓“其帝炎帝，其神祝融”。东汉高诱注：“炎帝，以火德王天下，是为炎帝，号曰神农，死托祀于南方，为火德之帝。祝融，老童之子吴回也，为高辛氏火正，死为火官之神。”因而象征火与太阳的赤色便成为华夏先民最早膜拜的颜色之一，开启了大自然色彩中的单色崇拜观。

《礼记·檀弓上》记载：“周人尚赤，大事敛用日出，戎事乘騵，牲用骍。”周代崇尚赤色，丧葬礼仪均以赤色布置，作战时的战马、祭祀祖先时的牲畜祭品也必须用赤色。可见，周朝对于赤色的迷信与使用已经到了疯狂的地步。不仅如此，在《周礼》中也有记载：“王吉服有九，舄有三等，赤舄为上，冕服之舄。”

先秦典籍的色彩信息中，“朱”字出现颇为频繁。从甲骨文、金文的象形角度理解，“朱”字很像琅玕（中国神话传说中的仙树，其实似珠）珠穿在一起的样子，应为“珠”字初义[1]，与颜色无关。清代学者段玉裁认为“朱”本为树名（松柏树赤心木），真正涉及色彩的字为“絑”——一种丝织品的颜色。《说文解字·糸部》：“絑，纯赤也，《虞书》‘丹朱’如此。”说明在表达正色或朱砂色时，多数情况用“朱”，之后“絑”便逐渐废止。“赤”与“朱”的区别主要在于色彩对象的说明：“‘赤’表示更广的色域范围，‘朱’是正色更准确的表达”[2]。

虽然作为五正色之一，但“赤”却在流传与使用过程中逐渐被金文时期才出现的“红”字强势取代，成为一系列不同纯度和明度的红色统称。虽然词位上发生了改变，但由于“赤”与“红”的观念表述与象征意义基本上是一致的，因而常常被捆绑在一起共同使用。如果说“青”是中国文化的底色，那“赤”或“红”则是最能够代表中国形象与

[1] 商承祚：《释“朱”》，《中央研究院历史语言研究所集刊》，江苏古籍出版社，2018年版。

[2] 肖世孟：《中国色彩史十讲》，中华书局，2020年版。

精神的色彩。

作为一个形声字，从“红”的小篆字体结构可知，其原义是指女子所从事的与纺织、缝纫相关的劳动，如女红（工）的称谓通用至今。《说文解字》中说：“红，帛赤白色也。”意指红色是由赤色与白色混合后，获得的一系列如桃红色、粉红色等浅色阶的赤色丝织品。周代末期开始，“红”逐渐成为赤色系列的色彩统称，直至盛唐，才真正成为一个颜色的专有名词。相较于多少背负着负面含义的赤色而言，红色鲜艳、明媚、热烈、活力、浪漫、吉祥的形象使其成为中国人最喜爱的颜色，从建筑到衣食住行，从婚娶到佳节庆典，红色从未缺席，这抹跨越千年的“中国红”浸透着闳放雄大的秦汉气息，延续着堂皇盛世的唐宋遗风，流转着独领风骚的明清神韵，成为中国文化中代表传承的符号标志。朱楼阁宇的深沉磅礴，象征着八方来朝的繁荣与轩昂；冕冠朝服的神采耀目，代表着高高在上的权力与荣耀（图007）。

图007　元　赵孟頫《人骑图》（官员朝服）

相较于国家正统的大命题，红色也是古代女性彰显个性自我的核心要义。尤其在雍容开放的唐代，无论是红色套装还是与各色混搭的襦裙、胡服，唐朝女性总能穿出各自的风采。周昉《簪花仕女图》（图008）以“游丝描”一丝不乱地画出了衣裙的静态纹路；几种深浅不同的红色构成了极其富丽的色彩搭配，丝毫没有艳俗之感；薄如蝉翼的红色披纱覆在肌肤之上，轻盈的质感如同微风拂面。整幅画作以红色为主色，表现了唐朝女性对红色的钟爱。张萱《虢国夫人游春图》（图009）中定格了杨贵妃的姐姐虢国夫人一行出城踏青的情景，盛装美人大胆的红绿搭配，妩媚明艳，彰显出大唐女子的热烈奔放。

除了穿红，对“红妆”的热爱从汉代延续至今。俗话说“一白遮百丑”，中国古代女性的化妆箱中，妆粉是最基本的化妆品。早期妆粉用的是米粉，秦汉时随着炼丹术的成熟，铅粉应运而生，附着力更强无须补妆，在增白效果与光泽度上较米粉更胜一筹。但仅用铅粉敷面太过呆板，在面上施以面脂和口脂能为妆容增色不少。胭脂早在距今5000多年的红山文化时期就已出现。遗址中发现的大型陶塑女神“面涂红彩”，“唇部

图008　唐　周昉《簪花仕女图》

图009　唐　张萱《虢国夫人游春图》

涂朱”，“出土时颜色呈鲜红色”，极有可能正是早期的“胭脂”妆。另外，四川广汉三星堆文化遗址出土的青铜面具，其脸部和唇部也用朱砂染涂成红色。

“胭脂”一词据《史记·匈奴列传》记载最早写作“焉支”。“焉支”指今甘肃祁连山，以盛产焉支花而得名，古老的氐、羌、月氏、匈奴等游牧民族曾在这里繁衍生息。张守节《正义》引《西河故事》匈奴歌作“失我焉支山，使我妇女无颜色”。关于“胭脂”的来历有两种说法，较为普遍的一种是晋代崔豹《古今注》记：“燕支，叶似蓟，花似蒲公，出西方，土人以染，名为燕支，中国人谓之红蓝，以染粉为面色，为燕支粉。”“燕支”即“焉支”，为胡语音译，后逐渐转化为“胭脂”，是当时匈奴贵族女性普遍使用的主流化妆品。汉武帝时，张骞出使西域，胭脂随之传入，很快风靡中原“美妆圈”且长盛不衰。元代甚至设立“红花局”“红花提举司”专门负责管理胭脂原料红蓝草的种植、加工和交易等相关事宜。《扶沟县志》记载：“红花局在天宁寺后，元置红花提举司。”根据唐代王焘辑录的《外台秘要》和明代李时珍的《本草纲目》记载，胭脂的制作原料中明确含有植物（紫草/红花/杜鹃花）、动物（紫铆）和矿物（朱砂）等成分，从色相上来说，中国古代的胭脂应属于赤色系中的正红或偏紫的深红色。

从远古时期“以丹注面”的生硬，到汉代赵飞燕“施小朱”打造“慵来妆”的娇媚，红色妆面的流行趋势在各个时期也各不相同。“小朱”这类较浅淡的红色妆面因美人“带货”一直流行至唐宋。唐代女性用色更加大胆，明艳的正红色使用十分频繁，从淡到浓打造出了“桃花妆”“晓霞”“醉妆”等多种样式，甚至还有将红色点涂于眼周形成“泪

图010　唐代女子妆容

妆”“血晕妆”等等（图010）。唐代之后，女性的妆面色彩随着华夏色彩偏好的改变而呈现出“佳人淡雅”的趋势。虽然少了唐代的浓烈奔放，但仍以红色系为主的妆面直至明清仍然沿用。时至今日，这一抹光艳千年的“红”依然代表着东方女性的温柔婉约，更增添了无限率性与洒脱。

从国家政治到传统习俗，从政权威严到红袖添香，红色成为中国人的文化图腾和精神皈依，贯穿了整部华夏历史，渗透到中华文明的各个层面与领域。它代表着喜庆、吉祥、热烈与浪漫，也象征着权力、地位、血性与抗争。可以说，中国人的历史就是一卷红色书写的不朽丹青。

## 正色·黄

《易经》："天玄而地黄"——黑色的天空、黄色的大地是华夏先民最早认定的原始样貌，是盘古初开时混沌天地的色彩。

古人心目中的中国"黄"是比较沉着的橙黄色，含有赤色的成分。[1]《说文解字·黄部》中对"黄"的解释："黄，地之色也。从田，从炗，炗亦声。""黄"在古汉字中写作"光"，特指阳光照耀下田地所呈现出来的颜色。《释名·释采帛》："黄，晃也，犹晃晃，像日光色也"，进一步强调了"黄"是指太阳光芒的色彩，因而在中国传统文化中具有崇高地位，代表着至高的权势、正统以及尊严、光明。黄色顺理成章成为皇权的象征，历代帝王均推崇黄色为至尊，并将其纳为皇家御用专色，这一色彩观念直至民国成立后才改变。

若在中国"黄"中掺入少量黑色，则呈现出土

[1] 彭德：《中华五色九题》，收录于《2021中国传统色彩学术年会论文集》，文化艺术出版社，2021年版。

黄色相——“地黄”色，即土地的颜色。《论衡》：“黄为土色，位在中央。”在传统五色观中，黄属土，表示生命的起源和位处中央，代表着孕育万物与繁衍民族的中华大地，也是华夏民族的肤色、农作物（黍、稷）的颜色，有着质朴、粗犷、原始与阳刚的色彩性格。

黄色是中国最古老的布帛染色与绘画用色之一。作为服色，黄色在隋唐之前并非帝王专用色。《诗经·邶风·绿衣》：“绿兮衣兮，绿衣黄里。心之忧矣，曷维其已？绿兮衣兮，绿衣黄裳。心之忧矣，曷维其亡？”可见黄色布料的使用在民间十分普及，直至“大唐土德，尚黄”，黄色才成为皇室专属。

以服饰来区分社会地位，几乎是人类文明的普遍特点。[1]尤其是在较为高等的文明阶段，服装、配饰以及相应的色彩等都具有划分社会身份与阶级等级的重要职能。[2]唐代服饰等级秩序的确定对后世影响颇为深远，正如大诗人杜甫的慨叹：“服饰定尊卑，大哉万古程。”

在文献史料中，唐代皇帝服色称为“赤黄”，由柘木染成，故称“柘黄”。李时珍《本草纲目》：“其木染黄赤色，谓之柘黄，天子所服。”唐代张祜《马嵬归》：“云愁鸟恨驿坡前，孑孑龙旗指望贤。无复一生重语事，柘黄衫袖掩潸然。”柘木染出的织物颜色效果十分炫目，不同的光线条件下效果略有差异，日光下呈现赭黄色，烛光下则呈赭红色。

唐之后，黄色的帝王服色成为传统。赵匡胤“黄袍加身”建立大宋，承袭唐代服饰制度。《宋史·舆服志》：“唐因隋制，天子常服赤黄、浅黄袍衫……宋因之，有赭黄、淡黄袍衫，玉装红束带，皂文鞸，大宴则服之。又有赭黄、淡黄褛袍、红衫袍，常朝则服之。”明代皇帝为“袍黄”常服，清代皇帝朝袍和吉服袍一律用明黄色，包括车架龙旗、宗室子弟系带为“黄带子”。

黄色在隋唐之前虽为正色之一，但并非至尊之色，其地位是伴随着隋唐时期的“品色衣”制度才被确立的。隋代之初，黄色的使用不分等级。唐高祖武德年间，“赤黄”被规定为皇帝常服专用色。《旧唐书·舆服志》：“武德初，因隋旧制，天子宴服，亦名常服，唯以黄袍及衫，后渐用赤黄，遂禁士庶不得以赤黄为衣服杂饰。”唐高宗总章元年，黄色真正成为皇帝专属，其他任何人着黄色都将面临严厉的刑罚处置。

黄色在唐代成为帝王专利有着深厚的历史背景与文化依据。作为一个多民族、多文化的中原政权，建国之初的大唐统治阶级对文化正统十分重视，特别令大儒孔颖达疏解“五经”（《诗经》《尚书》《礼记》《周易》《春秋》），定名为《五经正义》，使得儒家思想成为奠定社会意识形态的基石。在《五经正义》推行过程中，秦汉以来形成的阴阳五行观念也随之流行，其中“黄色属土、代表中央，五帝中与黄帝相应”的概念被唐代帝王进一步强化。东汉班超在《白虎通义》中提出“土居中央”理论，将“土”提升为五行之

[1] 肖世孟：《中国色彩史十讲》，中华书局，2020年版。

[2] [德]恩斯特·格罗塞著，蔡慕晖译：《艺术的起源》，商务印书馆，1984年版。

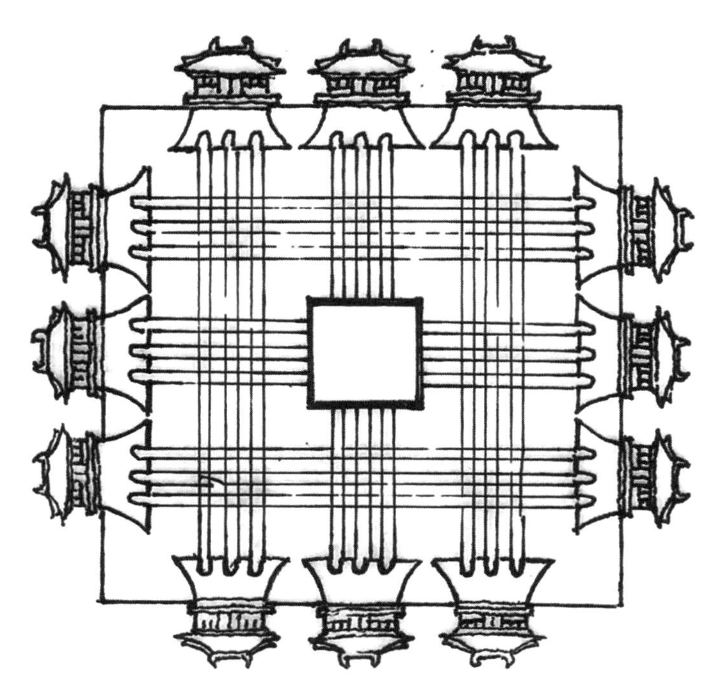

图011　五代　聂崇义绘《周礼·考工记》"王城图"

首。孔颖达在《五经正义》中扩展延伸了这一理论:"五行之体,水最微,为一。……土质大,为五。……水、火、木、金,得土数而成。"

黄色作为土地的象征源于人类文明的发祥地——黄土地,主要包括今天的山西、陕西、河南、山东等黄河中下游地区,也是五帝时代的活动版图。《诗经·小雅·北山之什·北山》:"溥天之下,莫非王土;率土之滨,莫非王臣。"中国古代社会以农耕为主,土地是国之根本。孔颖达疏解《尚书·洪范》中说:"土者,万物之所资生也,是为人用。"土地的所有是皇权的象征,土地之黄喻帝王之尊。

商周时期,五行五色观尚未成形时,方位之"中"就带有明显的政治意义。从"中"的甲骨文、金文来看,如旗杆上旗帜飘扬的字形代表了领地的归属,是四方居首的核心之地。中为旗帜,而所立之地,恒为中央,引申为中央之义,[1]即政治中心。

"中"的概念也体现在古代都城的规划中。《周礼·考工记》:"匠人营国,方九里,旁三门,国中九经九纬,经涂九轨,左祖右社,面朝后市。"五代周显德年间,学官聂崇义奉诏参照前代《三礼图》[2]旧图编写成《三礼图集注》,将《周礼·考工记》中的"王城"图解化。由历代皇城舆图可见,帝王所居宫城位于整个城市的"中央"区域。(图011)

[1]唐兰:《殷墟文字记》,中华书局,1981年版。

[2]《三礼图》:《仪礼》《礼记》《周礼》宫室、舆服等物之图,是流传至今解释中国古代礼制附有图像较早的文献。

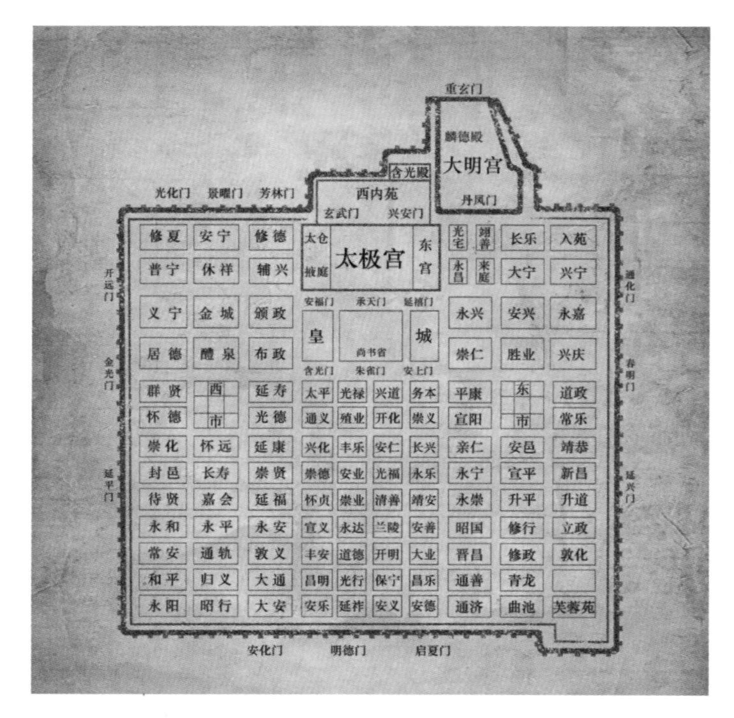

图012　隋唐时期长安城地图，宫城位置呼应“天中”北极星

隋唐时，都城长安城并未严格遵循《考工记》限定的“王城”模式，而是以建筑方位呼应星宿位置。象征“天中”的北极星对应宫城所在，百官衙署代表着环绕北辰的紫微宫，外郭城则状如群星拱卫。（图012）

无论是城市中心还是天上北辰，都突出了方位“中”的重要政治意义，也体现出皇帝地位的尊崇，因此代表中央方位的黄色作为皇帝的象征也就顺理成章了。

黄色的至尊地位还体现在使用的禁忌上。除了服饰用色上的要求，许多器物的使用上也非常专制。唐高宗时期，皇帝亲颁诏令必须使用黄纸书写并延续后世成为定制，民间则严禁使用。明代徐官《古今印史》：“盖黄者中央色，天子所用，臣庶用之，僭也。”宋朝建皇宫开始使用黄色琉璃瓦。明清时期规定只有皇宫、皇陵建筑及奉旨兴建的庙坛等可用黄色琉璃瓦。[1]包括黄釉瓷器也为宫廷专用，民间可用金彩，但禁用黄釉。

[1]杜建民:《我国古代颜色迷信的形成及其文化内涵》,《中国史研究》1993年第3期。

## 正色·白

“白”是一个古老的词语，甲骨文字形如同放射形的日光，意为表现白色的太阳光芒，故“太阳之明为白”。在五色观中，白色代表西方与秋季，《尔雅·释天》中也将秋天称为“白藏”。在古人的观念中，白色喻意纯洁。《释名》：“白，启也。如水启时色也。”指水从泉眼中流出时，清透洁净，是一切未知的开始，作为“无色之色”，是绚烂万物的底板与背景。

“白”在《易经》中与夜晚的“黑”相对，分别指代阳极和阴极，象征日夜交替的宇宙规律，有生生不息、循环往复的轮回之意。黑、白颜色的划分显然是由中国传统的阴阳观所决定的，因此这个色彩体系从一开始就具有了哲学的意义。白色主阳，黑色主阴，并以其概括一切颜色，运用于传统礼制、艺术、哲学等所有可以应用的领域，展现了鲜明的文化特色。[1]

“白”本义为“素”，是指未经染色或染成白色的织物，也被称作“缟”。《列子·汤问》中说：“缟，素也。”《说文解字·素部》也将“素”解释为“白缴缯也”，指厚实密织的白色丝帛。清代任大椿在《释缯》中将“熟帛”称为“练”，“生帛”称为“缟”。殷商时期，蚕桑业及丝织业已有所发展，《诗经·郑风·出其东门》：“出其东门，有女如云。虽则如云，匪我思存。缟衣綦巾，聊乐我员。出其闉阇，有女如荼。虽则如荼，匪我思且。缟衣茹藘，聊可与娱。”心爱的美人穿着素白的衣衫搭配“綦巾”（暗绿色的围巾）或“茹藘”（红色的丝巾），淡雅清新，令人忘俗。

唐代张萱的工笔设色画《捣练图》（图013）表现的就是妇女捣练（熟帛）缝衣的工作场景。长卷画面从右至左分别是捣练、织修和熨烫三组场景共十二个人物。最后一组生动描绘了两人从左右两端将一匹煮熟的丝绢用力向后拉扯，另外两人相对而立用熨斗熨烫的场面。（图014）白绢质感轻柔纤细，成为画面中的视觉亮点。在棉花还未传入中原之前，制衣的主要材料是由麻与葛制成，呈现暖白色，是纤维原料的本色。

因为白色的“无色”本质，它随时可以根据时代变迁、环境更迭，在不同的语境中衍生出各种含义。《诗经·小雅·白驹》：“皎皎白驹，在彼空谷，生刍一束，其人如玉”，就是用纯白色的马驹比喻品质高洁如玉的贤雅名士。秦汉尚黑，白色沦为庶民阶级的颜色，如“白丁”“白身”就被引申指代文盲或无功名的读书人。唐代诗人刘禹锡在《陋室铭》中自诩“谈笑有鸿儒，往来无白丁”。

---

[1] 冯时：《尊白》，收录于《2020中国传统色彩学术年会论文集》，文化艺术出版社，2020年版。

图013　唐　张萱《捣练图》

图014　唐　张萱《捣练图》（“熨烫”局部）

魏晋时期，白色是商贾服色。襄樊之战末期，东吴名将吕蒙让部下穿上白衣扮成商贾渡江，奇袭荆州关羽营地，这次战役被称为“白衣渡江”。唐代未仕者穿麻质白袍，“白袍”也被作为入仕士子的代称。五代王定保在《唐摭言·散序进士》中将“一品白衫”作为应进士科者的雅号，意指他日可以官登一品，但今日则犹着白衫。

两宋对白色的看法在朝野间有些矛盾。宋代开国之初，统治阶层曾数次否定了“金德尚白”的建议，坚持“火德尚赤”，又因金人对白色的推崇，故其成为政治环境中被“摒弃”的色彩。但在士人阶层与文人领域，白色代表清高儒雅，进士、举子及士大夫都流行穿白色的凉衫。苏东坡就在《催试官考校戏作》中调侃自己：“门外白袍如立鹤”。

不仅如此，北宋年间佛教已经儒化，甚至僧徒也已经完全士大夫化，可见当时儒家思想已经基本上控制了社会的话语权。在这样的状况下，文人士大夫的审美趣味表现为“文质彬彬，然后君子”。绘画用色推崇水墨或者淡彩渲染，器物则追求淡雅近质，与唐代的瑰丽强烈截然不同。

走过千百年文化历史的白色也象征着矛盾的美丽与哀愁。中国自古“以肤白为美”，在这样的审美观中，古代女性美丽的标准是对粉妆、白肤、素腕、皓齿的追求。“粉、白、素、皓”都代表着美人妆面、皮肤、手腕、牙齿不同光泽度的白皙。曹植在《洛神赋》中就用“延颈秀项，皓质呈露”“丹唇外朗，皓齿内鲜”来形容翩若惊鸿的洛神之美。

白色还象征年华老去的无奈。辛弃疾就在《菩萨蛮·金陵赏心亭为叶丞相赋》中用“人言头上发。总向愁中白。拍手笑沙鸥。一身都是愁。”抒发着在烟雨般无尽的愁思中苦苦挣扎的痛苦。元稹则用“白头宫女在，闲坐说玄宗”[1]慨叹着盛世的衰亡，沧桑之感犹在言中。

在东方色彩观中，白色总是与黑色相呼应，在两者的文化属性中既有备受推崇的正面形象，也有被排斥避讳的负面含义。

## 正色·黑

黑，是一个相对的概念，是中国古代史中单色崇拜时间最长、含义最为多元的色彩。在人类学视阈下，信仰、宗教、巫术等相关因素构成了黑色崇拜的基础；在语言学层面，与“黑”相关的词汇语意在中华民族数千年的文字与情感积淀中，呈现出极为丰富的表达。

《说文解字·黑部》：“黑，火所熏之色也。”黑的小篆体字形中，上部为古汉字“囱”，即烟囱，下部为“炎”，即“火”，据形会意表示“黑”是指被燃烧时产生的烟雾熏烤过后暗沉无光的色泽。黑色，也是北方夜空深邃神秘的色调。《释名》：“黑，晦也。如晦螟时色也。”长夜无边的漫长黑暗，是远古先民长久的恐惧和震慑。《诗·邶风·北风》：“莫赤匪狐，莫黑匪乌。”在这首描写国家危亡、逃亡离散的诗歌中，黑色作为乌鸦的形容，被引申为黑暗、反动、恶劣等意思，表现了当时政治气氛如急弦骤雨，形势危乱如冰雪愁云。

先秦时期，中华文化的色彩体系已经初具规模。从秦朝建立开始，历代帝王都非常重视自己王朝的色彩象征。在秦朝权力与政治的架构中，色彩表现尤为突出。秦始皇横扫六合一统天下之后，流行于先秦时期的“五德终始”得到贯彻。秦人尚黑是因为周为火赤，秦为水黑，水克火则黑灭赤，象征着秦始皇建立新王朝的革命和取代。由此，尚黑在秦朝被推到极致。《史记·秦始皇本纪》：“始皇推终始五德之传，以为周得火德，秦代周德，从所不胜。方今水德之始，改年始，朝贺皆自十月朔。衣服旄旌节旗皆上黑。”

秦兼并天下，除了“车同轨，书同文，行同伦”外，还建立一套自己的冕服制度。《通典》：“秦灭礼学，郊社服用，皆以袀玄，以从冕旒，前后邃綖。”“袀玄”根据许慎注《淮

[1]（唐）元稹:《行宫》。

南子·齐俗训》以及颜师古注《汉书·王莽传》的解释应为上下皆玄之意。玄色隶属黑色系，从色相上分析，"玄" 并非真正的无光透出的黑色，而是特指黑夜与白昼交替时天空的颜色。这种颜色介于阴阳之间，在天光初明之前那种或偏赤或偏青的色彩。《说文解字》中说："玄，幽远也，黑而有赤色者为玄。" 暗红色调的黑色，令人生畏。《千字文》开篇道："天地玄黄，宇宙洪荒。" 天地初开时混沌黯淡的天色，深黑玄淡。

秦朝二世而亡，黑色尊贵的地位又随着朝代的兴替而有所起落。汉高祖建立汉朝之初，沿用了前朝的正朔和服色，用水德尚黑。历经数代至汉武帝时，国力强盛，在董仲舒的推动建议下，黄色才取代黑色成为中国古代统治者的象征登上了历史舞台。

随着时代的更迭，黑色系列的色彩又演化出许多与社会变迁、政治环境息息相关的类别。三国时期，缁色成为僧侣们的常服颜色，缁衣也成为沙门别号，南朝僧人慧琳就被尊为 "缁衣宰相"。缁色较玄色更接近于黑，《诗经·郑风·缁衣》中就借赞美 "缁衣" 的大方得体，歌颂国君与臣子之间的深厚情感。在当时，缁色的服饰是贵族的专享，至魏晋，缁衣退出官场沦为衙差捕头等小吏的服装。隋炀帝时，黑色成为商贾与屠夫的规定服色，这时的黑色称为 "皂"，两宋时期，则是平民的服色之一。"皂" 的本义为 "早"，指天光未明的早晨，也指皂斗等染黑用的植物果实。穿皂斗染作的黑色衣服，清晨就开始劳作的平民百姓的社会地位也就相应较低了。

虽然黑色的政治地位一路下滑，但在艺术领域却大放异彩。尤其是 "山水" 地位与风格的转变——从《洛神赋图》中的配角到《游春图》《明皇幸蜀图》中的主角，更显示出 "墨" 色意蕴在中国美术史中的重要变革。《广雅·释器》："墨，黑也。" 最早出现的黑色颜料来自天然矿物质中的石墨和煤炭。《述古书法纂》关于西周制墨的记载："邢夷始制墨，字从黑土，煤烟所成，土之类也。" 由曹植《乐府》诗中 "墨出青松烟，笔出狡兔翰" 可知，魏晋时期已经出现了乌黑中带有青蓝色倾向的松烟墨，并在隋唐时期取代了天然石墨，深受文人喜爱。李白就在《酬张司马赠墨》中写道："上党碧松烟，夷陵丹砂末。兰麝凝珍墨，精光乃堪掇。" 制墨技术影响了中国绘画的发展，使得水墨山水从青绿山水的金碧辉煌中脱离而出，别开一枝，成就了 "黑白" 水墨的全面兴起。

除了绘画 "笔墨"，中国传统色彩中最接近极致黑色的是 "漆"。《周礼·贾注》："凡漆不言色者皆黑"，"漆黑" 的意思就是纯黑。这种来自漆树的色料也成为古代器具、建筑的黑色涂料。从战国时期开始，漆器的配色为红黑——在大面积的黑色器物底色上用红色描绘图案，有象征阴阳的礼制与政治意义。汉代沿袭了这一做法，从形制上进一步规范为 "里红外黑" 或 "上红下黑" 以对应阴阳天地观。除了红色之外，黑与金也是漆器艺术的惯常组合。与“红黑”对应阴阳不同，“黑金”象征“玄黄”，黑色中和了金色的华贵耀目，视觉效果大气瑰丽，令器物呈现出深沉优雅的质感（图015）。

图015 清 乾隆朝漆器 故宫博物院藏

# 中国色彩的哲学与意蕴

中国绘画之色彩的演绎历程经历了汉代之前的“黑红为主”，魏晋佛教美术影响下的青绿兴起，唐宋时期的重彩为胜，再到宋元之后的黑白水墨及文人淡彩，形成了中国色彩观中独特的哲学与意蕴。

## 青绿·重彩

东汉明帝时，佛教进入中国，很快就对中国原有的社会结构进行了渗透重组，对中国古代社会的政治、生活甚至思想等方方面面产生了自上而下的重要影响。隋唐时期，佛教的地位得以确立巩固，发展也变得空前蓬勃。“隋唐时期是中国佛教独立和创造的黄金时期……中国接过了佛教思想发展的接力棒，天台宗、华严宗、禅宗等流派将佛教思想中国化推向高峰。”[1]与此同时，佛教美学也逐渐改变着中国艺术的面貌，除了样式上的变化，建筑、造像、绘画、家具以及服饰中的色彩也体现着来自异域哲学的影响。

随着佛教在中国如火如荼的传播，佛教艺术大规模兴盛起来。来自古印度的笈多艺术深刻影响了中国古代绘画“形”与“色”的发展。笈多王朝（Gupta Dynasty，公元320—550年）是孔雀王朝之后，印度又一统一的大帝国。东晋高僧法显曾在《佛国记》中描述笈多王朝“人民殷乐”的盛世之景。笈多时代（公元320—600年）的佛像雕刻在承袭犍陀罗、马图拉和阿拉瓦蒂传统雕刻的基础上发展出新的艺术形式，其庄净华严、文质并重的造像风格代表着印度古典主义艺术的最高成就。[2]与笈多时代同步的魏晋时期，在佛教传播的过程中潜移默化地接受了笈多美术的影响。北朝画家曹仲达所画人物服饰笔法刚劲稠叠，衣衫紧贴身体，仿佛刚从水中走出来一般。通过薄透的“湿衣”褶纹写实性地描绘出真实逼真的人体，这一画风被称作“曹衣出水”，其中不难看出与笈多马图拉“湿衣佛像”之间的联系。（图016）

[1]［美］芮沃寿：《中国历史中的佛教》，常蕾译，北京大学出版社，2009年版。

[2]王文娟：《墨韵色章——中国画色彩的美学探渊》，中央编译出版社，2006年版。

图016　印度笈多时代　马图拉佛陀立像（湿衣佛像）

武则天时期，于阗国高僧实叉难陀至长安，于洛阳大遍空寺译《大方广佛华严经》，其中六卷载："大海龙王游戏时，普于诸处得自在，兴云充遍四天下，其云种种庄严色。第六他化自在天，于彼云色如真金，化乐天上赤珠色，兜率陀天霜雪色。夜摩天上琉璃色，三十三天玛瑙色，四王天上玻璃色，大海水上金刚色。紧那罗中妙香色，诸龙住处莲华色，夜叉住处白鹅色，阿修罗中山石色。郁单越处金焰色，阎浮提中青宝色，余二天下杂庄严，随众所乐而应之。"其中的真金色、赤珠色、霜雪色、琉璃色、玛瑙色、玻璃色、金刚色、妙香色、莲华色、白鹅色、山石色、金焰色、青宝色等佛教专用色随着文明的交流互鉴融入了中原华夏的色彩谱系，丰富了中国传统色彩的构成。

中国绘画的色彩调式在魏晋之前以五色为主。战国、秦汉时的绘画尤以黑红为主色调。在中国美术史开始之初的很长一段时间内，虽然蓝、绿等青色系色彩始终存在，但其总体地位与重要性之于原初华夏民族而言远不能与黑红相比，直到佛教艺术传入，色彩一统的局面才有所改变。佛教色彩伴随着佛教艺术的传入逐渐融入并影响着沿途地区的绘画风格。其中敦煌和龟兹作为佛教途经重镇，成为佛教艺术传播的重要集散地。

龟兹位于塔克拉玛干沙漠以北，作为佛教传入北路的首及地区一度成为西域佛教的中心。丰饶开放的龟兹受到佛教艺术的熏陶，以兼容并蓄的格局演绎出表现小乘佛教内容的克孜尔石窟壁画（图017）。壁画风格深受犍陀罗艺术的影响，在融合伊朗甚至希腊文化的基础上，以青绿色调展现出与中原绘画传统风貌不同的龟兹艺术风格。画家李广元先生曾指出："以克孜尔壁画为代表的龟兹画风，在色彩运用方面最明显的特点是以蓝靛色和石绿组成的冷调倾向。这种色彩特征和整个西域和印度的建筑色彩有密切的关系。"[1]青（蓝）绿色调也是当时西部壁画的主要色彩特征。

[1]李广元：《东方色彩研究》，黑龙江美术出版社，1994年版。

图017　克孜尔石窟壁画（局部）

作为佛教传入的起点并深受龟兹风格的影响，敦煌壁画早期的色彩构成也以青绿冷色调为主。绘制敦煌壁画的颜料主要包括青金石、铜绿、密陀僧、绛矾、云母粉等进口宝石、天然矿石以及人工化合物，这些颜料在西亚宗教画中使用频繁。另外，金银染料用于绘画的观念也随着佛教的传播对中国西部与北方地区的绘画风格产生深远影响。虽然中国对于金银色彩的使用早已有之，但仅限于工艺美术领域，将其应用于绘画则是受到魏晋南北朝时期西亚尤其是印度美术色彩观的影响。[1]

佛教色彩观的影响启迪了中国的“青绿山水”。其实，在魏晋时期的敦煌莫高窟壁

[1] 吴秋野:《青绿山水的产生与佛教美术及异族文化》,《美术观察》2004年第11期。

图018　西魏　敦煌莫高窟　285窟《五百强盗成佛因缘》之二

画《五百强盗成佛因缘》（图018）中山头部分的石青重染和山脚位置的石绿轻染处理已初具青绿山水画的雏形。

佛教对青、绿的喜好与“随类赋彩”“以色貌色”的中国绘画之间似乎存在着某种对象表现方式上的视觉共性。隋唐时期，以青绿为主色调表现丘壑林泉的绘画门类开始繁荣，在初唐、盛唐时以“山水”命名得以流行。“青绿山水”以孔雀石研制的石青、石绿色辅以赭石、朱砂、汁绿（由藤黄、花青等植物颜料调配而成）等构成画面色彩，装饰意味浓厚。唐代主流的“铁线青绿”勾线圆劲，设色沉静厚重，或以金勒填，馥郁的色彩结合巧密细腻的笔触技巧呈现出浓艳奢华的视觉效果。这一堂皇富丽的画风彰显了辉煌的大唐气派，更成为我国北派山水的源流，其代表即为青绿山水的开山之作——展子虔的《游春图》（图019）。这幅“以大观小”描绘“咫尺千里”的山水画作已经具备了后世山水构图的“三远”章法，境界旷大、层次分明。在近景的河岸与坡脚处使用泥金敷色，创造了一派桃花盛开、春水漾波的明媚图卷；另一路山水画风呈“清润婉丽”之姿，勾线疏朗俊秀，笔墨渲淡、重彩薄敷，展现出与瑰丽恢宏的“铁线青绿”完全不同的飘逸轻盈。代表人物有王维、张璪等，虽在唐代不占主流，但后世兴盛，王维更被宋明文人推为文人画与南宗画派之祖。

虽然唐宋山水以青绿展现自然景观的色彩面貌，但这样的色彩选择并非完全出于写实要求的固有色表达，而是如南北朝以来风靡隋唐的骈文与辞赋一般，用高纯度的色彩堆砌出华丽且程式化的样式观念，以精工富艳的画风形成具有设计感的装饰特色。色彩成为青绿山水中具有象征意义和概括功能的符号：大面积响亮饱满的原色（石青、石绿等）“平涂”形成主体，通过纯度与明度对比调节色相关系，少量补色（如红绿互补）点缀其间，构成富有韵律感的画面效果。最后以泥金勾染山廓、石纹、坡脚、沙嘴、

图019　隋　展子虔《游春图》(局部)

彩霞以及宫室楼阁等建筑物，创造出流光溢彩、厚重绮丽的“金碧山水”。

张彦远《历代名画记》中说：“山水之变，始于吴(吴道子)，成于二李。”其中的二李指的是出身唐朝宗室的李思训、李昭道父子。李思训以战功闻名，世人称为“大李将军”。虽然出身军伍，却工书画，尤擅山水。显赫的家世使得李思训的绘画用色富丽华美，洋溢着堂皇的贵族气质，除却浓艳异常的石青、石绿、赭石等主色，大量金粉的使用也使得画面“金碧绯映，古雅超群”[1]，与盛唐气象相得益彰。李思训的金碧山水也成为中国山水绘画的第一个独特的高峰。

盛唐艺术氤氲着恢宏壮丽的大国气象，而穿越千年之后的当代人，早已在古人领会的色彩意境与匠心凝聚的非遗技艺中汲取精髓，创作出属于自己时代的瑰丽气象，巧妙地与古人呼应。甘露珠宝以精湛的珐琅工艺打造出宝光流华的盛世臻品。“尊·御臻和”高端系列在传承金银细工非遗技艺的基础上，创造性地加入现代高科技，将最适合展现色彩之美的珐琅工艺与珠宝设计相结合，在制胎工艺完成之后，再经过釉料配置、点蓝、烧蓝、修蓝、镶嵌、抛光、电镀一系列工序，锻造出拥有宝石光泽的珐琅珠宝。戒指表面占据大面积的青绿釉彩结合CNC精致浮雕及手工镌刻形成富丽的云锦纹样，塑造出“青绿为质，金碧为纹”的色彩质感、“阳面涂金，阴面加蓝”的配色技法，营造出“傅

[1]（明）张丑：《清河书画舫》。

图020　甘露珠宝“尊·御臻和”高端系列指环

色古艳”[1]的金碧画境。(图020)

安史之乱直至唐末战乱使得代表盛世堂皇的青绿山水日渐式微,北宋时期才再次隆昌。宋代重视画院建设,徽宗时,传奇画家王希孟所作《千里江山图》(图021)成为大青绿山水的新高峰。

王希孟的全部生平记载来自卷后蔡京题跋:“政和三年闰四月一日赐。希孟年十八岁,昔在画学为生徒,召入禁中文书库。数以画献,未甚工。上知其性可教,遂诲谕之,亲授其法。不逾半载,乃以此图进。上嘉之,因以赐臣京,谓天下士在作之而已。”这位少年天才就如中国美术史上一颗无比璀璨的流星,在十八岁时完成了旷世巨作之后便杳然无际,如“事了拂衣去,深藏身与名”的侠士一般,以画笔作刀,在丹青史上刻下了浓墨重彩的印记。《千里江山图》高51.5厘米,长1191.5厘米,全图章法缜密,以多重视角描绘了群山和江河的磅礴气象。王希孟采用了“咫尺有千里之趣”的表现手法,画中山峦起伏、烟波浩渺,更兼楼阁野舍、渔村河港,其间人行草木间,飞流隐松林,无不精彩生动,意态纷呈。

《千里江山图》从水墨粉本到赭石铺底,从石绿敷色到石青盖填,颜料的层层覆盖

[1](清)安岐:《墨缘汇观》。

图021　北宋　王希孟《千里江山图》

呈现出绿色的无极变化。在继承大小李将军（李思训、李昭道）空勾无皴的技法基础上，王希孟以明丽的赭石色将满幅青绿衬托得艳光四射，响亮夺目，不妄“可独步千载，殆众星之孤月”的美誉。

无名无款，只此一卷。青绿千载，山河无垠。青绿山水渲染了中华文明的万古山河，寄放着文人志士的胸中丘壑，更象征着万物生发、青春意气。青绿意象是东方“美”的提纯，当精神世界里的“青绿”与珠宝艺术相结合时，明丽的重彩设色为珠宝的色彩设计增添了流光溢彩又沉静古雅的东方意蕴。

甘露珠宝2021秋冬“顺流耳上”系列分为三个主题，将“青绿”重彩融“汇”于珠宝设计之中，通过色彩与造型的结合创造出“源”自天地万物的东方之美，“衍”生出凝聚自然力量的美学意境。

“汇”“衍”系列铂金耳饰与项链设计以铂金代替水墨粉本，勾勒出凹凸起伏的山水意象，结合局部珐琅工艺，呈现出绘画中“山石阳面重染青绿”的技法特色，强化了珠宝造型的立体感，以设计语汇重现了传承自魏晋画家张僧繇的“染高法”[1]和印度佛画的

[1] 染高法：染阳留阴，把颜色染在凸处与亮部，形成立体效果。

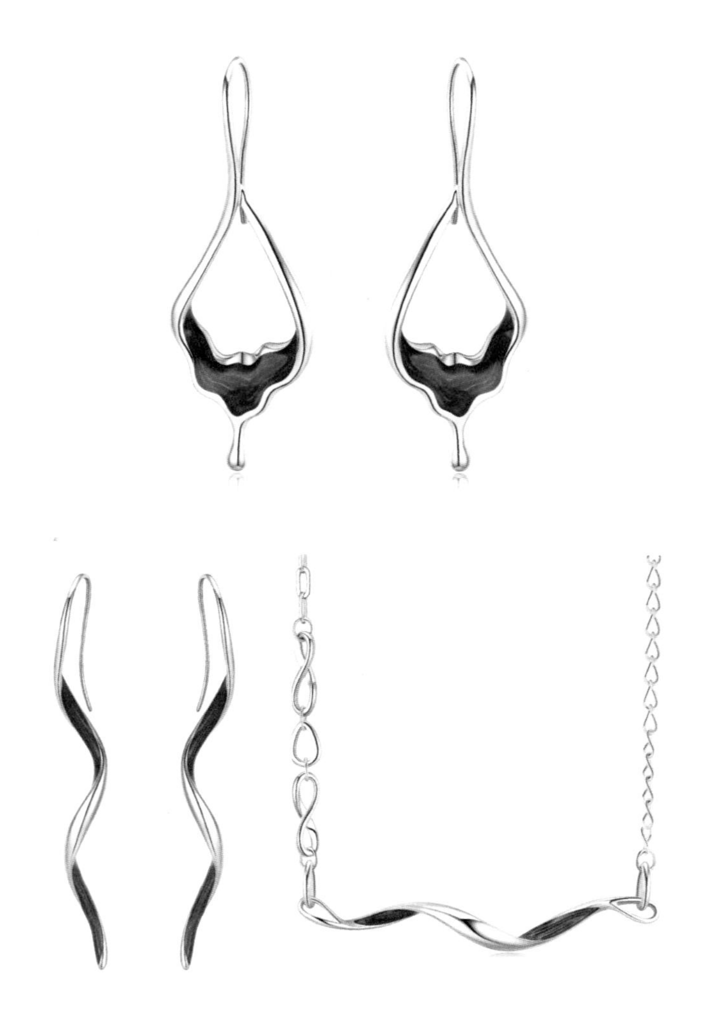

图022　甘露珠宝　2021秋冬　“顺流耳上·衍”系列　铂金耳饰设计、项链设计

“凹凸法”[1]，营造出翠山流水、浮光潋滟的旖旎意境。（图022）

王希孟作《千里江山图》时以汁绿罩染水面，即在汁绿色未干之际依照波纹形态勾染石绿。“源”系列铂金耳饰设计沿袭同样的设色技巧，在铂金材质镂刻的涟漪纹样中设青绿渐变珐琅模拟水色变化。起伏流动、流光溢彩的“水纹”凝结成铂金打造的立体“水滴”，这“一滴水”仿佛折射着沧海桑田、人生荣枯。（图023）

青绿山水设色需要通过各种纯色层层套叠来完成，基调明快。通过每层颜料的厚薄、干湿程度以及笔法形态产生厚度变化。同时，结合每一层高纯度色彩的冷暖对比构成画面的丰富性。在传世名作中，除青绿之外，仍有秋景、雪景以及霞霭等暖景色调。

[1]凹凸法：又名“天竺遗法”，指的是古代印度绘画中的染色方法。

图023　甘露珠宝　2021秋冬“顺流耳上·源”系列　铂金耳饰设计

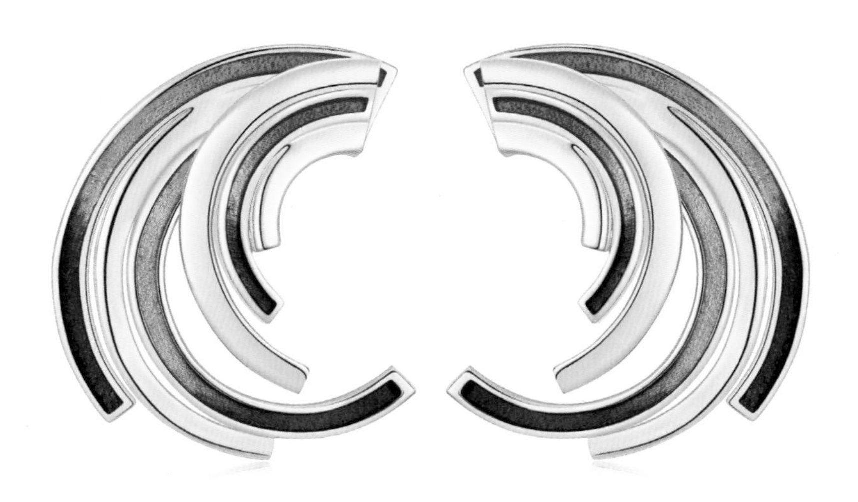

图024　甘露珠宝　2021秋冬“顺流耳上·衍”系列　黄金耳饰设计

“衍”系列黄金耳饰设计（图024）以错落的弧形构成漾开的圈圈涟漪，色彩从朱砂、柘黄逐渐过渡到石绿、石青，恍如倒映在水中“江山秋色”[1]。设计运用“镶嵌”“凹凸”[2]手法塑造出水色的深浅、冷暖与厚薄，青绿与朱黄相互映衬，珐琅与黄金虚实相生，打造出明丽浪漫的文人气象。

[1]（宋）赵伯驹:《江山秋色图》。

[2]镶嵌与凹凸手法均为青绿山水设色技法。

当山水图式与重彩设色经过隋唐之兴盛、宋代之隆昌后，代表着“黑白”观念的水墨画开始兴起。水墨淡彩此时已经在中国美术史的舞台上接过了主演的接力棒，在唐宋之后围绕着“文人”“工匠”“院体”及“流派”等关键语汇展开了波澜壮阔的剧情。牛克诚先生在《色彩的中国绘画》中曾这样描述中国古典绘画色彩观念的更迭以及色彩的退场：“在唐代，中国古典色彩绘画的体制，已在魏晋南北朝时期‘体制初创’的基础上而趋于完备，它在‘积色体’与‘敷色体’这两种体式中，完成了山水画、人物画及花鸟画等的语言建设；而当这种语言达到了在古典绘画的观念、工具、材料限度内的相对饱和时，一种失去‘色彩’的绘画语言——水墨画正在觊觎它的主流绘画的位置。中国绘画样式与语言发展史上最具影响力的一幕——色彩与水墨在绘画语言中的主角之争，也就在唐代悄然上演。”[1]

## 水墨·淡彩

自汉以来，佛教至唐开始了汉化再造。菩提达摩于南朝梁武帝时到达中国成为禅宗始祖，传六代至六祖慧能成为真正的禅宗创始人。禅宗强调顿悟，力主自性自悟，禅可入画入诗，诗画亦可参禅，由于审美和艺术上的相通，禅宗对中国古代文人水墨画的发展有着广阔而深刻的影响，禅境有多深远，诗画意趣就有多美妙。

禅宗的色彩观是其理论的衍生与显现。禅宗尚“空”：“虚空能含日月星辰，大地山河，一切草木，恶人善人，恶法善法，天堂地狱，尽在空中，世人性空，亦复如是。”[2]禅宗以“无念为宗，无相为体，无住为本”[3]，不执着于客观的、有形质的现象世界。所谓“色即是空”，反映在色彩观上就是抛弃对色彩斑斓的现实世界的关注，透过表象还原黑白照片般的本体虚空。“青青翠竹，尽是法身，郁郁黄花，无非般若”，世间万物的多姿多彩都是佛性本体的幻象呈现，只有抛却这些迷障，退出尘世纷扰，才能体悟佛性本真。

庄禅一脉，禅宗是道庄化的佛学，冯友兰先生在《中国哲学史》中阐述了两者的关系：“佛教的中道宗与道家哲学有某些相似之处。中道宗与道家哲学相互作用，产生了禅宗。禅宗虽是佛教，同时又是中国的。”因此，禅宗色彩也是道庄色彩的衍生。与儒家推崇周代的礼乐制度不同，老庄“悲观”地洞悉了夏商周以来文明的“罪恶”异化。在那个方生未死的残酷时代，“文明与进步”带来的“是一种退化，一种离开古代氏族社会

[1] 牛克诚：《色彩的中国绘画》，湖南美术出版社，2002年版。

[2]《六祖坛经·二四》。

[3]《六祖坛经·十七》。

的纯朴道德高峰的堕落”[1]。

孔子重“文”：“周监于二代，郁郁乎文哉！吾从周。”讲求正德正色的合“礼”之色彩、文质兼备的合“度”之色彩[2]。老子则以毫不留情的批判解其“文”饰：“五色令人目盲，五声令人耳聋，五味令人口爽，驰骋田猎令人心发狂。”[3]这段对儒家重“文”的驳斥中可初现道家色彩观之端倪。庄子的斥责则更为激烈：“擢乱六律，铄绝竽瑟，塞瞽旷之耳，而天下始人含其聪矣；灭文章，散五采，胶离朱之目，而天下始人含其明矣。”[4]在解构先秦各家学说的过程中，老庄也在建构“道”之哲学。面对儒家的“文礼隆盛、五色绮丽”[5]，老子则回以“大音希声，大象无形”[6]，认为“知其雄，守其雌，为天下溪……知其白，守其黑，为天下式”[7]，从而形成了道之色彩观——知白守黑、见素抱朴，其中反映出的道之本质在色相上即为黑白。但这黑白并非五色之黑白，而是近于宇宙本体论的“虚空”之“无”，是不求现象华彩，追寻返璞归真的“还原朴素之美”[8]，庄子亦言：“朴素而天下莫能与之争美。”[9]

老庄所定的色彩基调成为禅宗入画的路向选择。随着道教在唐朝受到极致的礼遇尊崇，禅宗也在此时得到了真正的发展。但许多文人士大夫对于禅、道的态度总是表现得相当纠结。天宝十四年“安史之乱”爆发，唐玄宗仓皇出京前往蜀中避乱。吴道子、王维等画家因各种原因未与玄宗离京，更加深刻地感受到了这场动乱对大唐文明和个人仕途前程、人生境遇的根本影响。这场致使唐朝由盛转衰的战乱持续了七年之久，复国之后，一众留守画家或被斩首，或赐自尽，或受杖刑。尽管王维幸未获罪，但心境灰暗的他“每退朝之后，焚香独坐，以禅诵为事”，以参禅悟道排解忧思，逃避现实，晚年时与道友裴迪长居辋川别业“弹琴赋诗，啸咏终日”。身处江湖，山水之于王维是心灵的栖息地，面对另一个远离庙堂的世界，王维看到了它至美至真的“黑白”本质：摒弃镂金错彩的华美色相，崇尚出水芙蓉的清幽——“玄（黑）色”即成为与这种审美意趣最为契合

[1] 恩格斯：《家庭、私有制和国家的起源》，见《马克思恩格斯选集》，人民出版社，2013年第3版。
[2] 王文娟：《墨韵色章——中国画色彩的美学探渊》，中央编译出版社，2006年版。
[3]《老子·十二章》。
[4]《庄子·胠箧》。
[5] 王文娟：《墨韵色章——中国画色彩的美学探渊》，中央编译出版社，2006年版。
[6]《老子·四十一章》。
[7]《老子·二十八章》。
[8] 王文娟：《墨韵色章——中国画色彩的美学探渊》，中央编译出版社，2006年版。
[9]《庄子·天道》。

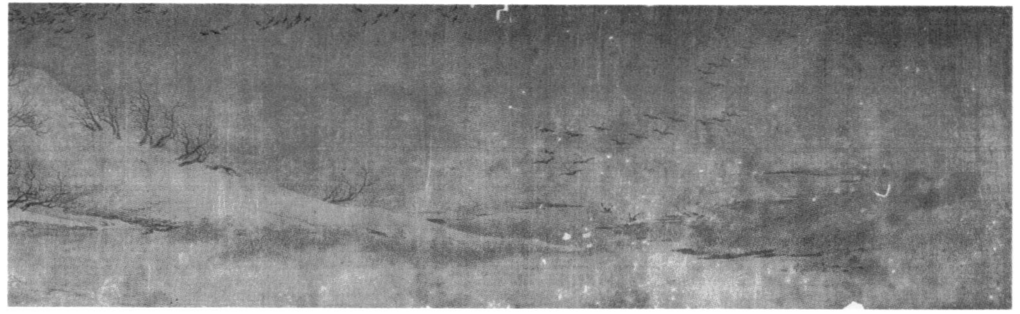

图025　唐　王维《江千雪意图》

的颜色。[1]于是他在《山水诀》中写道："山水之中水墨为上。"唐代绘画理论家张彦远也说："草木敷荣，不待丹绿之采。云雪飘扬，不待铅粉而白。山不待空青而翠，凤不待五色而綷。"[2]于是，从唐代开始，山水画中"青绿"与"水墨"开始分化，中国文人在"出世"与"入世"上的暧昧态度与精神矛盾使得中国绘画走向了截然不同的方向。水墨成为这一时代文人精神的象征，并跨越两宋，最终成为中国绘画色彩的主旋律。（图025）

特别要指出的是，庄禅在色彩观上相通，但在审美意境上却略有不同。[3]"天地有大美而不言"[4]展现了庄子以天地自然为美学追求的起点，在体察万物的视阈中，有"不知其几千里"的"北冥之鱼"，有"水击三千里，抟扶摇而上者九万里"的鹏鸟。庄子的审美是"乘云气，御飞龙，而游乎四海之外"的磅礴逍遥。但在禅宗的世界里，自然万象只是幻象，真实本源是"空山落叶"的无迹，是"水流花开"的自悟，是"一朝风月"的永恒。所以禅宗的美学意蕴是"曲径通幽处，禅房花木深"的韵味犹长，是"行到水穷处，

[1]牛克诚：《色彩的中国绘画》，湖南美术出版社，2002年版。

[2]（唐）张彦远：《历代名画记》卷二。

[3]王文娟：《对禅之理解及禅宗色彩观在文人画中的"自行呈现"》，收录于《2020中国传统色彩学术年会论文集》，文化艺术出版社，2020年版。

[4]《庄子·知北游》。

坐看云起时”的冲淡天真。

中国水墨之隽永如“空中之音，相中之色，水中之月，镜中之像，言有尽而意无穷”。其中的清冷空灵成为抚慰盛世衰亡之后中国文人的一剂良药，让心有所托，情有所归。较之昂扬高歌的“青绿”华章，平和淡然的“水墨”高远成为另一种诗境的海阔天空。禅宗的美学和色彩意蕴，是中国人在穷痛际遇之时应对人生悲苦的独特方式，它的亲和力体现在黑白水色的弥漫中，荒寒静默的观照中，有宠辱不惊、物我两忘，亦有宁静致远、拈花微笑。

从盛唐至分裂的五代及偏安的两宋，中国色彩绘画的发展开始更多地与水墨纠缠在一起，形成了以黑白色调为主导姿态的淡彩风格。“色彩与水墨的结合成为宋以后中国绘画史上的一个极为重要的主题。”[1]中国色彩由中唐之前的奔放、华彩、健朗、外拓的张扬洒脱转化为中唐之后内敛、柔靡、深沉、自省的简素，色彩的“淡出”贯穿于唐宋历史进程，形成了中国文化“精神气候”的质变，再结合中国文人心境的改变，水墨淡彩的文人画兴起了。

武周到盛唐，“破墨”山水成为文人画家在山水领域的首次尝试。所谓“破墨”，就是“在勾勒之后再以淡墨渲染”[2]，试图以墨色深浅代替青绿之变。中唐以后，以墨色与笔法之美为审美对象的“逸品”水墨出现，至唐晚期，“水墨”成为被普遍接受的绘画术语，出现在多位诗人的诗作题材中。当宋代文人饶有兴致地将书法笔意与绘画墨趣结合起来的时候，对色彩的热爱就在文化氛围的改变中一点点丧失了。

靖康之变后，宋室南迁，宋徽宗九子赵构于1127年建国称帝，定都临安，史称南宋，中国文化的重心也完成了历史性的南移。虽然偏安一隅，外患深重，但南宋的经济贸易高度发达，思想文化与艺术美学不仅发展迅速且传播甚广。作为中国绘画史上的全盛时期，南宋沿袭北宋“院体”，以高宗为首，引天下画家马首是瞻。

山水画是南宋时期重要的绘画类别，代表人物是马远、夏圭。出身绘画世家的马远任南宋光宗、宁宗两朝画院待诏，在他的大胆取舍剪裁下，五代、北宋以来阔朗雄浑的全景式构图演变为描绘山之一角、水之一涯的边景式构图，画面平和古雅，展现出山水汀渚的局部之美。由繁复到简约、从宏大到诗意，相比于北国山水的雄奇险峻，技法造诣的登峰造极，陶染了江南烟雨的南国景致多了一分柔和婉约、淡泊雅意，完成了中国山水画从视角到心境的变革，也以大幅面的留白开启了中国古典绘画全新的表述方式。

---

[1] 牛克诚:《色彩的中国绘画》，湖南美术出版社，2002年版。

[2] 牛克诚:《色彩的中国绘画》，湖南美术出版社，2002年版。

图026 南宋 马远《水图》第一幅

明代朱谋垔的《画史会要》记载:“(马远)工人物、山水、花鸟,独步画院。”马远并不以画水著称,但现藏于北京故宫博物院的《水图》仍是其震古烁今的杰出之作。马远的《水图》是具有开创性意义的。虽然在此之前也有擅画水的名家,如苏东坡极为推崇的孙位和孙知微,但如马远一样完全不借助外物仅以简约有力的线条和适度晕染来烘托水这一主题的却是前所未有。十二幅《水图》中有十幅完全是水面,所有题名均由南宋恭圣仁烈杨皇后亲笔题写。除第一幅因残缺而无图名外,其他每幅画作都以不同的名称总结了水的状态:洞庭风细、层波叠浪、寒塘清浅、长江万顷、黄河逆流、秋水回波、云生苍海、湖光潋滟、云舒浪卷、晓日烘山、细浪漂漂。

以《水图》笔墨与意境作为珠宝设计的灵感,甘露珠宝2021秋冬“顺流耳上”系列以小见大、绘微见著,将不同地域、不同时空下的水之姿态通过珠宝艺术完美呈现。珠宝材质敛去了浮华的光芒,成为烘托山水灵韵、水墨玄雅的背景,结合珠宝设计的丰富语汇,展现出水流刚、柔、舒、急之意境,可谓意匠纵横,曲尽美学之变。

《水图》是绢本淡设色画,每幅画面的内容都会让观赏之人产生不同的联想和理解。虽然第一幅(图026)题名被裁去,但根据《水图》表现的是不同季节气候下水之形态的主旨,再看这幅画面上的细密尖锐的波浪纹理,可以联想到秋日肃杀爽利的风掠过水面所形成的水纹样貌,所以这应该是金秋时节的水面。

“顺流耳上·汇”系列(图027)黄金首饰设计,灵动准确地提炼了马远笔下“波蹙金风”[1]这一主题,以线条构成的几何三角再现了如龙鳞起伏闪耀的尖角波纹。局部的凹凸纹理与镂空的对比,仿佛是河水在暗流迂回的作用力影响下,水面之上维持的一种波纹轻皱的平衡。

[1](明)俞允文:《水图》卷后题跋。

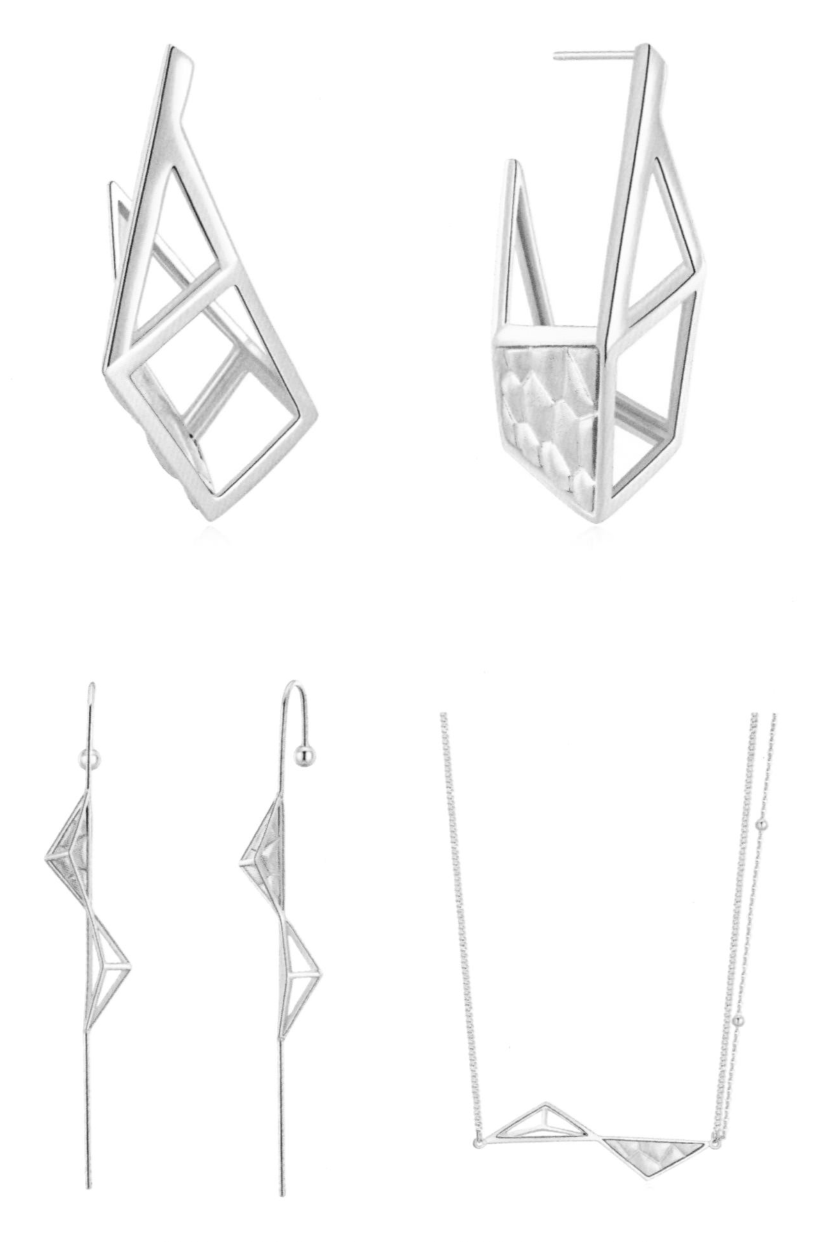

图027　甘露珠宝　2021秋冬“顺流耳上·汇”系列

同样是尖角形状的水波，“湖光潋滟”（图028）中的形态却是轻快且无规则跳动的姿态。题名让人不禁想到苏东坡《饮湖上初晴后雨》中的名句：“水光潋滟晴方好，山色空蒙雨亦奇。”在这春风习习、湖水盈盈中，似乎都能听到游人的桨声笑语。

马远笔下波光艳丽的水景依然是单色的，用虚实过度与粼粼湖面打造出丰富的意象，即使没有斑斓的色彩，依然能感受到动人心魄的美好。相比于以形象意的设计思路，“汇”系列K金耳饰（图029）则将一幅倒映着晴光山色、明镜波光的西子湖景通过珠宝艺术

图028　南宋　马远《水图》第九幅“湖光潋滟”

的语言提炼出诗画意境。狭长的耳环造型妩媚袅娜，光芒状的半圆形如浮于水面的璀璨日光，在它的“照耀”下是流苏环绕起的“轻波微漾”，其间点缀的珠粒仿佛浪间跃起的点点碎光。耳挂设计得如同一朵腾起的浪花，“浪尖”点缀的细小彩宝升华了“潋滟”的主题。流畅的线条，玲珑的造型，如笔墨划过绢面留下的一抹浓淡相间的笔触，意蕴悠长。

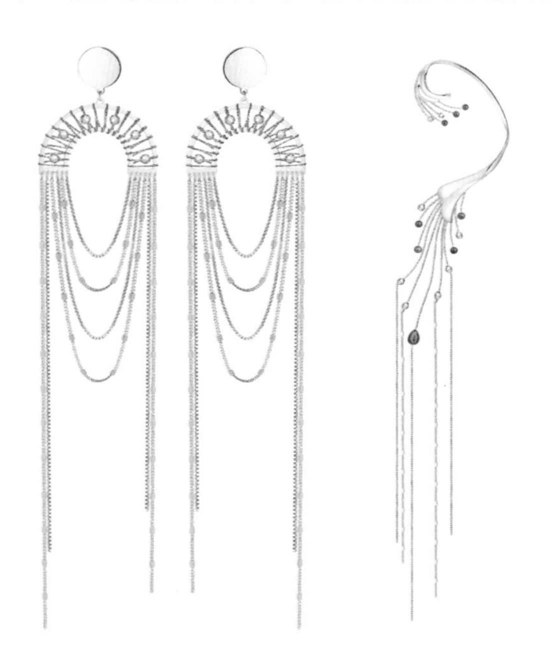

图029　甘露珠宝　2021秋冬“顺流耳上·汇”系列　K金耳饰设计

图030　南宋　马远《水图》第二幅“洞庭风细”

与尖细的波纹相比，“洞庭风细”“秋水回波”，以及“云生苍海”则用细密的墨线排布起曲线起伏的浑润波涛。“洞庭风细”（图030）图页中画面水波柔和，上虚下实，颇有洞庭湖水浩渺无边的意境。

“秋水回波”（图031）用柔婉的双勾线对称描画了袅袅秋风下清澈浩渺的巨大水面，偏于画面上部的水平线虚隐缥缈，水汽漫漫。柔和流转的曲波、水墨清澈的质感，描绘出一片波涛往复、流波千里的清宁水域。“秋水回波”刻画的景致宛如千百条河流流经沿途无数的曲折，最终汇入江海的圆转自然，这一片包容了天地的秋水不禁让人突然领悟到庄子《秋水》篇的意境高远：“天下之水，莫大于海。万川归之，不知何时止而不盈；尾闾泄之，不知何时已而不虚；春秋不变，水旱不知。此其过江河之流，不可为量数。”作为一个非常会讲高级故事的智者，庄子的思想沿着河流、江海、天地的思路直至“道”的境界，如同秋水回波的广阔，可通无量众生之心，可通宇宙天地万物，是真正的自由与平静。

“源”系列铂金耳饰设计（图032）以轻盈灵动的曲线放大了秋风水色的意象。以铂金纯净的光泽模拟了明月清晖下，霜雾弥散中，随风而皱起的水纹肌理。轻柔的线条围合成婉转的镂空形态，如微微浮动的细浪，在虚实相生的静谧中积蓄着力量。

“云生苍海”（图033）是中间留白、上下排线的构图。下部区域采用了重墨，在富有装饰感的线条底色上进行了不同程度的晕染。浪峰前倾，后浪紧推，伴随着涛声如潮，

图031　南宋　马远《水图》第七幅“秋水回波”

图032　甘露珠宝　2021秋冬“顺流耳上·源”系列　铂金耳饰设计

图033　南宋　马远《水图》第八幅“云生苍海”

海中升腾而起的云雾与万顷海水相融相生。涨潮时的海浪气壮山河，仿佛世间万象都被吸纳到这无边的虚幻中去了。西晋博物学家张华的《博物志》中记载了“鲛人泣珠”的逸闻传说：“南海水有鲛人，水居如鱼，不废织绩，其眼能泣珠。”这大海茫茫无边无涯，似乎也承载着这样一个美丽动人的传说。只是恍惚间，那颗颗绝世珍宝却又不知去向何方，只空留下这片没有人烟火气的苍茫与缥缈。

“汇”系列镶嵌耳饰设计（图034）以铂金塑造出澎湃的波涛，宛若鲛人甩尾跃入深海的轨迹，溅起的层层浪尖是闪烁的钻石，似乎回响着阵阵涛声。浪花间遗留的“鲛人泪”如缓缓沉入水中的月影，在浮光跃金的裹挟下闪着柔和的宝光。

当水面突然起风，整个水面动荡不定，大幅度起伏的波浪用粗重的颤笔画出，浪谷间卷起浪花，这是汹涌澎湃、向前奔腾的巨流。“源”系列铂金耳饰设计以纤细的曲线交织成翻腾激荡的浪花，“浪花”顶端银白色的“水珠”会随着佩戴者身体运动轻轻颤动，仿佛使得这幅“层波叠浪”（图035）以颇具立体感的方式呈现出来。马远的这幅图页用墨由淡转浓，形成了远近层次。从绘画技巧可以清晰看出，左下角这块区域的浪涛表现启迪了日本浮世绘关于海浪绘画的风格（图036）。

同样表现“巨浪”形态的还有第十幅“云舒浪卷”（图037）。虽然题名很平稳，画面却有着很大的波动。马远用浓墨配合淡墨拉开了层次，描绘了云雾漫溢之际、风起云涌之时的水面。下方中间用凝涩的笔触画出了一道奔涌的浪头，用墨很重，承接陡笔绘出

图034　甘露珠宝　2021秋冬"顺流耳上·汇"系列　镶嵌耳饰设计

图035　南宋 马远《水图》第三幅"层波叠浪"与日本 葛饰北斋《神奈川冲浪里》

图036　甘露珠宝　2021秋冬"顺流耳上·源"系列　铂金耳饰设计

的波浪像一条白龙蜷曲着身躯回头饮水，又像灵幡飞舞的素车张开了帷幕，这是沧海中的洪波，有着向着天边乌云冲锋陷阵的气概。正如《岳阳楼记》中所说：“阴风怒号，浊浪排空。日星隐曜，山岳潜形。”“衍”系列K金耳饰（图038）造型正如“云舒浪卷”中互相击打、咆哮激荡的巨浪。P管线条重复排列形成一串无止境的规律动态，前赴后继、熠熠生辉。戴在耳畔的珠宝优雅坚韧，像极了一位刚柔并济的女性。腾跃翻卷的“浪花”塑造出女性的娇媚，浪头跃起的“水珠”划出一缕缕缱绻的光华，有着化解世间苍凉的温柔力量。

图037　南宋　马远《水图》第十幅“云舒浪卷”

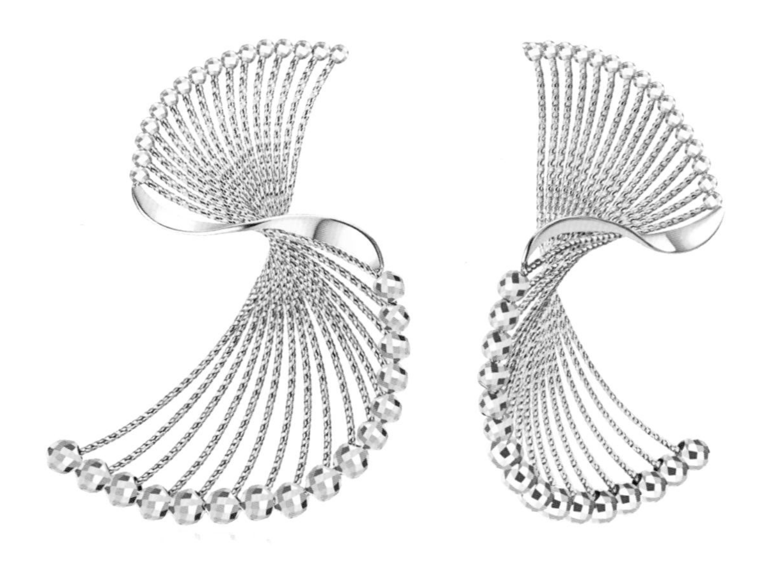

图038　甘露珠宝　2021秋冬“顺流耳上·衍”系列　K金耳饰设计

“衍”系列K金耳饰（图039）以波浪形的线条、围绕垂直中心的回旋设计象征了水流的轨迹。如绢本色调的K金材质色泽雅致柔和，以颇具温和内敛的生命力诠释了“寒塘清浅”（图040）中一泓隐没在深秋寒气中缓慢且源源不绝的清泉。

图039　甘露珠宝　2021秋冬“顺流耳上·衍”系列　K金耳饰设计

图040　南宋　马远《水图》第四幅“寒塘清浅”

《水图》中还以白描之法展示出长江与黄河的非凡气势。古代说“河”即指黄河，“江”则为长江，其他的水系均统称为“水”。“长江万顷”与“黄河逆流”呈现出的是两种完全不同性质的水。在“长江万顷”图页（图041）中，马远仅借助水墨流利的线条勾画出指向同一方向的簇簇浪尖，逐渐在远处形成虚化，营造出长江下游开阔浩瀚的江面景观。晋代的郭璞在《江赋》中说：“壮天地之峻介，呼吸万里，吐纳灵潮。”形容的正是这样一个江水浩荡、平稳从容的澎湃江景。浩浩汤汤的长江汇聚百川之水，呈现出兼收并蓄的雍容大度，像一条长龙奔腾不息，纵横于天地之间，自太古直至今日，已不知道它流经了多少岁月，正如《岳阳楼记》曰：“浩浩汤汤，横无际涯。朝晖夕阴，气象万千。”

图041　南宋　马远《水图》第五幅“长江万顷”

相较于“长江”的从容平和，黄河可以说是一条难以驯服的狂龙。虽然它孕育了古中国的文明，但也给这片土地带来了无穷的灾难。画面上的水波起伏部分以淡墨晕染，结合弧度陡增的曲线，彰显了黄河之水强大的力量感与破坏力。（图042）杨皇后所题写的“黄河逆流”，也反映了黄河治理作为国家政务的重要意义，因为“逆流”之于一个国家而言带来的后果是极其严重的。黄河流速、涨势极快，面对这样一个隔一段时期就会发作的隐患，从上古时期大禹疏通河道天下归宁，到东汉刺史王景勘测源流筑堤治水，对抗黄河之灾以赈百姓的故事在中国历史上多次发生。除此之外，汹涌澎湃的黄河之水还曾成为周武王伐纣途中的阻隔。《淮南子》中记载：“武王伐纣，渡于孟津，阳侯之波，逆流而击。”武王伐纣从孟津渡河，面对漫天的风浪，周武王左手持黄钺，右手持旌旗，大声道：“天命在我，谁敢阻拦！”于是波涛息声，风平浪静，可见黄河再险也抵不过古人改造自然的精神。

图042　南宋　马远《水图》第六幅“黄河逆流”

“晓日烘山”（图043）是十二水图中最为特别的一幅。首先是淡彩设色。右上角冉冉升起的红日由朱砂绘成，高山则是石青晕染。朱砂与石青在画面上部又抹成淡淡的云霞，逐渐过渡至与水面相接的天空。这片玄淡的色彩足足占据了画面的一半还多，下半部分的水面漾起的浅浅薄浪映着霞光，一派宁静祥和。另外，题名也颇具巧思。杨皇后为其他水图都题写了带水字旁的名字，唯独这幅的名字用的是火字旁的烘。不得不说，这样的安排别有心意。水性至阴至柔，其中安插一个火象的画面，使全套图画的氛围多少得到一些调和。整个画面描绘了日出东方普照大海的景象，云雾山崖都被镀上了一层紫金色。水天相接之处被第一缕阳光照亮，使得天空与大海从此被分成两个区域。初升的太阳照耀着山峦，渐渐驱散了夜的寒凉，迎来了温暖。

图043　南宋　马远《水图》第十一幅“晓日烘山”

画面意境突然改变之后便迎来最后一幅“细浪漂漂”（图044）。细腻的排线组织起层层浅浪，中间卷起小小的浪花，远处还隐约能看到海鸥低飞、鱼跃潜游，浓淡虚实的处理丰富了巨大水面的视觉感受，在动静相宜间恢复了十二幅水图的全水画面。其实现存的十二水图的真实排列顺序已经无考，毕竟在它传世的过程中经过多次重新装裱，且因为年代过于久远已经褪色许多。如果将这套水墨淡彩恢复成原本真实的样貌，肯定足以匹敌影响世界的日本浮世绘海浪，甚至与今天的艺术审美也毫不相悖。

图044　南宋　马远《水图》第十二幅“细浪漂漂”

老子《道德经》说：“天下莫柔弱于水，而攻坚强者莫之能胜，以其无以易之。”[1]水是能弱能强、能刚能柔的一种物质，古人好水，以诗文赞颂、绘画表现，也是因为水的这一特性。杨皇后将《水图》赐给娘家人也许就是想借水之性情暗示家族的行事做人。杨家显贵却极为低调，不仅远离朝政，还拒绝封赏，真正做到了家族的富贵长久。这正是老子在《道德经》里面说的道理：“不自见，故明；不自是，故彰；不自伐，故有功；不自矜，故长。夫唯不争，故天下莫能与之争。”[2]

马远画水，真正画出了中国古代文人的风骨气韵。“画以简贵为尚。简之入微，则洗尽尘滓，独存孤迥。烟鬟翠黛，敛容而退矣。”[3]可见文人水墨以简素玄淡为贵，寥寥数笔便可描摹山川宇宙之浩渺，数点笔墨即可俯仰天地万物之姿态。

---

[1]《道德经》第七十八章。

[2]《道德经》第二十二章。

[3]（清）恽格:《瓯香馆画跋》。

# 中国色彩的诗意与贵气

中国色彩之美，美在其审美价值的表达。古人将凡尘俗世中的万事万物直接提炼出诗意，在经史、礼仪、文学、艺术中用无数精妙的词汇呈现出色彩的多彩纷呈，用丰富的语言和意识沉淀出中国文化的精髓，让中国的色彩有了诗歌般的意境与君子般的贵气。

作为中国文化的重要组成部分，色彩的文化内涵和美学价值涉及深广，却又是一个常被忽略的领域。色彩在表情达意上之于文字、图像是有差异的。文字、图像是信息的"具象"传达，清晰明确；色彩则是信息的"意象"表述，有着象征性和暗示性，斑斓纷繁，多姿多彩，它是中国文化生动鲜活的一面，让理性的文字、严谨的图像幻化出一个情绪的出口，可以温暖宁和，也会激昂愤慨。色彩引导的情绪又是模糊暧昧的，当目睹漫天红霞，心有所动；当面对缤纷壁画，震撼慨叹，这些情绪都无法名状。甚至不同文化背景的观赏者，面对同一种色彩，也会涌起不同的感思。

古人论色彩，如道家论"道"，用最为简妙的语汇点到即止，留给观者无限体悟的空间。虽然每一个色彩都有对应的颜色名称，但色彩并不是语言，它是抽象的、写意的，是一个场景，是一种器物，是一种情绪，甚至是一段故事……从东方哲学与智慧的土壤中开出花来的中国色彩，它的美丽绝非仅仅止于绘色描彩、感怀观象之辞，而是从另一个美学层面展现出中国人看待世界、追求愉悦的方式，是华夏民族审美基因的传承。

诗词中的色彩就是这样书写着美学意境。仰赖于科举制度的完善以及统治阶层的重视，唐朝诗歌发展繁荣兴盛，成为当时最受欢迎的文学形式。《唐语林》中记载："宣宗爱羡进士，每对朝臣，问：'登第否？'有以科名对者，必有喜，便问所赋诗赋题，并主司姓名。或有人物优而不中第者，必叹息久之……微服长安中，逢举子则狎而与之语。时以所闻质于内庭学士及都尉，皆耸然莫知所自。故进士自此犹盛，旷古无俦。"[1]由此可见，

[1]《唐语林》卷七《补遗》。

唐朝社会对于进士词科的重视。中国古代诗词因官方的推崇与加持到达了顶峰，极尽灿烂。诗的世界是一个以文字、语言为媒介，充满美好图景与奇妙想象的世界。这个世界的斑斓拓展了中国色彩语境的内容及运用场景，产生了更多内涵细腻、层次丰富的色彩名词。

色彩的大量出现丰富了唐诗这个宏大且极具视觉感的世界。在李白的诗中，有“轻如松花落金粉，浓似苔锦含碧滋”的裘衣，有“白沙留月色，绿竹助秋声”的景色；在白居易的诗中，有“徒使花袍红似火，其如蓬鬓白成丝”的喜不自禁，也有“便留朱绂还铃阁，却着青袍侍玉除”的无奈感伤。

20世纪50年代初，日本学者花房英树在《李白歌诗索引》中，详细统计了李白诗中约二十四种色彩词汇以及使用频率和次数。[1]从李白对色彩的运用上，可以看出他的美学追求是以事物本真为方向，强调“清水芙蓉”的天然意趣。在他的诗中，白、绿、青三种色彩出现得最为频繁，作为大自然中最普遍的固有色，是李白写景时最为偏爱的组合。不论是“青山映辇道，碧树摇烟空”的古雅清幽，还是“高楼入青天，下有白玉堂”的天马行空，抑或“芙蓉娇绿波，桃李夸白日”的春色无边，再如“阴生古苔绿，色染秋烟碧”的洒脱无拘，都以色彩明度与纯度的变化营造出清丽素雅的色调，在光色和谐中构建出清逸旷远的诗意图卷。

号称“鬼才”的唐代诗人李贺最擅长使用色彩词汇，他的《雁门太守行》一诗就是一幅波谲云诡的色彩画卷：“黑云压城城欲摧，甲光向日金鳞开。角声满天秋色里，塞上燕脂凝夜紫。半卷红旗临易水，霜重鼓寒声不起。报君黄金台上意，提携玉龙为君死。”这首诗借乐府旧题讲述河北定州战事。元和四年（公元809年）十月，成德军节度使王承宗反叛，唐宪宗任命宦官吐突承璀为招讨使平叛，却战事不利，河北糜烂。《雁门太守行》的背景正是义武军节度使张茂昭驻地定州被叛军围困，固守待援的悲壮时刻。李贺用峭奇的语言风格，独辟蹊径地以浓辞丽藻的色彩描写了惨烈的战争场面。黑云动，日照甲衣，金光流彩；角声起，胭脂热血，紫塞呜咽。诗人如同一位高明的画家，将这些鲜明浓烈的色彩交织在一起，黄金、胭脂、凝夜紫，黑色、秋色、玉白色，这些沉重耀目的色彩构筑了一个丰富而充满想象的世界。写就这首拟古名篇时，李贺并未亲临战场，无法观象成色，所有的铁甲金声、擂擂战鼓都是他的奇绝想象。在他的创作中，战斗场面浓艳斑驳，边塞风光奇诡变幻。以色示物，以色感人，李贺的诗描画的不仅仅是单薄的轮廓，而是厚重的精神与灵魂，以及浑融蕴藉的磅礴意境。

---

[1]［日］花房英树：《李白歌诗索引》，上海古籍出版社，1991年版。

诗中“塞上燕脂凝夜紫”一句中的“凝夜紫”，历来有不少解读。一说是紫色的边城，西晋学者崔豹《古今注》：“秦所筑城土色皆紫，汉塞亦然，故称‘紫塞’者焉”；有说因鏖战从白天进行到夜晚，大片鲜红的血迹在落日余晖下的夜雾中呈现出一片凄惨悲凉的紫色；也有学者认为表现的是初夜暗紫色的天空。如宋代诗人胡仔的“赤帝当年布衣起，老妪悲啼白龙死，芒砀生云凝夜紫”[1]以及明代诗人石宝的“浮岚出晴丹，淑气凝夜紫”[2]就是对天色的描写。无论是城色、血色还是天色，“凝夜紫”（图045）以具象化的色彩，展现出了诗歌中意象化的悲壮与浪漫。

图045　凝夜紫　甘露珠宝“斓”系列戒指

以唐诗为代表的唐代文学中，色彩已不再单纯地描写事物本身的色相，而成为情绪的表达或情景的塑造。晚唐诗人李商隐的咏牡丹诗云：“垂手乱翻雕玉佩，招腰争舞郁金裙”，是借牡丹迎风起舞时起伏翻卷、摇曳多姿的美态抒发了对意中人的爱慕、相思之情。诗中“郁金裙”（图046）一词指郁金草染成的姜黄色裙子，后被引申为女性的专用色彩。唐代女子着裙强调裙腰高束、裙摆曳地，走路行动间婉约风姿展露无遗。虽然唐代民间服色丰富，但穿黄色系裙子绝对是标新立异的出格行为。《新唐书·五行志一》中记载：“杨贵妃常以假鬓为首饰，而好服黄裙，近服妖也。时人为之语曰：‘义髻抛河里，黄裙逐水流。’”在唐代风流诗人的吟诵里，“郁金裙”成为美貌多情、自信奔放的女子的代名词。

[1]（宋）胡仔：《歌风台》。
[2]（明）石宝：《熊耳峰》。

文学艺术在色彩与女性之间架起一座桥梁，改变了唐代以前色彩多直接用于描述事物色相的局限，而是在文学上被赋予了色彩诗意的浪漫，在吟诵中被技巧性地传达，创造出视觉包括精神上的细微情感。这样的运用习惯以及联想方式从唐代开始延续下去，成为华夏文明中一段段与天地共明月、于人间见离合的美丽与哀愁。

在中国色彩中，有一大类别与天然物候相关，这些形容四时山川的美好修辞成为历代文人最为高妙的落笔。

在游船上宴饮的苏东坡与友人“相与枕藉乎舟中”，第二日早早醒来，大诗人发现天色微明，感叹“不知东方之既白”。这首《前赤壁赋》贡献了一个与佛性相通的色彩名词——东方既白（图047）。这是清晨江面上微明的天色，黎明的深暗逐渐消弭，蒙蒙的蓝色已经泛出白亮的曙光。《前赤壁赋》写于苏轼一生中最为困顿的时期之一。元丰二年，苏轼因“乌台诗案”入狱，后虽获释却被贬为黄州团练副使。在黄州期间，苏轼两次泛游赤壁，写下了千古名篇前后《赤壁赋》。一生颠沛、半世飘蓬的苏轼却有着让后世感怀敬仰的通透与豁达。他“目遇之而成色”，借黎明之后天光渐亮的“东方既白”抒发了虽然际遇不平却仍达观乐天的心态，情韵深致、理意透辟，这是中国文人遇逆境而不屈的贵气。

图046　郁金裙

图047　东方既白

《昭觉丈雪醉禅师语录》中说：“东方既白，蟠桃带绯色而吐青峰，律转一阳。”“一阳”出自北宋哲学家邵雍的《冬至吟》：“冬至子之半，天心无改移。一阳初动处，万物未生时。”在当代学者南怀瑾的解读中，“一阳”正是万物皆静，蓄势待发的时刻，象征如稚桃由青转红一般突破黎明前的黑暗。这个瞬间就是“东方既白”，是一种色彩，更是一种修辞，它形容的是挥别黎明蒙透之前的至暗时刻，迎来第一缕晨光的欣慰与旷达。

中国古代文人对色彩的运用可谓出神入化。唐高宗时，洪州都督重修滕王阁，并于上元二年（公元675年）的重九日在阁上欢宴群僚和宾客。时年二十五岁的王勃前往交趾看望父亲途经此地，即席赋诗，写就了这篇辞采华美的千古一文《滕王阁序》，其中“潦水尽而寒潭清，烟光凝而暮山紫”两句描写的是九

中国色彩
暮山紫
C47 M2 Y11 K0
R164 G171 B232
潦水尽而寒潭清
烟光凝而暮山紫

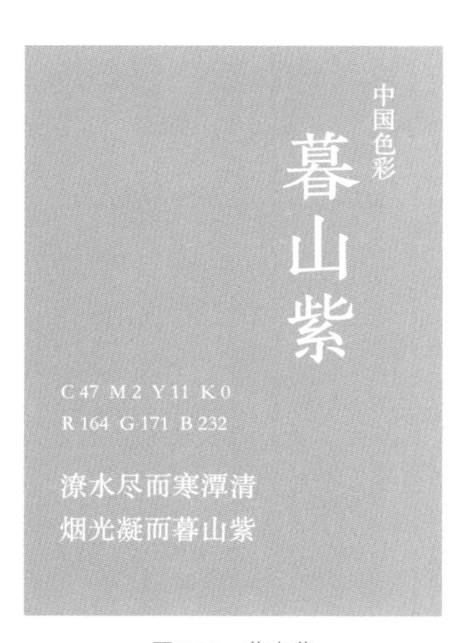

图048　暮山紫

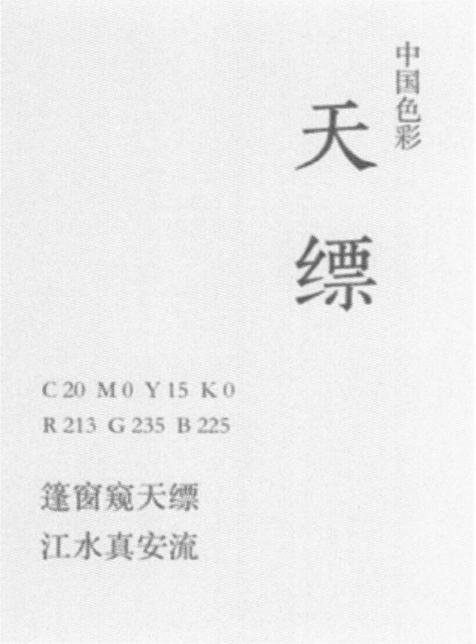

中国色彩
天缥
C20 M0 Y15 K0
R213 G235 B225
篷窗窥天缥
江水真安流

图049　天缥

月雨后秋潭清澈，暮霭水雾中，远山所呈现出的那一片紫色。

虽然自幼就被誉为文采风流的神童奇才，王勃的人生路却并不顺遂，怀才不遇、抱负未展的愤懑心情充斥字里行间。在黄昏时刻，他凭栏远眺，见漾起的山岚烟雾与夕阳余晖交织在一起，形成一抹淡薄的紫雾笼住山峦。此时此刻，暮山见我，我见天地万物。也许这位少年天才眼中所见正对应了经历了多舛命运之后日渐成熟的心境，只是这时的他还不知道自己的人生路已差不多走到了尽头。

王勃终就成为中国文人心中的一座碑，以诗文咏“暮山紫”（图048），祭奠他的少年登科、他的妙手偶得、他的坎坷不平，也衍生出更多与自身对话的人生境界。曹勋用“海光不动暮山紫，人在天涯空倚楼”感叹一份藏于山海间的苍凉孤独；赵崇鉘以“渚花流水香，烟霏暮山紫”的态度，表达了对高妙诗境的不懈追求；吴势卿在“斜阳两岸暮山紫，明月一天秋水横”中展现出历经红尘后的通透豁朗，两岸升腾的“暮山紫”雾，是释然了悟之色，也是与自我的和解。

在敏锐的古人看来，自然万物的构成总是丰富而多变的。比如天空的色彩就不是一个统一不变的蓝色色相，而是越高远越浅淡，于是，距离我们遥远且氤氲着水汽的浅蓝天空色就被赋予了一个古老的色名“缥”。“缥”有飞扬之意，《汉书·贾宜传》：“凤缥缥其高逝兮”，凤凰飞舞，翩然消失于天际；也被引作隐约缥缈，李白《姑孰十咏·天门山》：“参差远天际，缥缈晴霞外”，形容天际高远、云霞飘忽的傍晚景观。古时，缥色被纳入“青”色系，《说文解字·糸部》中说：“缥，帛青白色也”，用漂染布帛的工艺诠释了缥色的色相——青白色。但似乎表达也不够准确，是偏青还是偏白？青白比例是多少？况且青色本身就是一个令人迷惑的颜色。刘熙在《释名·释采帛》中解释道：“缥，犹漂也，漂漂，浅青色也。有碧缥，有天缥，有骨缥，各以其色所象言之也。”似乎更加混乱了，“碧缥”是淡蓝中带着浅绿，“骨缥”是淡绿中泛着浅灰，而将“缥”用作天色的形容时，才表现的是清朗明媚的朗空之色（图049），如吴敬梓在《腊月将之宣城留别蘧门》中写道：“篷窗窥天缥，江水真安流。”

古人为色彩定名的“不准确”，恰恰正是中国色彩中最为曼妙的诗意所在。当“缥”中呈现“碧”色，就营造出了无数美好的诗词意境。在汉末大儒陈琳的《神武赋》中，“缥碧”是美玉：“文贝紫瑛，缥碧玄绿。”在南朝文学家吴均的《与朱元思书》中，“缥碧”（图050）是水色：“水皆缥碧，千丈见底。”在东汉文人刘陶笔下：“缥碧以为瓦。”在建安诗人刘桢的欢歌宴饮中，“缥碧”之为樽。南唐后主李煜《子夜歌》唱道：“缥色玉柔擎，醅浮盏面清。”被美人素白的柔荑轻轻举起的“缥色”，是酒色还是杯色呢？

图050　缥碧

从唐代开始，青色系色彩以及对应颜色名逐渐丰富起来，“缥”的使用反而相对减少了，逐渐被许多更具诗意色彩的词汇取代。例如同样属于青色系的“天水碧”，它的出现源自一次美丽的错误——来自南唐后主李煜的浪漫。

南唐时碧绿色非常流行，宫里的妃子也争着穿碧绿色的衣服，但觉得市面上的颜色不够高级，就亲自动手染制。有位宫人粗心之下把没有染好的丝帛放在庭院中晾了一夜。第二天却发现被露水打湿的丝帛起了变化，泛出一种非常好看的蓝绿色。李煜觉得这么漂亮的颜色不能辜负，既然是露水染成，那就是上天的恩赐，就叫“天水碧”（图051）吧。宋代鲍士恭的《五国故事》以及《宋史·李煜》都曾记载过这个有趣的传说。

图051　天水碧

南唐画院的待诏顾闳中的《韩熙载夜宴图》（图052）描绘了韩熙载在府邸宴饮行乐的场面。画卷中几位身姿婀娜的歌伎所着服色正是“天水碧”。

北宋灭南汉后，南唐便被置于三面包围之中。宋开宝七年（公元974年）九月，十万宋军三路并进，趋攻南唐。开宝八年三月，攻至金陵城下。在失去一切外援之后，后主仍以孤城坚守。十一月十二日，北宋主将曹彬率大军三面攻城。二十七日，宋军破城后李煜率亲属、随员等四十五人奉表投降。李煜被俘于东京，生命最后阶段写下一首《破阵子》记录了当时的景况心境：“四十年来家国，三千里地山河。凤阁龙楼连霄汉，玉树琼枝作烟萝，几曾识干戈？一旦归为臣虏，沈腰潘鬓消磨。最是仓皇辞庙日，教坊犹奏别离歌，垂泪对宫娥。”回望当年的金陵城，织锦工艺盛况空前，不仅官府里设有作坊，民间更是机杼遍布。沉醉

图052　南唐　顾宏中《韩熙载夜宴图》(局部)中的"天水碧"

在江南富贵温柔中的后主李煜,作品里充斥着红罗绿锦的美词艳句,有"红锦地衣随步皱"的娇柔,亦有"淡淡衫儿薄薄罗"的俏丽;有"珊枕腻,锦衾寒"的忧伤,亦有"玉钩罗幕,惆怅暮烟垂"的怅惘。在如此靡柔的后宫中,无所事事的宫娥们染出了"其色特好"的天水碧——若有若无、似玉非玉,近乎青和绿之间的柔和清雅,蕴含着风露雨意,仿佛南唐最后的韶华时光。

社稷归宋后,南唐后宫妃嫔也被迫离开故土成为俘虏。离开金陵之时,吹奏着别离哀歌的教坊宫娥们还穿着曾经最为骄傲美丽"天水碧",只是此时此刻,这抹骄傲与高贵被泪水浸染成了一片哀婉的亡国之色。根据色彩学专著《中国传统色》中对于传统色彩体系的梳理,"天水碧"正是夏秋之交的转折之色。当处暑即将结束,秋天即将到来,天地万物都开始步入凋零的季节,蕴含着初秋凉意的水天碧色正是南唐国主最贴切的境遇写照。

南唐虽然被宋所灭,但李煜风华绝代,才冠天下,他所代表的南唐宫廷审美充满了文质的通达与精致的隽永,很大程度融入了北宋的文化,"天水碧"也成为后世诗人笔下一抹化不开的韵色。北宋舒岳祥与欧阳修将"天水碧"的故事写入诗词:"陈宫露唾天水碧,粉黛欲学争咨嗟"[1]"夜雨染成天水碧,朝阳借出胭脂色"[2]。南宋词人周密也用"天水碧,染就一江秋色"[3]来咏叹海潮欲来时的钱塘江景。

除了极致的审美,中国宫廷创造出的染色也代表了中国色彩自信至尊的贵气。崇祯二年(1629),魏忠贤阉党事败,宦官刘若愚被群臣弹劾充军,后又因受诬告而蒙冤狱中。在幽囚的悲愤不平中,刘若愚效太史公司马迁,详细记述了自己亲历明朝宫廷数十

[1](北宋)舒岳祥:《碧桃》。

[2](北宋)欧阳修:《渔家傲·粉蕊丹青描不得》。

[3](南宋)周密:《闻鹊喜·吴山观涛》。

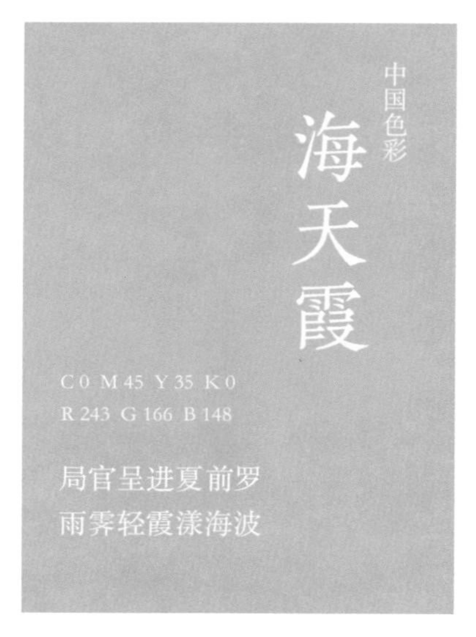

图053 海天霞 甘露珠宝“尊·御臻和”系列戒指

年的见闻，申冤以自明。崇祯十四年（公元1641年），写就了颇具文献价值的宫廷杂记史《酌中志》。书中记载了内织造局创染的新色海天霞：“海天霞，内织造局所造新色也，似白而微红。”并题诗曰：“局官呈进夏前罗，雨霁轻霞漾海波。”明末诗人秦兰徵在《天启宫词》中赞“海天霞”（图053）之美犹如“海上霞色上轻罗”，就像海天尽头的霞光落在罗衣上，轻曼柔和地晕染出的淡淡微红。

海天霞专门用作宫人春季服饰的里衣，穿着时面料及配色都颇为讲究。《天启宫词注》载：“用天青竹绿花纱罗，当青素衬。以海天霞色淡红里衣，内外掩映，望之如波纹木理焉。”天青色和竹绿色的罗纱，衬着淡红的里衣，如霞光下的海波微漾，雅致非常。《崇祯宫词》中还记述了袁贵妃月下陪侍崇祯帝的服饰装扮：“宫绫浅碧镇相夸，瑟瑟波纹漾月华。一自御前邀奖后，衬衣不羡海天霞。”“天水碧”绫绸外衫罩在“海天霞”衬衣外，连皇帝也不禁赞叹：“此特雅倩！”于是，宫眷皆尚之，红绿配色成为宫廷时尚。刘若愚是热爱美好的人，《酌中志》中记录的这些回忆让崇祯帝凄然变色，于是终于沉冤得雪。

刘若愚记述的明朝宫廷中最高级的配色方式在清代小说《红楼梦》中以另一种方式呈现出来。《红楼梦》中贯穿服饰、陈设、建筑、植物的色彩与纹样、材质、造型等元素相结合，通过绝妙精心的搭配运用，成为极富借鉴价值的中国古典色彩搭配图鉴。

第三回贾府众人亮相中，最惊艳的是“恍若神妃仙子”的王熙凤和“混世魔王”贾宝玉。虽然身份有别，但作为贾府正主服饰配色思路却十分一致。王熙凤出场，“头上戴着金丝八宝攒珠髻，绾着朝阳五凤挂珠钗；项上戴着赤金盘螭璎珞圈；裙边系着豆绿

图054 《红楼梦》第三回　王熙凤、贾宝玉服饰色彩搭配

宫绦双衡比目玫瑰佩；身上穿着缕金百蝶穿花大红洋缎窄褃袄，外罩五彩刻丝石青银鼠褂；下着翡翠撒花洋绉裙”[1]。对比王熙凤出场的“红袄绿裙”，宝玉“穿一件二色金百蝶穿花大红箭袖，束着五彩丝攒花结长穗宫绦，外罩石青起花八团倭缎排穗褂；登着青缎粉底小朝靴”[2]。王熙凤的服饰以红为主调，辅以三种性格的青绿之色——华丽的翡翠、深沉的石青、柔和的豆绿，点缀金色首饰。贾宝玉的服饰主要以石青衬大红结合金色。在中国古典配色中，石青大多与红色一起出现，显然这明媚耀眼的红必须要石青这样近黑的颜色才能压得住。相较于老成黯淡的黑色，石青色深却有艳光，与红色搭配运用更显稳重高贵又不失少年英气。（图054）

甘露珠宝“出色”珐琅系列（图055），以大红与石青的珐琅釉色结合栩栩如生的首饰造型，诠释出充满灵动气息的花间精灵。璀璨钻石与明艳亮泽的珐琅相映成趣，错落别致。蝴蝶张开的翅膀仿佛掀起了柔软的和风，焕动着生命自由起舞时的唯美与光彩。

清代进士戚蓼生评《红楼梦》为“一声也而两歌，一手也而二牍”[3]；脂砚斋评曹公叙事“有隐有见、有正有闰”[4]。着落在配色原则上就是书中的叙事描写总是红绿相携

[1]（清）曹雪芹:《红楼梦》第三回。

[2]（清）曹雪芹:《红楼梦》第三回。

[3]（清）戚蓼生:《石头记序》，指《红楼梦》的正反写作手法，即同时写了正面和反面两个故事，将“真事”隐于“假语村言”之中。

[4]（清）曹雪芹:《红楼梦》第一回脂批。

图055　甘露珠宝　“出色”珐琅系列

而出，在深深浅浅的变化中相互映衬。曹雪芹以红色贯穿全书，对于绿色的体贴同样无微不至。正色、间色冷暖互补，既秾丽耀眼，也旖旎姣艳。

琉璃世界中群芳相聚，众人的打扮可谓争奇斗艳。黛玉穿着“掐金挖云红香羊皮小靴，罩了一件大红羽纱面白狐狸里的鹤氅，束一条青金闪绿双环四合如意绦，头上罩了雪帽”。“娇花照水、弱柳扶风”的黛玉一身大红，再点缀上用青金金箔制成的金线和绿色丝线编结的鸾绦，在冰雪红梅的世界里犹如牡丹一般艳丽。（图056）

不仅身份高贵的主子喜欢色彩鲜艳的组合，丫鬟们也常作红绿装扮以示俏丽。群芳夜宴里的芳官“只穿着一件玉色红青酡绒三色缎子斗的水田小夹袄，束着一条柳绿汗巾，底下是水红撒花夹裤，也散着裤腿”[1]。准备回家照顾母亲的袭人“身上穿着桃红百子刻丝银鼠袄子，葱绿盘金彩绣绵裙，外面穿着青缎灰鼠褂”[2]。与耶律匈奴打闹的晴雯“只穿着葱绿院绸小袄，红小衣红睡鞋”[3]……玉色、红色、青色、柳绿、水红、桃红、葱绿等色相调性变化斑斓的色彩将锦绣的大观园打扮得多姿多彩、活色生香。（图057）

[1]（清）曹雪芹：《红楼梦》第六十三回。

[2]（清）曹雪芹：《红楼梦》第五十一回。

[3]（清）曹雪芹：《红楼梦》第七十回。

图056 《红楼梦》第四十九回　林黛玉服饰配色

图057 《红楼梦》红绿服饰配色

除却“桃红柳绿”的对比互补，端庄雅致的和谐统一同样令人过目难忘。宝玉往梨香院探望微恙的宝钗，见她穿着“蜜合色棉袄，玫瑰紫二色金银鼠比肩褂，葱黄绫棉裙”[1]。这样的色彩组合虽然“一色半新不旧，看去不觉奢华”[2]，却清雅婉约，正是宝钗

[1]（清）曹雪芹:《红楼梦》第八回。

[2]（清）曹雪芹:《红楼梦》第八回。

"安分随时，自云守拙"[1]的性格写照。

蜜合属于黄色系，本是中药用语，是指在中药末中加入蜂蜜调和以增加黏性并祛除苦味，制成的蜂蜜药丸，称为"蜜合丸"或者"和蜜丸"。蜜合色的色相如清代戏曲家李斗在《扬州画舫录》中所载："浅黄白色曰蜜合。"这是蜂蜜在炼制过程中因加温变色所致。玫瑰紫是一种偏向紫调的深色玫瑰色，调性偏冷。乾隆年间流行于宫中被称为"福色"使得民间争相效仿。《雍亲王题书堂深居图屏》之《桐阴品茶》中描绘了仕女手持纨扇，着玫瑰紫对襟长衫静坐于梧桐树下品茶的情景。端方娴雅、柔和冲淡的仪态正切合了书中宝钗的形貌。葱黄色泽浅淡，是微泛绿意的黄色，与蜜合一样天然带着雅淡的暖意，融化了玫瑰紫的些许冷凝。这样一身亲和却又不失身份的装扮足见宝钗的独到品位。甚至在争红斗绿的"琉璃世界"里，她与众不同地穿了一件低调的"莲青斗纹锦上添花洋线番把丝的鹤氅"，在群芳争艳的场合如一朵遗世独立的青莲。（图058）

图058　清　《雍亲王题书堂深居图屏》之《桐阴品茶》《红楼梦》第八回　薛宝钗服饰配色

[1]（清）曹雪芹：《红楼梦》第八回。

图059　清　冷枚《春闺倦读图》《红楼梦》第四十六回　鸳鸯服饰配色

能领略娴雅之美的还有贾母身边的总管大丫头鸳鸯。第四十六回里，鸳鸯低头做着针线，“穿着半新的藕合色的绫袄，青缎掐牙背心，下面水绿裙子”。水绿、藕合、青色的配色娇美可人、清新爽利。水绿介于蓝、绿之间，唐代诗人李商隐曾用“千里嘉陵江水色，含烟带月碧于蓝”来形容水色碧绿的嘉陵江景，这浸透了水雾、透着澄澈的绿色正是充盈着青春少女气息的水绿。藕合也称藕荷，由于古人喜爱借用物色形容色相，导致许多色彩争议颇多，难以明确。《天工开物》记载：“苏木水薄染，入莲子壳，青矾水薄盖”，染出的浅紫而略带红色的布帛色泽近似煮熟的莲藕。《扬州画舫录》中又将藕合色形容为“深紫绿色”。总体说来，藕合偏属灰色，颜色柔和，男女皆宜，是中国历代庶民阶级的常用色，也是一个调和各类色彩极其恰当的选择。(图059)

《红楼梦》的古典色彩美学不仅在于服饰搭配的讲究，更在于建筑陈设以及园林景观的色彩描写。第四十回中贾母带着刘姥姥与一众姐妹及宝玉同游大观园。在黛玉的潇湘馆里，贾母看到碧纱窗的颜色有些旧了，便让凤姐给黛玉换窗纱，提到一种很稀有的窗纱“糊了窗屉，远远的看着，就似烟雾一样”[1]，唤作软烟罗。这窗纱“只有四样颜色：一样雨过天晴，一样秋香色，一样松绿的，一样就是银红的……那银红的又叫作‘霞影纱’”[2]。可以想象一下蒙上“软烟罗”的花窗，看出去的景物就如同浸润在蒙蒙细雨当中，无限美好和诗意。贾母不愧是见多识广的配色高手，独选银红有着视觉和心理上的考量。潇湘馆“有千百竿翠竹遮映”，更兼梨花芭蕉，在这样的色彩环境下，原本碧色的窗纱虽然和谐，却显得过于清冷素淡。银红窗纱与绿竹，色相对比且冷暖互补，平衡了色相过于统一带来的寡淡之感。雾蒙蒙泛着光泽的银红色犹如黛玉生命中的一抹鲜活，恬静美好微噙泪光，盈盈动人，一如朝露，又如晚霞。“银红”在《红楼梦》中共出现八次，可见曹公对这个浅红中泛着白的颜色情有独钟。不同于大红的奔放热烈，银红轻灵盈动，贵而不俗。曹公借贾母之口突出银红色软烟罗的鲜亮轻软，更用陪笔写出其他三色的清雅恬淡，分属青、黄、绿、红色系的四个唯美色彩（雨过天青、秋香色、松绿）并置一处，如珠玉落盘，琤琮有声。（图060）

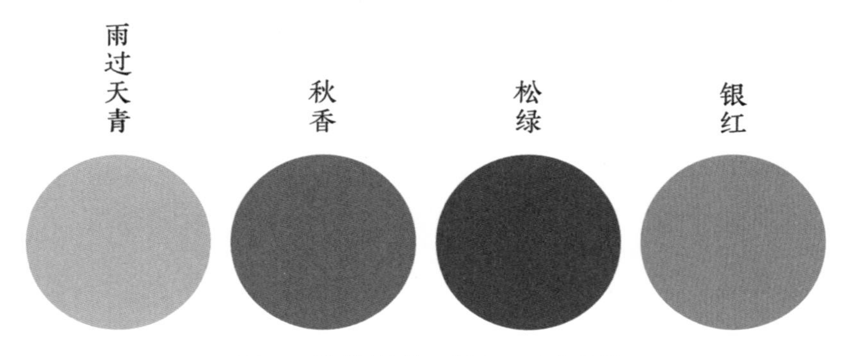


图060 《红楼梦》第四十回　四色软烟罗

与秀丽柔静的潇湘馆不同，荣禧堂耳房的陈设色彩颇为华贵端庄。“临窗大炕上铺着猩红洋罽，正面设着大红金钱蟒靠背，石青金钱蟒引枕，秋香色金钱蟒大条褥。……地下面西一溜四张椅上，都搭着银红撒花椅搭。”（图061）猩红又作腥红，介乎红色和橙色之间，比朱红深。相较于活泼轻盈如飞花飘絮的粉红、桃红、海棠红，血液般的猩红宛如一位历经世事的华美贵妇，饱蘸着簪缨世家的荣耀。与大红、石青一起质地厚重地构成一个浓稠的红色世界。多次在书中出现的秋香是一个颇具诗意的色彩名词，与银红一起消减了猩红与石青的醒目、红色与金色的张扬。秋香是对秋天所有色彩的形容。

[1]（清）曹雪芹：《红楼梦》第四十回。

[2]（清）曹雪芹：《红楼梦》第四十回。

金色的秋天随着草木绿瘦黄肥，空气里开始弥漫起一种清新的蜜香，仿佛熟透的水果，又像是成堆的落叶传来的缕缕腐败的气味，但绝不是那种令人作呕的味道，而是与爽脆的秋阳勾兑发酵出的丝丝甜味。随着秋意渐浓，在绿色褪成黄色的最后阶段，秋香融合着绿色、黄色和红色，踏入了大地的色域，与绿色难舍地纠缠过后，也逐渐过渡成沉着香醇的秋日妩媚与风流。

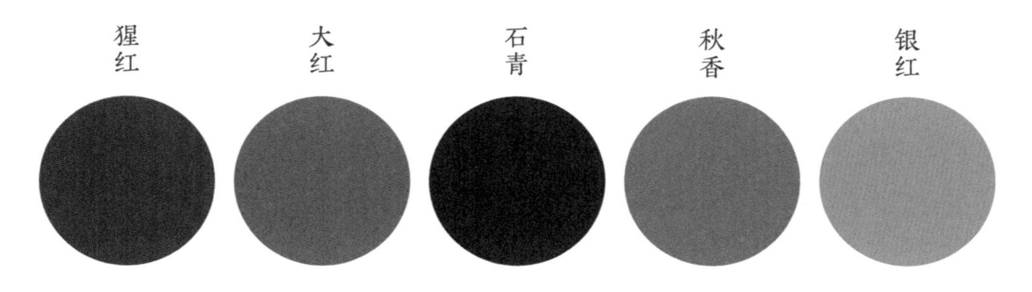


图061 《红楼梦》第三回 荣禧堂耳房陈设配色

# 中国色彩的配置与运用

从华夏文明的土壤中孕育而出的中国色彩，充满了生活的智慧与民族基因的沉淀。中国色彩之美不仅在于色彩本身，更在于配色与运用方式。

中国传统色彩的配置中主色多采用在固有色中调入其他颜色而得到的混合色。可调入黑白灰色系或者对比色系的色彩，改变色彩的明度与彩度，使整体色调呈现出沉稳大气的质感。纯色一经混色，彩度就降低了，所以中国色彩的配置中主色通常不艳丽，但可以通过添加白色达到明亮效果、添加黑灰色或对比色产生晦暗效果。这样经过调和的主色就奠定了色彩搭配柔和沉静的基调。陪色作为主色的补充多选择明度较高、色感轻快的同色系色彩与之搭配，整体调性冷暖互补趋同，共同构成一个和谐稳定的大色环境。主色与陪色色调统一的前提下，对比色的出现就打破了过度统一的僵局，令视觉效果产生冲突感形成张力。虽然面积大大小于主色与陪色，但对比色的地位仍举足轻重。失去对比，色彩组合就宛如一潭无法漾起波澜的死水，了无生趣。对比色多数以色相对比的形式出现，增加画面的层次感，但在彩度和明度上应考量与主色、陪色的统一融合。一组生动的配色中必然会出现色相上对比的色彩，但组织在一起的时候若两者之间没有过渡就会显得唐突生硬。所以间隔色在这里就起到间隔色相和调和色调的作用，使得对比并置的两色和谐共处。点缀色是色彩配置中面积最小的颜色。在色相、明度、彩度上都可以与主色调有比较大的区别。这些是画面的亮点，使得画面灵动生气不至于过分沉郁寡淡。传统色彩中可用纯色、固有色加以点缀，甚至用金银色直接装饰，增加画面的华丽感。

## 敦煌美色

世界四大文明体系——中国、印度、希腊、伊斯兰的汇流之地正是中国的敦煌和新疆地区。敦煌是中原通往西域的重镇，也是佛教东入中原的门户。公元4至14世纪，古代艺术家们在敦煌陆续建造了大量洞窟，除石雕和泥塑造像外，构图主次分明、线条行云流水、画风极富张力的壁画成为敦煌艺术的巨大财富。敦煌壁画的色彩结构充满了激荡人心的感染力，具有规律性、丰富性、多样性的艺术特点，虽然用色大胆，却在主色调的协调统一下掩去了凌厉刺目的冲击感，借助补色对比的配色规律，使各个时期的艺术作品如时代的旋律一般在色彩流转之间充满律动。

敦煌壁画的颜色多取材于天然矿物、植物。朱砂之华美，赭石之厚重，石青之高雅，藤黄之明艳……看似简单、随意的几种颜色，敷于精致繁复的线条轮廓之内，因深浅、明暗、疏密的细微差别生出万千变化。每一幅敦煌壁画都在色彩配置上遵循着主色调和统一、补色冲突对比的规律，所以即使壁画内容庞杂，用色多变，却和谐浑朴毫无犀利之感。敦煌壁画中占有较大比重的无彩色黑白灰，充当着融合各类色相的重任，将壁画的缤纷斑斓保持在各自鲜明独立却又平衡制约的关系之中。创作于北魏时期的儒佛道三教合流代表作《鹿王本生图》（图062），整幅壁画仅用六种颜色，朱砂底色面积最大，与建筑、山石的石青、石绿的小面积点缀形成对比。主角九色鹿被描绘成一头白鹿，以石绿、赭石点彩以示其色。洁白如雪的白鹿代表了美丽、善良和正义，在红色背景中显得突出鲜活。雪白的九色鹿仪态万方，在国王与所乘黑马的衬托下格外纯净安详。黑白灰所形成的阴影与高光强化了物体的体量感，使得极富装饰感的画面有了更为细腻的层次表现。《鹿王本生图》的色彩配置鲜明强烈，却利用色彩的色相对比、冷暖对比以及面积对比形成了瑰丽神秘的艺术效果。

甘露珠宝“九色鹿”珐琅手镯（图063），利用冷珐琅技术，以《鹿王本生图》壁画色彩为蓝本，将绚丽灿烂的敦煌美色和流传千年的传统题材以非遗技艺赋予了当代全新

图062　北魏　敦煌莫高窟257窟《鹿王本生图》（局部）

图063　甘露珠宝“九色鹿”珐琅手镯

的设计语汇和艺术审美。

由于还未掌握描绘大海的技巧，隋代420窟的《观音救海难》（图064）壁画中的大海及波浪仍像一个较大的水池。左边描绘的海浪令人想起图案化处理方法一脉相承的彩陶波浪纹饰。颜色氧化造成的黑色色块和线条起到了调和作用，穿插于深浅鲜丽的石绿、石青中，降低了鲜明色块组合带来的不和谐，使画面的色彩效果最终达到统一，呈现出来自远古的神秘感。

敦煌壁画色彩结构的装饰感反映出一种热烈淳厚的民族特征。历经千年的岁月沉淀，敦煌壁画通过色彩语言展示出了不同时代的审美取向。根据绘画技法、颜料、观念的演化，从北魏开始至五代以后，以唐朝作为分界，分为萌芽期、发展期、鼎盛期和衰退期四个阶段。总体趋向，由北魏时期的浓郁厚重转变为西魏、北周时期的明朗清丽，直至隋唐时代的堂皇华美。

北魏时期，对比鲜明、单纯朴拙、和谐统一的色彩特性使得早期的敦煌壁画即使在绘画技法不够纯熟的初期也具备了相当高的审美价值，充斥着文明启蒙阶段的原始与纯粹，展现出动人心魄的高级艺术之美。257窟是北魏壁画的典型代表。雄浑而温柔的土红底色，将鲜明的石青、石绿包裹其中，在黑、白、灰的调和之下化解了冷暖色调的剑

图064　隋　敦煌莫高窟420窟　《观音救海难》(局部)

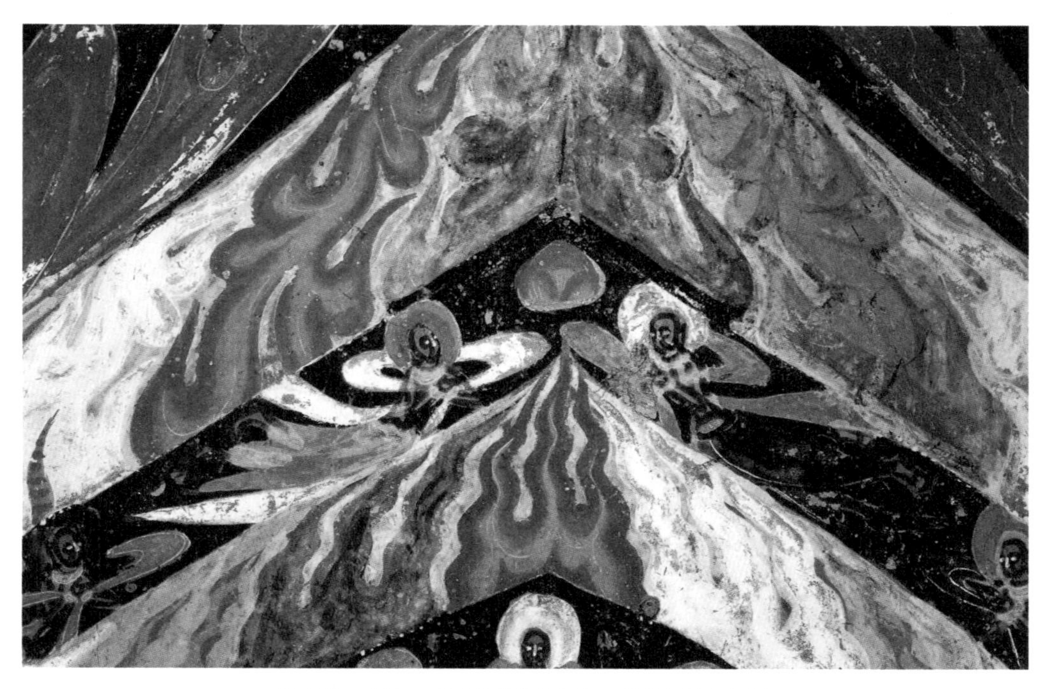
图065　北魏　敦煌莫高窟257窟　背光图案(局部)

拔弩张，酝酿出明快浓烈、浑朴深沉的温暖，将尚显稚拙的造型与线条演绎成生动欢快的形象，创造出了奇妙的和谐氛围。(图065—图066)

隋代，深浅不一的青靛、土绿、朱红、金色等色彩的加入使得壁画色彩的种类及明度变得更为多元明朗。这一时期大多采用两到三种的配色规律，调色方式也不断更新。

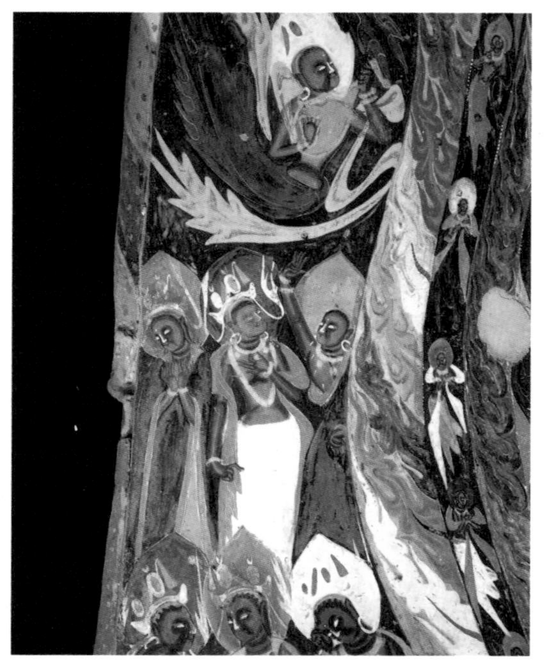

图066　北魏 敦煌莫高窟257窟
伎乐飞天、听法菩萨（局部）

在各类纯色中创新性地调入中性色（黑白灰），将原本单纯的色彩创造出具有冷暖倾向的混合色，色彩结构由原先的"单纯色"转向了"复合色"，改变了生硬乏味的色感，将各类色彩的倾向调和得更加和谐统一。419窟呈现出隋代壁画典型的土红、粉绿和浅蓝三色对比结构。（图067）冷暖对比的局面在具有调性偏向的黑白助力下势均力敌，成就了爽朗而开阔的艺术效果。

隋唐时期是敦煌壁画艺术最为辉煌多彩的阶段。尤其从唐代开始的关于装饰色彩的探索与创新，大大增强了色彩的变化度与丰富感。多种色彩的对比、冷暖色调的碰撞、各级明度之间并置以及中间色与调和色的巧妙运用，营造出了盛世大唐的富丽与奢华。

图067　隋　敦煌莫高窟419窟　须达拏太子本生法华经（局部）

图068　初唐　敦煌莫高窟323窟　远山与小船

初唐323窟壁画表现了烟雨迷蒙的江湖景色。点点帆影颇有“孤帆远影碧空尽”的意境。由于变色比较严重，山水及人物的轮廓线都已模糊不清，然而温柔疏朗的色彩层次变化，意外地将画面中的元素融合成为绚丽晚霞中的逆光剪影。（图068）

148窟的盛唐山水上半部是被白云遮住了半山腰的山峦，远空渲染着浮略的晚霞。唐代壁画故事的表现已不仅仅停留在把故事内容图解出来的步骤，而是更注重将绘画当作一幅美术作品来展示，充分调动山水画的技法，体现出雄奇壮阔的意境。颜色被概括成几种单纯的色块组织安排进画面中，形成类似套色版画的效果。乳黄的底色、高饱和度的孔雀蓝形成了强烈的视觉对比，穿插其间的棕褐色、淡黄色以及深蓝色、钴蓝色，在同色系的深浅变化中呈现出既和谐又丰富的色彩氛围。（图069）

根据《法华经·化城喻品》绘制的217窟山水图景主要表现了四组山峦，以石绿和浅赭相间染出，和谐的色系安排使得整幅壁画洋溢着花开烂漫、春色盎然的明媚气氛。（图070）

369窟南壁东侧经变画中，中央空阔的部分是平缓的原野和丘陵，两侧山崖形成平远的景色。画家通过山峰表现出了佛教气氛，把山水意境与佛教境界统一起来。比起唐初的山水表现，减少了鲜艳的青绿颜色的使用，仅用赭色染出；线描也用极淡的色彩勾出，以致很多地方若不仔细看往往会忽略轮廓线，这也是唐代后期山水画的一个倾向。唐代壁画用色对比强烈，尤其是表现山水主题时善用深浅绿色、蓝色与土红、赭石、

图069　盛唐　敦煌莫高窟148窟　山水

图070　盛唐　敦煌莫高窟217窟　《化城喻品》

朱红的颜色搭配出现。其间调和黑色、深灰色等，显得层次分明，华丽异常，颇具盛世之象。（图071）

甘露珠宝2020秋冬“飞天”系列（图072）借鉴了历代敦煌壁画的色彩美学，结合精湛的珐琅工艺，打造出凌空飞舞的飞天意象。脱离了“西域飞天”稚拙形象的“敦煌飞天”，身材修长，裸身裹裙，臂缠飘带飞舞于天乐花海之间。东晋画家顾恺之“春蚕吐

图071　中唐　敦煌莫高窟369窟　山水

丝”、劲挺连绵的线条样式为飞天曼妙轻盈的姿态平添了灵动与逍遥的神韵。甘露珠宝“飞天”系列，利用K金材质着重勾勒出“敦煌飞天”生动流畅、纤细有力的身姿线条与飘带装饰，以珐琅工艺重现西域“凹凸设色法”，完美塑造了飞天珠宝的飘逸、神圣与崇高。

独树一帜的唐代“飞天”造型俊逸秀劲，流畅洒脱的线描、富丽堂皇的设色造就了令人目眩神迷的艺术魅力。唐代的“飞天”形象是主观与客观的结合，以现实中的女性形貌为基础，赋予其挣脱束缚的神力，翱翔于天地之间，这是一种不拘泥于形似的造型观念，将渴望飞翔的愿望和对自由的向往通过“飞天”的造型姿态创造出来，用潇洒曼妙的神韵营造出壁画艺术的动态之美。甘露珠宝以唐代“飞天”为主题，结合珐琅技艺，将璀璨斑斓的设色特点、秾丽华美的审美意趣通过精美的色彩配置、灵动的构图布局打造出意态万千的“飞天”珐琅手镯（图073），在技艺传承与革新的基础上，统一了传统与现代的美学精神。

图072　甘露珠宝　2020秋冬“飞天”系列

图073　甘露珠宝“飞天”珐琅手镯

## 丹青美色

《韩熙载夜宴图》（图074）为五代时期顾闳中目睹韩熙载夜宴宾朋场景所作的纪实画作。整幅画面构思写实，人物、陈设、器具都沉浸于轻松活跃的色彩盛筵之中。由于糅杂了创作者的大量主观思考，所以色彩运用上明丽不失古雅，形成了颇具装饰意蕴的视觉效果，也成为传达宴会骄奢信息的工具。官员、仕女等服饰与帷幔、屏风等陈设中大小形状不一、软硬质地不同的朱砂、石青、石绿穿插于图卷之中，形成色彩起伏的韵律，仿佛一首舒缓平和的古乐中恰到好处的几处高音，庄重不失昂扬，富丽不流凡俗。

图074　南唐　顾宏中　《韩熙载夜宴图》（局部）

作为“吴门四家”之一仇英的代表作,《桃园仙境图》(图075)将深厚纯熟的画工、恢宏古雅的气势通过严整考究的布局、缜密精致的技法、法度合宜的设色彰显出来。画面中的石绿、石青、赭石的浓淡变化占据主导,墨线勾勒被色彩压得极淡,色调明暗错落间营造出婉转悠扬的荡气回肠。三段式的构图依照远近安排了三种色度变化,近景浓重、中景缓柔、远景疏淡,如竹笛之音意犹不尽。前景中三位白衫散人抚琴对吟,故意放大的身形比例成为青绿重彩中一抹不染纤尘的人生寄托。

图075　明　仇英　《桃源仙境图》

## 瓷器美色

瓷器之色是宋代生活色彩的重要组成部分,在文人士大夫的推崇下,汝窑淡天青釉、官窑粉青釉、钧窑月白釉、哥窑青釉、龙泉窑青釉、耀州窑青釉、定窑白釉、景德镇窑青白釉等成为宋瓷釉色中最为基础的色彩构成。宋代瓷色以浅青、白、青白釉为主。定窑白釉在北宋盛极一时,对于辽、金来说也极受欢迎。[1]宋代始创的钧窑月白釉色是一种近乎纯白的极浅的蓝色,视感相较于明度和纯度较低的青釉色更为明亮夺目。月白又称月下白,顾名思义是白色物体在月光下所呈现出的极为浅淡莹洁的蓝色。月白色度从微蓝到浅蓝不等,高明度的色彩调性结合瓷色之上产生了一种令人心神震荡的美感。官窑粉青釉色温润古雅,如冰壶玉衡的谦谦君子,颇有官家风范。《南村辍耕录》中载其“澄泥为范,极其精

[1] 陈彦青:《观念之色——中国传统色彩研究》,北京大学出版社,2015年版。

致，油色莹彻，为世所珍”[1]。哥窑青釉的色泽融合了浅淡的乳黄色，与其他釉色相比独树一帜。在笼罩着金丝铁线开片下的青灰既古朴又稳重。与文人的孤清不同，龙泉青瓷的釉色饱满浓稠，仿佛初春料峭之际，冰雪初融之时，蕴纳了一冬的春水般清冽甘醇。除了含蓄雅致的瓷色审美，钧窑玫瑰紫釉、建窑黑釉兔毫等打破了内敛素雅的一统天下。与钧窑月白釉的澄净不同，玫瑰紫釉是一种窑变，因为无法预知烧制完成的色泽，更增添了未知和挑战的魅力。（图076）

图076　宋代瓷色

## 霓裳美色

构成唐朝绚丽生活的重要色彩是如锦缎般流光溢彩的服饰之色。从内廷到民间，服饰色彩的流行趋势展现出了这个多姿多彩的时代。从《虢国夫人游春图》到唐仕女彩绘泥塑、从《树下美人图》到唐三彩女俑，鲜衣怒马的红绿配色成为盛世大唐的视觉缩影。（图077）

[1]（元）陶宗仪：《南村辍耕录》卷二十九《窑器》。

与贵族女性上下异色搭配的丰富相比，社会底层侍女的服色则相对单一。从《捣练图》中着青的烧炉宫女，到《调琴啜茗图》中服绿的捧茶侍女；从《簪花仕女图》中穿红的持扇美人，到《韩熙载夜宴图》中裹碧的伺宴舞伎，服饰色彩几乎没有反差，与地位较高的女性对比显著。（图078）

图077　唐代仕女服色

图078　唐代侍女服色

## 珠宝美色

中国的珠宝，往往以技艺与匠心为传承。自萌芽以来，饰物贯穿整个文明历程，现今大量的造型技巧、结构塑造、材质精练、色彩妙搭等手法，大多以“非物质文化遗产”的形态传承及发扬至今。无论是阳春白雪的“花丝镶嵌”，还是下里巴人的“各族银饰”，都一直在提亮着生活的情致。

在众多非遗中，最能够全面展现中华民族在珠宝首饰及贵金属装饰品技艺体系的项目非“金银细工制作技艺”莫属，2008年6月“金银细工制作技艺”被国务院公布为第二批国家级非物质文化遗产并纳入保护名录。[1]金银细工制作技艺起源于商周，是以金银为主要材料，辅以宝石、珐琅及其他珍贵材料，经过精细的花丝、雕錾、焊接、镶嵌等工艺制成的兼具审美价值和实用功能的传统贵金属手工艺珍品。[2]

钗和簪均为中国传统发饰，统称为“笄”，钗为双股，簪为单股，具体的功用、寓意沿革上也有不同。“笄”的使用在新石器时代以后就很普遍了且不分男女。《诗·鄘风·君子偕老》：“君子偕老，副笄六珈。”“副”指编发为髻；笄，即为簪；六珈，为笄首华饰。此句描述的是春秋时期女子用端头有精致镂刻装饰的簪绾发的形象。钗的出现略晚于簪，至春秋时期才出现实物。《说文新附·金部》对于钗的注释为：“笄属”。虽是同类，但在《释名·释首饰》中明确说明了“钗”与“簪”的不同：“钗，叉也，象叉之形，因名之也”。《六书故》中强调了这一点：“两股笄也。”除此之外，钗的功能与簪不同，主要用于固发，而且钗首常作各种花样，装饰意味浓厚。古代男子绾发常用簪，而钗则逐步成为女子的专属。《红楼梦》中就以“金陵十二钗”作为众多美丽女性的代名词。

点翠技艺，是一项产生自两汉时代的中国传统的金银首饰表面装饰工艺。它是首饰制作中的一个辅助技法，主要用于点缀美化首饰表面纹饰和色彩。点翠技艺是中国传统的贵金属精细工艺和动物翎羽工艺的完美结合，先用金或银做成不同图案的胎体，再把翠鸟带有幻彩效果的蓝色的羽毛仔细地粘贴在胎体上，以制成各种色彩绚丽、光泽耐久的首饰器物。[3]

清代点翠钗、簪，翠色浓郁，由于翠羽使用较多难免产生颜色差异，主要有“宝蓝”和“翠蓝”两种基本色，其中“翠蓝”为上品。首饰设计需要根据纹饰主题进行构思，将深浅蓝色巧妙搭配，保证基本色泽的一致，以及利用不可避免的色差创造出更为微妙独

---

[1] 方韦、施慧、苏婧：《南京金银细工技艺体系梳理与研究》，《大众文艺》2019年第13期。

[2] 方韦、施慧、苏婧：《南京金银细工技艺体系梳理与研究》，《大众文艺》2019年第13期。

[3] 方韦、施慧、苏婧：《南京金银细工技艺体系梳理与研究》，《大众文艺》2019年第13期。

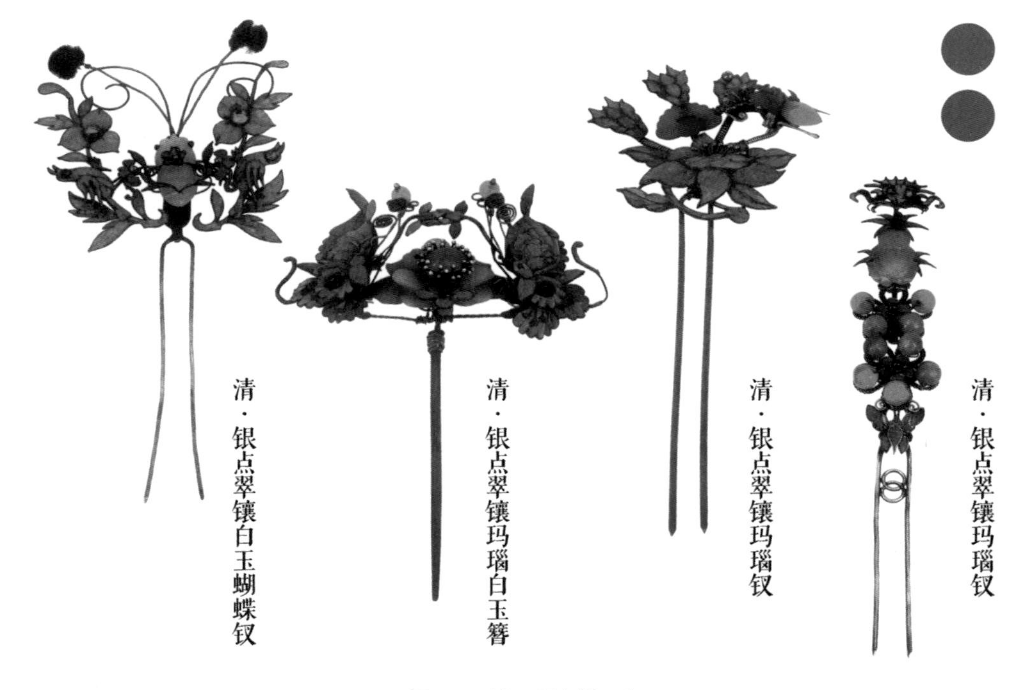


图079　清　银点翠配色

特的艺术效果。乾隆年间，点翠工艺完备，登峰造极，多用红宝石、玛瑙相缀，打造出来的首饰色彩对比强烈，造型美丽脱俗，加以金银镶饰更添堂皇之美。（图079）

珐琅基本材料为石英、长石、硼砂和氟化物，与陶瓷釉、琉璃、玻璃（料）同属硅酸盐类物质。中国古代习惯将装饰在建筑瓦件上的称“琉璃”；将装饰在陶或瓷胎表面的称“釉”；而装饰在金属表面上的则称为“珐琅”。金属胎珐琅器按照底胎成形的工艺不同，可分为掐丝珐琅工艺、錾胎珐琅工艺、画珐琅工艺和脱胎（透明）珐琅器等几个品种。珐琅技艺的起源和发展主要有两种：一是源自波斯的“搪瓷”工艺，约在蒙元时期传至中国，明代时期经过传承和发展逐渐形成铜胎掐丝珐琅技艺，开始大量烧制，并于景泰年间达到了一个高峰，后世称其为“景泰蓝”；二是在清代康熙年间自欧洲传来的画珐琅技艺，不同于掐丝珐琅和錾胎珐琅的填色手法，画珐琅的色彩和笔触更加接近绘画的技法。珐琅技艺在金银细工技艺中的使用，主要是在錾刻或花丝胎体上烧制“掐丝珐琅”和在花丝胎体上烧制“脱胎珐琅”。由于金银细工作品多为金银器，材料昂贵，所以珐琅技艺在表面装饰的面积不会过大以掩盖金银的光泽，珐琅技艺在金银细工作品中常常和花丝、錾刻、镶嵌等技艺组合使用，很少单独使用。[1]

[1] 方韦、施慧、苏婧：《南京金银细工技艺体系梳理与研究》，《大众文艺》2019年第13期。

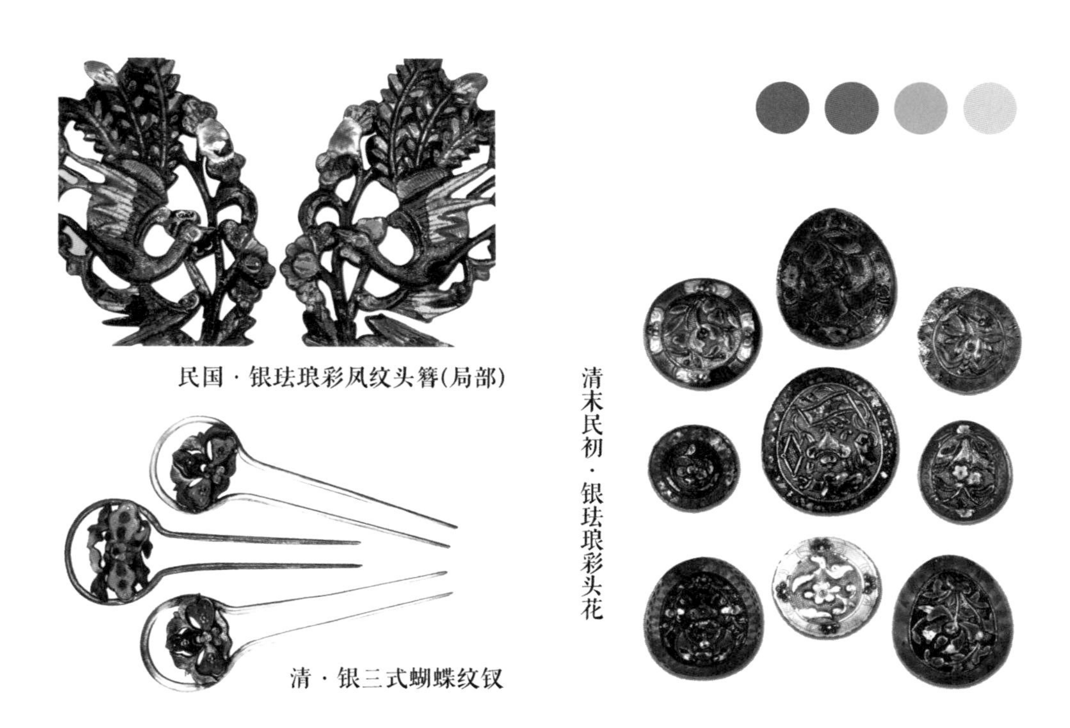


图080　清/民国　珐琅首饰配色

这组清代与民国时期錾花工艺结合镂空珐琅彩的簪钗与扁方设计在造型工艺上并不算十分精致，但作为历史的载体却承载着一个时代的技艺见证。图案纹饰包括传统吉祥图案凤凰、蝴蝶，还有代表着生活情趣的花卉与琴棋书画，配合点蓝烧彩工艺更显得耀目灵动。（图080）

由于珐琅色彩表现丰富多元，在当今追求时尚与个性的珠宝艺术领域重新焕发出了新的生命力。甘露珠宝以"尊""澜""出色"系列打造当代珐琅珠宝，分别以铂金、K金珐琅对戒，K金珐琅串珠，K金珐琅项链作为各系列主打品类，体现出珐琅工艺与艺术在当代的创新与发展。甘露珠宝在最大限度保留珐琅工艺精华的基础上，对现代高温珐琅、冷珐琅工艺以及工具进行科学分析和改良，赋予其新的形式和时代内涵。（图081）

由于高温珐琅一直以来都依赖有铅氧化物作为助燃剂，极大部分珐琅首饰的珐琅表层都含有重金属。甘露珠宝突破了这一技术壁垒，实现了不含铅且符合欧美重金属检测标准的珐琅工艺。高温珐琅釉料坚固，颜色温和，渐变自然，经历百年依然鲜艳如新。冷珐琅涂釉技术，结合高温珐琅结构设计、錾刻底纹处理、高亮度抛光技艺，较之市面上同类产品更胜一筹。

图081　甘露珠宝　珐琅系列产品

# 中国书画

书法与绘画在中国文化中是难以分开讲述的。对于中国古代的艺术家而言，“书画”是不分家的，优秀的书法家，也必须能画一幅好画，真正的文人往往书画兼修。汉字本就是象形文字，书法的表现目的是字形的优美，书写过程也犹如绘画一般。书法中的线条表现、间架结构也包含着绘画元素的组合，书法中的笔法笔意也成就了绘画笔触的发展与革新。

# 书画的线条之美

线条是中国书画的根基，从史前陶器的纹样图腾到殷商记事占卜的甲骨文，从秦汉隶书的波磔笔画到初唐人像的"吴带当风"，从东晋今草的流动飞扬到五代山水里的苍疏萧森，从盛唐气象万千的石筑碑刻到宋明诗意烂漫的文人水墨，线条一直恪尽职守地传递着中国文人的情感与体悟，延续着中国书画艺术的抒情与唯美。

原始社会在和平与战争不断更替的过程中缓慢地发展起来。新石器时代前期，是一段相对平和稳定的母系氏族社会。《庄子·盗跖》中记载："神农之世，卧则居居，起则于于。民知其母，不知其父。与麋鹿共处，耕而食，织而衣，无有相害之心。"这段关于神农氏的文字记述约略正是这一时期的生活写照。仰韶文化遗产出土的大量彩陶有许多鹿的形象，恰与文中"与麋鹿共处"相对应，正是这段和平时光背景下和谐社会氛围的反映。在这个人与自然温暖共处的时代，在陶器上出现了摇曳游动的鱼、自由奔跑的狗、朴拙憨钝的鸟蛙……这些被粗犷且生动的线条勾勒出的姿态，生机勃勃地传达出原始本能的风貌与审美，没有沉重、恐惧、诡秘和紧张，完全是人类历史天真活泼、健康纯朴的童年气派。（图082—图083）

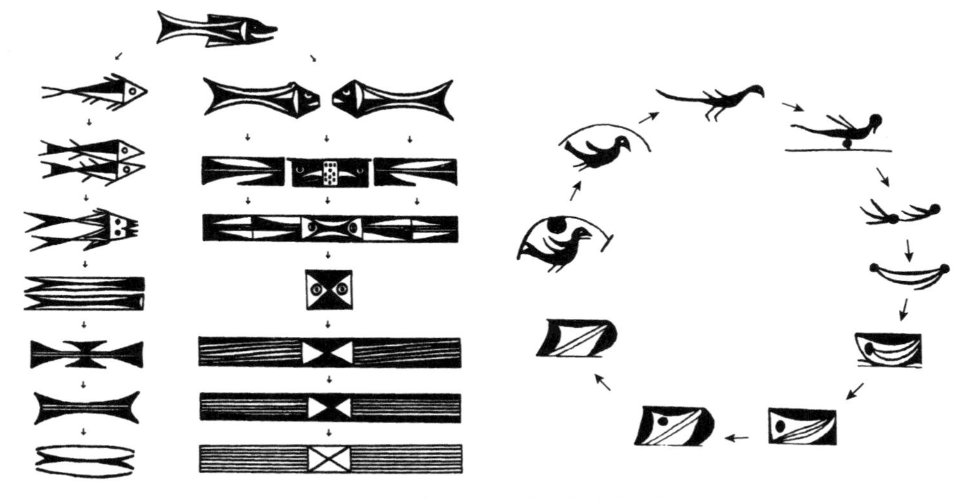

图082　仰韶文化　彩陶鱼鸟纹演变示意图

虽然动物纹样是仰韶半坡彩陶的特点，但在整个新石器时代，陶器纹饰的表现主体则是抽象的几何纹，即各种曲线、直线、水纹、涡旋纹、三角形、锯齿纹等。它们由写实的动物形态演化而来，逐渐过渡至抽象，甚至符号化。华夏先民在生存与劳动中追寻着大自然的规律，将具象的形态、丰富的色彩提炼出纯粹的形式——用线条的对称均衡、连续间隔、重叠并置、粗细疏密、反复交叉、变化统一等组合成一系列几何纹样，如同一段段流转萦绕的旋律，将来自远古的记忆与情感描绘于陶器之上。（图084）相比于旧石器时代对色彩审美上的本能性理解，新石器制陶时期的线条所传递出来的信息在领会上要困难得多。这是一个"由再现（模拟）到表现（抽象化），由写实到符号化"的过程，也是"一个由内容到形式的积淀过程"，它是美的意识的形成。但这种美并非单纯的形式美，而是"抽象形式中有内容，感官感受中有观念"。[1]

图083　仰韶文化　鱼鸟纹彩陶壶

图084　新石器时代　彩陶涡旋纹壶　马家窑文化马厂类型

神农时代的和平悄然过去，战争、掠夺、杀戮接踵而至，这是黄帝、尧舜的时代。陶器纹饰早期的生态盎然、稚气可掬、婉转曲折、流畅自如逐渐消失，取而代之的是纵横贯穿、首尾相合、直角凸起的凌厉转折，充斥着严肃、封闭、威吓的情绪。新石器时代晚期的几何纹饰，是威震人心的赫赫权势，是震慑灵魂的诡异恐惧。（图085）

陶器纹饰由活泼走向沉重，由烂漫化为神秘，代表着人类美学的发展迈入了青铜时代。早期宗法秩序的确立使得这一时期的纹饰以体现统治阶级的意志为己任。以饕餮为代表的青铜器纹饰的出现已然与陶器纹饰有了本质区别。

《吕氏春秋》载："周鼎著饕餮，有首无身，食人未

[1] 李泽厚：《美的历程》，生活·读书·新知三联书店，2014年版。

咽，害及其身。”饕餮纹为正面兽面纹，形式如同立体的兽面被展平的效果，极具图案化。饕餮纹的构成为七个部分：“一、冠饰与鼻纹，二、眉纹，三、目纹，四、角纹，五、身纹，六、口纹，七、足纹与身纹。”[1]饕餮原型为何历来有许多争议，哲学家李泽厚先生认为其可能为“当时巫术宗教仪典中的圣牛”[2]。这种怪异的动物形象充满了狞厉之美，而这股令人感到威吓的美感不在于它的形象本身，而是指向了某种超越自然与权威的原始力量，神秘而庞大。在商周青铜鼎上满布了线条粗犷狰狞的饕餮纹、夔龙夔凤纹以及雷纹，在器物表面阴郁地凸起、深沉地凹下，铸造出一种无法言说的宗教情感与理想。（图086）这种原始的膜拜是无限的、雄浑的，一如那沉着坚实的器物造型，恰如其分地勾画出那个交织着血与火的野蛮年代，正如《诗经·商颂》中所说：“有虔秉钺，如火烈烈。”

图085　新石器时代晚期　波折纹彩陶器座　大汶口文化

图086　青铜时代　青铜器饕餮纹

青铜时代，甲骨文的成熟为后世书法艺术的发展奠定了基础。中国书法之所以能够成为独立于符号意义（字义）的美学形式，一是由于中国汉字始于象形，二是因为用笔。许慎《说文解字·序》中说：“仓颉之初作书，盖依类象形，故谓之文。其后形声相益，即谓之字，字者，言孳乳而浸多也。”可见，最初的文和字是被区别对待的。“木”“水”等单体字，称为“文”；“柳”“河”等复体字，称为“字”，是由“形声相益，孳乳而浸多”来的。清代学者刘熙在《艺概·书概》中说：“书，如也。如其学，如其才，如其志。总之，曰如其人而已。”书法，表现着书写者的学识、才华、志向，所谓“书如其人”，就是说写字就如同书写者心中对物象的理解和掌握。这是一种对客观的提炼，更是品性境界的提升，而书法正是用笔墨线条抽象再现

[1] 谭旦冏：《铜器概述》，“台北故宫”版。
[2] 李泽厚：《美的历程》，生活·读书·新知三联书店，2014年版。

书写者“胸中丘壑”的过程，将物象之“文”交织在线条的排布组合之中：“长短、大小、疏密、朝揖、应接、向背、穿插”[1]，当线条被净化成比彩陶几何纹饰更为灵动的曲直运动时，它们营造出的种种规律与结构就升华为“因情生文，因文见情”的艺术境界，表达出了抑扬顿挫的意兴与收放自如的力量，终于形成了中国美学中最富有魅力的线的艺术——书法。

“书”（書）字从“聿”，“聿”的古字形如手执毛笔，本义指书写用的笔。殷商时笔的发明造就了中国书法的独特风格。书法所用毛笔由兽毛（主要为兔毛）制成，铺毫抽锋，极富弹性，书写时能够结合手臂力道的舒展，在回旋顿挫间收纵自如，创造出变化无穷的笔意。这是欧洲人惯用的管笔、钢笔、铅笔以及油画笔完全无法比拟的。

中国书法之美建立在由象形演化而来的线条章法和形体结构之上，曲直适宜、纵横合度、结构自如、布局完满。在字体的笔画中、章法里，展现着物象原本的血肉筋骨。从象形到谐声，形声相益，丰富了“字”的意境，让人观之形、念之声，便能产生视觉与听觉的想象，从而领略汉字的诗情与画境。以书法书写的“字”，纯化了其中的美学内涵，将其以“一波三折”[2]的线条艺术呈现出来，就像音乐从自然的群声里抽出乐音来，用强弱、高低、节奏、旋律的变化来表现外在的形象和内心的情感。[3]线条的整齐划一、均衡对称并非中国书法所追求的，行云流水、骨力追风、刚柔并济、方圆有度的自由流动之美才是书写人心中所想、笔下之意。书法的魅力在于笔画线条的创造力、笔墨情感的变革性，让它在创造伊始就接替了图腾纹饰的符号功能，走上了艺术美的发展道路，成为表达民族审美的艺术形式。

唐代绘画理论家张彦远谈书画用笔时称之为“一笔而成，气脉通贯”。法国大雕刻家罗丹在与德国音乐家海伦·萝斯蒂兹的交谈中说：“一个规定的线通贯着大宇宙，赋予了一切被创造物。如果他们在这线里面运行着，而自觉着自由自在，那是不会产生出任何丑陋的东西来的。”又说：“表现在一胸像造型里的要务，是寻找那特征的线纹。低能的艺术家很少具有这胆量单独地强调出那要紧的线，这需要一种决断力，像仅有少数人才能具有的那样。”[4]两位相隔千年、国籍有别的艺术家在不同的时空、不同的艺术领域同时印证了一个道理——所有千笔万笔，统于一笔，这就是大宇宙中贯注于一切的“线”。这一笔是中国书画构筑万千的形象的根本，这一笔真正的勃兴与解放是唯美风流的魏晋时代。

---

[1] 宗白华：《中国书法里的美学思想》。

[2] 王羲之：《题卫夫人笔阵图后》："每作一波常三过折笔。"

[3] 宗白华：《中国书法里的美学思想》。

[4] 海伦·萝斯蒂兹：《罗丹在谈话和书信中》。

人类创作艺术的态度，从先秦发展至两汉，都是以摹写物象的自然形态为主要追求。尤其是在历朝四百年的汉代，书法、绘画、画像石、诗歌等艺术形式是以农业经济和儒家伦理秩序为基础的“人情”美学的表达。在这一时期的艺术中，呈现的是更为“朴拙厚重”的特征，视角从宗教、哲学、庙堂、宇宙的宏大回归到人之本常、一餐一饭，充满了平凡到不能再平凡的爱与肯定，是生活之美、人性之美。

汉代至魏晋，艺术形式的转变，可以借用当代文艺理论家马茂元阐述中国诗歌创作风格转变的观点：“从西汉中期武帝刘彻扩大乐府组织，广泛地采诗合乐以来，以至东汉末年《古诗十九首》的出现，这三百年间，中国诗歌是由民间文艺发展到文人创作的黄金时代的一个过渡时期。”[1]由“民间文艺”发展到“文人创作”不仅阐明了中国文学的转变轨迹，也表明了两汉至魏晋艺术格局的变化。尤其从公元220年东汉灭亡至420年南朝建立的两百年间，虽非“盛世”，但在新观念体系建立的背景下，文化艺术在纯粹性与深度上的发展却是空前的，反映在美学上正是“人”的觉醒，而带来这种觉醒的，正是“魏晋名士”。

作为专业化的文人，脱离了普通百姓的生存状态，以世家名门的姿态获得了更高社会阶层的资源。这些“名士精英”得以更为专注于艺术形式与技巧的探索和追求，他们对于自然和生活、人生与宇宙有着更细腻敏锐的感悟，艺术之于他们不再是歌颂农渔之乐、赞叹耕织之景，而是狂狷自傲、放浪形骸表象下的才情、品貌、教养与风神。所以，在魏晋时期美学意识觉醒的这些“人”，是家世煊赫的门阀士族，是一群金字塔尖上的“精英”。他们的艺术不是世俗的、大众的、外在的，而是清高的、超脱的、内化的，在那个动荡脆弱的时代，犹如一曲曲情感纤细、技术精致的“离群”哀歌。

值得注意的一点是，魏晋是一个艺术家身份真正获得认可的时代。艺术家从“工匠”的身份剥离出来逐渐转移到“文人”身上。这是中国美学独立的关键时期，是名士辈出、文华风流的开放时代。虽然社会动荡、国家政权更替频繁，但思想上的解放，文化上的发展，使得各种艺术形式得以脱离政治、道德、哲学等的束缚而独立成为一种形式美，文化史上称之为“魏晋风度”。嵇康在《声无哀乐论》中说：“声之与心，殊途异轨，不相经纬；焉得染太和于欢戚，缀虚名于哀乐哉？”艺术与情绪、道德、善恶、政治毫无关系，它是否美好就是它本身呈现出来的形式。“美”从社会价值观的绑架中被解放出来，构成“美”的各种元素——声音、色彩、线条、文字等都不再背负“意义”的枷锁，可以自由翱翔了。

[1] 马茂元:《古诗十九首探索》，作家出版社，1957年版。

魏晋之前，散落于先秦诸子百家或两汉学者文献中的艺术讨论极少针对艺术形式本身进行探讨。例如东汉王充的著作《论衡》，虽然他以“疾虚妄”和“为世用”两个命题开启了我国艺术批评的先河，但也表明了其艺术思想上的局限性，更遑论对艺术技巧系统、专门的研究。魏晋时代艺术的飞跃直接引发了南朝各个朝代在美学上的蓬勃发展，不仅将艺术形式从各种“经史子集”以及时代的桎梏中抽离挣脱出来，还梳理归纳得更为详细深入，为中国各艺术门类的延续奠定了理论基础。曹丕的《典论论文》、陆机的《文赋》、王羲之的《自论书》等都不约而同地认为书法艺术并非依附于文学的譬喻，而是具有独立的美学价值。我国最早的绘画理论专著——南齐谢赫的《古画品论》中，为绘画定下了“六法”：气韵生动、骨法用笔、应物象形、随类赋彩、经营位置、传移摹写。这六项针对中国绘画形式与技法的品定影响后世千年。

图087　晋卫夫人“永字八法”

康德曾说，线条比色彩更具审美性质。应该说，中国古代文人相当懂得这一点，线的艺术（书画）正如抒情文学（诗词）一样，是最为发达和最富民族特征的艺术形式。中国人用笔写象世界，用笔界破虚空，书人心之美，画万象之魂。从一笔（线条）入手，但一笔不能摄万象，须要变动而成八法，才能尽笔画（线条）之“势”，以应物象之“势”。于是，晋卫夫人作《笔阵图》，对书法线条作归纳分析：

点为侧（如鸟之翻然侧下）；

横为勒（如勒马之用缰）；

竖为弩（用力也）；

钩为趯（跳貌，与跃同）；

提为策（如策马之用鞭）；

撇为掠（如用篦之掠发）；

短撇为啄（如鸟之啄物）；

捺为磔（磔音哲，裂牲为磔，笔锋开张也）。（图087）

书圣王羲之在《题卫夫人笔阵图》一文中也同样流露出将文字拆开，单纯以笔画线条之美进行讨论的观点：“每作一波，常三过折笔；每作一点，常隐锋而为之；每作一横画，如列阵之排云；每作一戈，如百钧之弩发；每作一点，如高峰坠石，屈折如钢钩；每作一牵，如万岁枯藤；每作一放纵，如足行之趣骤。”中国书法的美学价值不再附庸于符号表意，书写的每一个笔画都可以形成独立的联想与意义的升华。文字本身的间架结构、线条走势构成了视觉上气韵流动的美感。至此，中国书法终于以造型之美立足于艺术的殿堂。

王珣的《伯远帖》(图088)、王羲之的《快雪时晴帖》(图089)、王献之的《鸭头丸帖》(图090)这些传世名帖仅是家常书信，其艺术价值在于点画撇捺之间线条运动的形式之美，疾徐快慢、轻重滑涩、婉转连绵、刚烈雄劲，寥寥数字尽显魏晋风度。

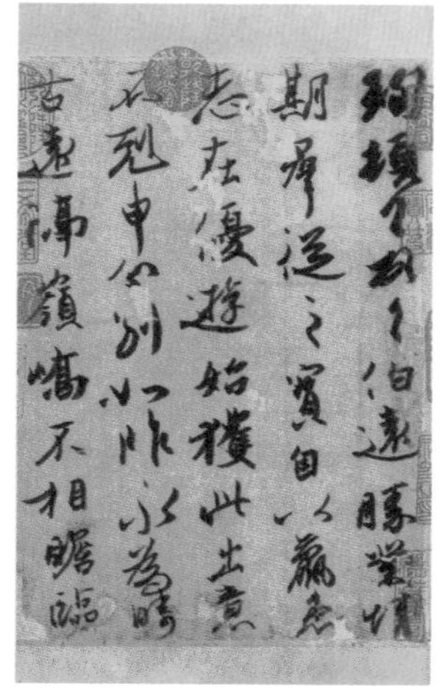

图088　东晋　王珣《伯远帖》

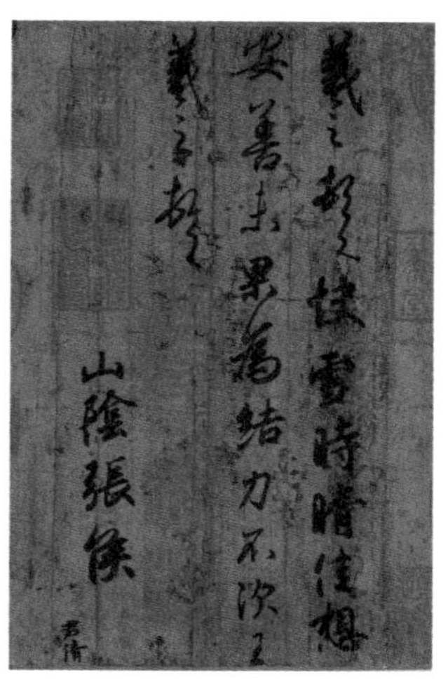

图089　东晋　王羲之《快雪时晴帖》

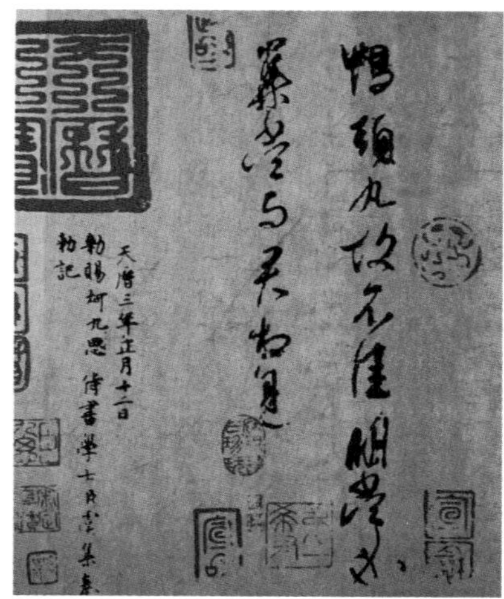

图090　东晋　王献之《鸭头丸帖》

书法笔画线条之美与珠宝艺术相结合时所激起的化学反应令人心潮澎湃。在甘露珠宝2019年春夏系列中，笔画成为珠宝首饰的点睛之作。楷书婉转圆顿的线条与轮廓延伸出与首饰结构相融合的造型，在钻石的点缀中闪烁着古今辉映、意态传承的文明之光。(图091—图093)

魏晋时期的书法与绘画转换了跑道，从摹写形态转变为对笔墨造型的追求。笔墨源于书法，魏晋文人将书法用笔带入中国绘画，变客观造型为主观创作。于是，绘画就如同书法一般挣脱了塑造形象的普遍法则，开始强调个人特色与风格。书画将个人的风流倜傥、婉转情韵、性格思想融汇于笔墨之间，将人情之常规、秩序之束缚都抛却于度外，纵逸洒脱，大胆张扬。

图091　甘露珠宝　2019年春夏　手镯设计

图092　甘露珠宝　2019年春夏　耳饰设计

图093　甘露珠宝　2019年春夏　项链设计

线条，不仅是书法灵韵的构成基础，也同样支撑起中国绘画的斑斓世界。“从某一个角度来看，中国书法可说是中国绘画的‘素描’。”[1]魏晋时期，书法大家将笔画提炼为表现线条之美的艺术形式，这一主观的创作令线条的魅力得到开发，也成就了魏晋之后绘画艺术的非凡成就。中国绘画中的线条不再是造型的附庸，而变得更为灵动洒脱，成为艺术家风神气度的体现。甘露珠宝2021秋冬“顺流耳上·衍”系列（图094），用奔腾游走的线条生发出强悍而蓬勃的力量，以腾挪辗转的造型展示出庞大而锐意的自信。

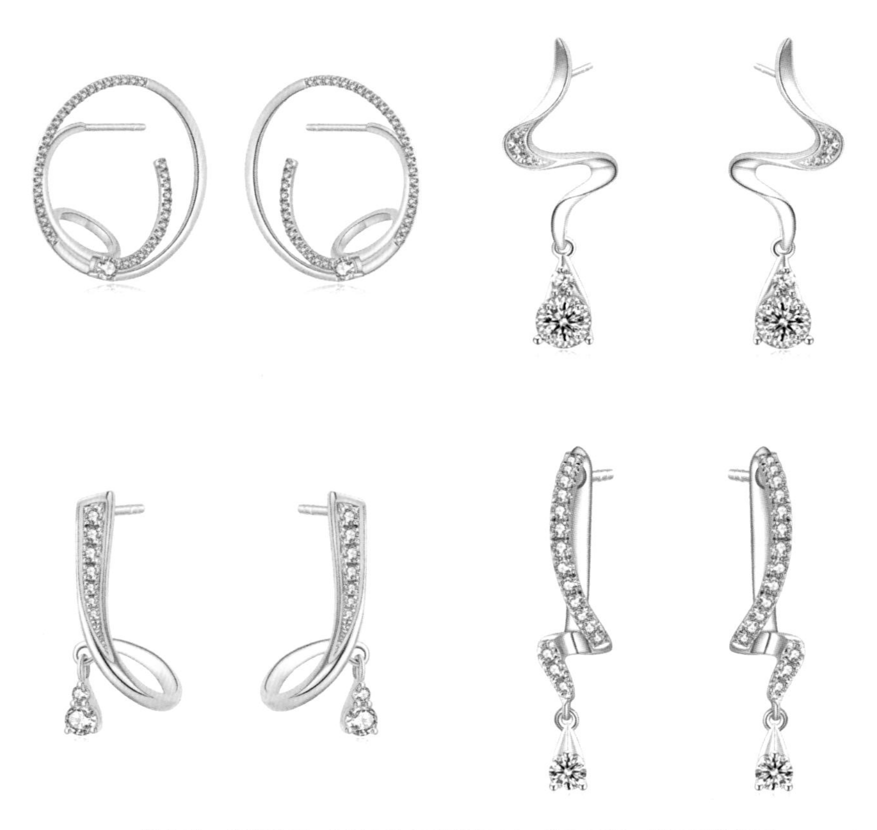

图094　甘露珠宝　2021秋冬“顺流耳上·衍”系列　钻石耳饰设计

线条走势的流利纵逸常常会在绘画时脱离形体轮廓、敷色范围，呈现出单独发展的倾向。这一点从魏晋墓出土的砖画中可见一斑。（图095）壁画中轮廓线条粗细变化的方式与隶书笔法的起承转合颇有共通之处。成熟流畅的表现形式完全可以看出书法运笔的疾徐快慢、宛转连绵，颇具顾恺之“春蚕吐丝”笔法的雏形。

[1]蒋勋：《美的沉思》，湖南美术出版社，2014年版。

张彦远评论顾恺之的画为："紧劲连绵，循环超忽。调格逸易，风趋电疾，意存笔先。"[1]从《洛神赋图》（图096）、《女史箴图》（图097）、《列女智仁图》（图098）以及《斫琴图》等传世作品来看，顾恺之非常擅长运用舒缓绵劲的细长线条，其中不难看出汉代帛画、砖画中线条品格的传承。顾恺之用线之"圆转"使得线条中凝含的韧性演化为遒劲舒展，在水墨运动间从容不迫，毫无滞涩之感。明代詹景风在评价其《洛神赋图》时说："其行笔若飞而无一笔怠败""亦似游丝而无笔锋顿跌"。

从砖画的洒脱恣意到"春蚕吐丝"的婉转绵长，从书法笔画的遒劲流丽到绘画线条的"顾盼游走"，中国绘画在连绵不断的流转中形成了超乎于形象之外的神韵流动。至此，绘画从形象的模拟中走出了一条新路。

中国书画中的线性特征从某种角度来说也是中华民族线性基因在艺术中的延续。贯穿于中国哲学的儒道思想就仿佛这条线的两极，在艺术领域形成了工笔与水墨的分化以及正楷与狂草的背离。这么说或许有些绝对，中国哲学奉行"中庸"之道，即使两极角力也不会泾渭分明，毕竟两极之间有着悠长且无限的变化与发展，构成了中国文人出世与入世的思想胶着。更为合度的办法是顺应这条线"曲"型的特征，保持其弹性的质感，用弧度的弯曲形成文化的折中与包容。

曲线的弧度成为打造珠宝造型的元素时，展现出的是来自中国书画艺术中对笔墨的提

图095　魏晋　彩绘画像砖　河西走廊地区

[1]（唐）张彦远：《历代名画记》卷二。

图096 东晋 顾恺之《洛神赋图》(局部)

图097 东晋 顾恺之《女史箴图》(局部)

图098 东晋 顾恺之《列女智仁图》宋摹本(局部)

炼。甘露珠宝在2021年秋冬“源”系列中，这条“曲线”成为蜻蜓飞掠的轨迹和在水面荡开的涟漪。天地万物中，这条线的存在微不可察、转瞬即逝，就像对人生和宇宙的理解总是难以捉摸更难以把握。古往今来的艺术家们总是希望尽一切的努力描绘和展示这条存在于基因中的“弧线”，与之相合相契。“源”系列胸针与耳饰设计的巧妙之处就在于：漫不经心地将哲学中宏大的命题浓缩进了这道轻灵自由的弧线之中，其中散落着人生的顿点，也延展着义无反顾的勇往直前。（图099）

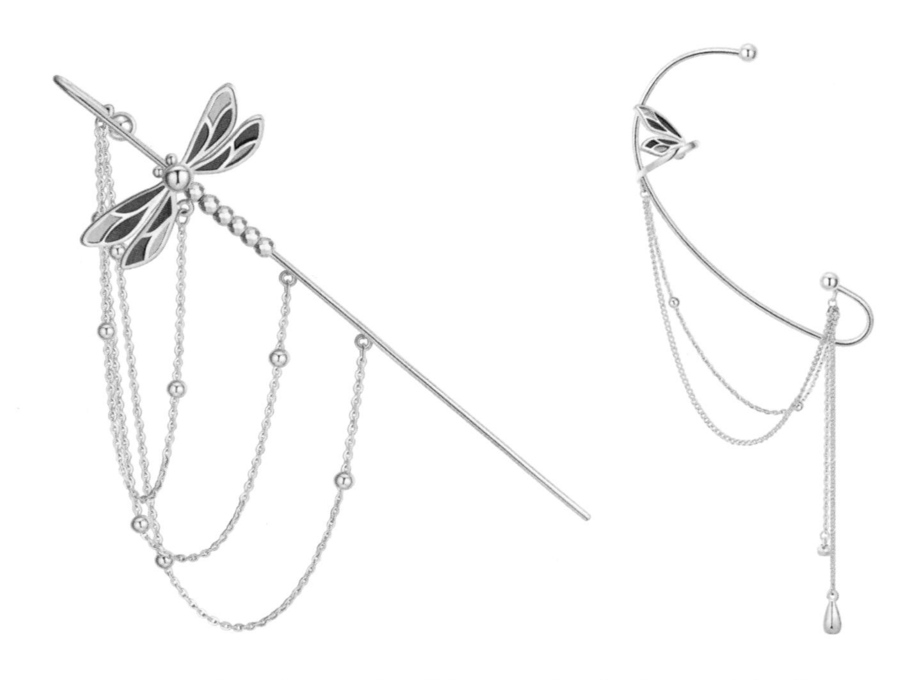

图099　甘露珠宝　2021秋冬“顺流耳上·源”系列　黄金胸针设计、耳饰设计

# 书画的章法之美

元末学者张绅说：“古之写字，正如作文，有字法，有章法，有篇法。终篇结构，首尾相应。故羲之能为一笔书，谓《禊序》(《兰亭集序》)自‘永’字至‘文’字，笔意顾盼，朝向偃仰，阴阳起伏，笔笔不断，人不能也。”王羲之的《兰亭集序》被称为“天下第一行书”，其中绝妙不仅在每个字字形的优美古雅，更在乎全篇章法布局的精妙绝伦。唐太宗对《兰亭集序》爱若珍宝，命当时最出色的大书法家欧阳询、虞世南、褚遂良等人临摹，还令弘文馆最厉害的拓手冯承素等人对《兰亭集序》进行当时最高技术的复制。(图100)这些大师临摹拓印时，笔意各有不同，但唯全篇章法，分行布白，不曾做些微改动。

王羲之年少时师从姨母卫夫人学习书法，不断精进造诣，在《题卫夫人〈笔阵图〉后》中提出了自己对书法的见解，开篇道：“夫纸者阵也，笔者刀矟也，墨者鍪甲也，水砚者城池也，心意者将军也，本领者副将也，结构者谋略也，扬笔者吉凶也，出人者号令也，屈折者杀戮也。”在“书圣”心中，书法就是上阵交锋，纸、笔、墨、砚就是攻城略地的刀枪、盔甲、阵地、城池，以立意为将帅，能力作辅助，结构立谋略，提笔书写的每一步都能出吉凶、行号令，笔锋出入之间回旋转折就如同领军出击，杀伐果决、惊心动魄。

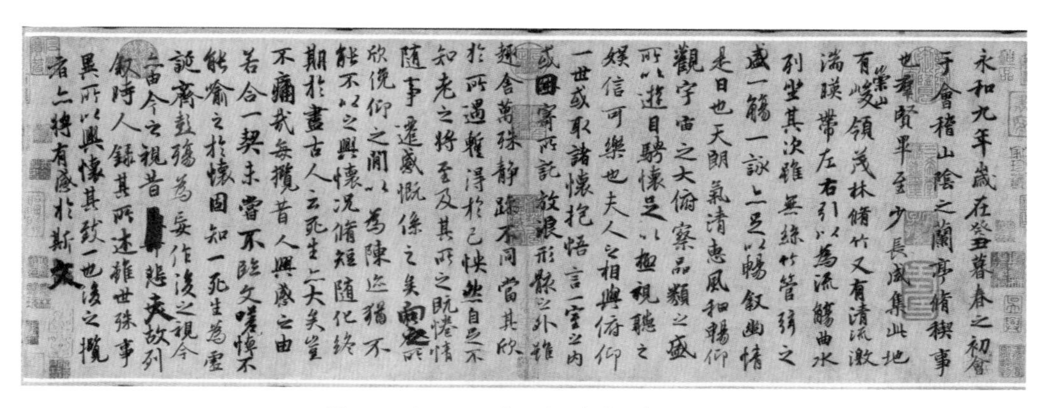

图100　东晋　王羲之《兰亭集序》神龙本

王羲之又说："夫欲书者，先干研墨，凝神静思，预想字形大小、偃仰、平直、振动，令筋脉相连，意在笔前，然后作字。若平直相似，状若算子，上下方整，前后平直，便不是书，但得其点画耳。"王羲之非常不赞成将全篇文字罗列成大小一致、平均分布的格局，这样的"平直相似"就如同算盘珠子的排列一般，呆板僵硬，根本不能称之为书法。他指明了构思布局应在落笔之前，预先有谋划，做到"意在笔前"才是真正的"创造"。

至魏晋南北朝，中国书法不再追求单一字形结构的方寸之美，而是把艺术的眼光扩展至更为宏大的章法布局。南朝齐著名的书法理论家王僧虔在《笔意赞》中说："书之妙道，神采为上，形质次之。"一幅书法作品，字字各得其所，笔墨为黑、行间为白，墨为字，白也是字，有字之字固然重要，无字之字实则更为重要。笔墨线条与行间空白相互依存、相互制约，即使字里行间的虚空处并无着墨，仍应当作笔墨一般布置处理，将其看作布局谋篇中的重要组成部分。正如清代书法家邓石如所说："字面疏处可以走马，密处不使透风，常计白以当黑，奇趣乃出。"书家不但应具备驾驭线条的能力，还应把握结构、切割空间，利用空白与线条之间的辩证统一，在"实中求虚，虚中求实"的矛盾法则之中，取得"虚实相生""知白守黑"的艺术效果。所谓"肆力在实处"，"索趣乃在虚处"，线条（黑）之实在空白（白）之虚的映衬下，得到尽可能的显现。笔墨处仅存迹象，空白的无笔墨处才是高妙的神韵所在。书法，既是一个单纯的黑白世界，又蕴含着博大精神的审美境界，只有达到实与虚、显与隐、有限与无限的高度统一，才是真正的章法之美。

中国绘画同书法一样讲求章法。绘画之章法即谢赫所说"经营位置"，顾恺之则称之为"置陈布势"。"置陈布势"出自其画论点评著作《论画》中对东晋名士荀勖所作《孙武》的评价："《孙武》大荀首也，骨趣甚奇，二婕以怜美之体，有惊剧之则。若以临见妙裁，寻其置陈布势，是达画之变也。""临见妙裁"指剔除杂乱，对画面进行裁切；"置陈布势"即摆放置位，分布体势。从艺术元素的选取、画面构架的调整，到整体构图的把控，这是一个从构思到实践的过程，也是一个从感性到理性的过程。作画亦如点兵布阵，只有胸有成竹，才能在画面中构筑出对比适度、统一协调的视觉内容。

章法与用笔、墨色、设色以及透视等诸多方面有着密切的联系。在表达画面"立意"的同时，在透视、取舍、主次、取势、开合、呼应、空白、疏密、穿插、虚实、边角的处理及提款的安置上也表现出了极强的写意性和灵活性。采用这些灵活的艺术手法能够突破时间、空间在人们心理上、视觉上所形成的限制，使画面主题"立意"得到更完美的呈现。

中国的绘画艺术在宋元时期达到巅峰，这里所说的绘画主要指山水画。在中国美术史上，山水画与相隔数千年的青铜礼器交相辉映，共同代表着东方美学的高峰，成为世界艺术史上罕见的臻品。

魏晋时期，山石树木等元素虽出现在画作之上，但仅仅作为人物衬景的地位而存在。唐代张彦远在其《历代名画记·论画山水树石》中批评魏晋山水："魏晋之降，名迹在人间者，皆见之矣。其画山水，则群峰之势，若钿饰犀栉，或水不容泛，或人大于山。率皆附以树石，映带其地，列植之状，则若伸臂布指。"张彦远认为魏晋绘画以人物为先，山水树木不仅大大小于人物，且处于非常次要的位置，比例不当，笔法也显得僵硬。（图101）

图101　东晋　顾恺之《洛神赋图》局部

初唐较之魏晋，虽然在笔法构成上仍未能突破魏晋时的"钿饰犀栉"，但确实有几项开创性意义：首先是山水不再是人物绘画的陪衬而成为独立的表现主体；其次是山水画结构初步完成。唐代展子虔的"青绿山水"《游春图》和《明皇幸蜀图》已经具备了中国山水画的布局范式以及结构特点，除了突破了魏晋山水"或水不容泛，或人大于山"的窘境，还从根本上打开了有别于其他民族"风景画"的视野与格局。中国的"山水画"拥有了近乎哲学意义上的时空观，运转着宇宙生命的川流不息，寄托着"江山天下"的辽阔无垠。从此，中国绘画的章法在山水画中的格局中被树立起来了。

五代山水集大成者是绘写太行、关中山势的荆浩、关仝和开创江南山水的董源、巨然。他们继承了唐代山水的宏伟，去掉了青绿重彩的装饰意味，以笔墨之法达到了山水画的最高峰。

荆浩的山水画被后世称为"全景山水"，在他的创作中，山石草木总是被赋予了极其宏大且辽远的构图章法。在其代表作《匡庐图轴》（图102）中，他以"鸟瞰"的视角呈现了一幅层层递进的全景空间。不同视点下的山峦、屋宇、小径、瀑布竟被巧妙地组织在同

图102 五代 荆浩《匡庐图轴》

一个画面中，簇拥着高耸巍峨的主峰更显“天地山水之无限，宇宙造化之壮观”。

董源的《潇湘图》（图103）则呈现出江南山水风格迥异的婀娜多姿。画面采用平远之景，截取湘江水面平阔之处作为创作的主体。画中三面有滩，围合出一大块平静无波的水面。远处是短披麻皴构成山势横脉，墨点由浓化淡、以淡点代染，形成蓬松起伏的峰峦，在晴岚薄雾间显出温润苍郁。中景坡脚绘密林农舍，江岸水间拉网捕鱼，生机盎然。近处则行来几叶扁舟，江边迎候者纷纷向前。点景人物以白粉、青、红等设色，凸出绢面，神情逼真，构图层次愈发明朗。

郭熙作为中国山水画从北宋中期向南宋过渡的代表人物，总结了一生对绘画的心得经验，由其子郭思整理编纂了中国美术史上重要的画论著作《林泉高致》。郭熙在书中提出了山水画章法之“三远说”：“山有三远：自山下来仰山巅，谓之高远；自山前而窥山后，谓之深远；自近山而望远山，谓之平远。”高远、深远、平远是山水画的三种境界、三种主题，它是一种散点透视法，从仰视、俯视、平视三个角度来描绘山川景色，打破了一般绘画以一个视点透视观察景物的局限（焦点透视）。

“自山下来仰山巅”的高远，是山峦之巍峨，山色之清明；“自山前而窥山后”的深

图103 五代 董源《潇湘图》

远，是景观之幽深，草木之浓暗；“自近山而望远山”的平远，是天地之广博，物华之多变。高远最适宜表现崇山峻岭，山体占据画面的最大面积，景物集中于视平线以上，让人感到高山仰止，身临其境；深远最能表现云横秦岭、气断巫峡之势，重叠的景物在视平线以下，由近及远被逐渐释放，由前至后依次拉伸出辽阔的空间；平远是视线随着山势平展延伸，取景辽阔，塑造的是“山随平视远”的艺术效果。与深远的纵深不同，平远画出的是咫尺之间，万里之遥。

范宽的《溪山行旅图》（图104）是“高远法”的佳作，描绘的是典型的北国景色。主体部分高山耸立，壮气夺人。深谷处飞流百丈，如银河落凡。山峰下怪石箕居，林木挺秀，溪水潺潺绕石远去，石径逶迤密林之中。山道上商队缘溪而行，为静谧的山林增添了生气。

元代王蒙的《具区林屋图》（图105）是深远法的经典之作。“具区”是太湖古称，画面截取了太湖山中极小的一块区域，通过四面环山的方式，围合出层层透措的幽深溪谷，创造了难度极大的纵深美感。全作构图几乎密不透风，大胆摆脱了自然景观的限制，用玲珑的洞壑、层叠的山石、繁密的树林、错落的村舍和粼粼的水波填满了整幅画面，仅在左下角营造出空白水域，以达到虚实相济的视觉感受，毫无闭塞之感。

图104　北宋　范宽《溪山行旅图》

图105　元　王蒙《具区林屋图》

元代黄公望的《富春山居图》(图106)为平远山水的典范,描写富春江两岸的初秋景色,采用横卷的方式,随着画卷徐徐展开,人随景移,构造了同一视线水平上的山水景色,引人入胜。山水由近及远,在构图方式上强化了山水层次以及前后景物的有效联系。天地间,所有景物浑然一体,空白之处凸显了无边的画境。整幅画的章法布局阔远疏朗,天水一色,令人心旷神怡。

图106　元　黄公望《富春山居图》

南宋是中国绘画的第三个阶段,诗意入画蔚然成风,从李唐的雄峻硬朗过渡到马远、夏圭的自由潇洒已达极境。与北宋范宽画卷中浓重沉厚的宇宙相比,马远的画犹如推窗远眺的一方诗意小景,寥寥数笔的树木、山石,像一抹弥漫的诗意,翩然而至。山水画不再限于山川草木的自然之景,也不囿于江河天下的哲学时空,它成就了属于中国文人自己的精神家园和诗意憧憬。

中国山水画的诗意凝聚在画面的"空白"中,"空白非空纸,空白即画也"[1]。中国文化中独有的"空白"思维,是道家所倡的"虚静恬淡",是"中国民族精神的最大表白"[2]。经历北宋哲学时空的演变,南宋山水将"空白"的处理纳入章法之中,将"空白"与"满布"以抽象的虚实关系互动相生,形成了构图中更为纯粹的布白。"无着墨"的空白,即中国文人士大夫创作中所追求的"空""虚""无",不仅是中国艺术特殊的表现技法,也是中国绘画表达气韵、建立审美、营造意境的语言符号,构建出空间布局上的空灵意蕴。

从北宋至南宋,中国文化艺术中心再一次南移。在北宋的崇山峻岭中,空白是薄雾山岚、溪流瀑布;在南宋的水乡泽国间,空白来自江天一色、水光接天。当绘画重心从北国的"山"转移到南国的"水",绘画形式则创造出了更为柔媚温婉、无形无状的"空白"。

中国绘画由唐入宋也从人物主题过渡至山水表现。山水中巨大且永恒的哲学命题,也借助着绘画的笔墨线条、虚实章法,成为中国人心灵上深情的慰藉和精神上不朽

[1] 王伯敏、任道斌:《画学集成》,河北美术出版社,2002年版。

[2] 叶宗镐选编:《傅抱石美术文集》,江苏文艺出版社,1986年版。

的象征。不同于西方人对“风景”的客观描摹，中国人更善于从天地万物中归纳宇宙的本质，寻觅理想的归宿。中国的山水，经由宋元人的静观沉思，已从绘画提升为一种意境的追求。

甘露珠宝2020秋冬“山·倾”系列耳饰（图107），以黄金代替水墨，在空间中凝聚出山水格局。金属锤纹工艺创造出斑驳陆离的肌理，犹如干枯皴点的笔锋，又似层层漾开的涟漪，摇曳间，凝灿流光，意态万千。这一幅纳入方寸间的山峦意象，不知是自然天地的千峰万壑，还是折射入云端的海市蜃楼。

图107　甘露珠宝　2020秋冬“山·倾”系列　黄金耳饰设计

# 绘画的意境之美

延续千年的中国山水画在宋元时期呈现出三种不同的意境之美。

在南齐谢赫定人物画“六法”之后，五代荆浩继而提出山水画“六要”：“夫画有六要：一曰气，二曰韵，三曰思，四曰景，五曰笔，六曰墨。”他还阐述了绘画中的“似”与“真”：“似者，得其形遗其气，真者，气质俱盛。凡气传于华（画），遗于象，象之死也。”绘画真谛并非追求形似，而是在对自然景物的观察、概括的基础上，内在气质韵味和风采神意的表达。“真山水如烟岚，四时不同。春山淡冶而如笑，夏山苍翠而如滴，秋山明净而如妆，冬山惨淡而如睡，画见其大意而不为刻画之迹。”[1]“真实”不是形体的客观性，而是融入了情感的主观性。中国山水画不是在幻觉中感知真实的“风景画”，而是从真实进入幻想后的海阔鱼跃、天高鸟飞的自由自在。在这样的审美意趣下，画中山水“有可行者，有可望者，有可游者，有可居者，……但可行可望不如可居可游之为得。”[2]为了创造“可居可游”的理想世界，山水画不固定视点，不注重光影，而是渲染出一种整体的境界。在这个境界里，讨论一时、一物、一景的真实性变得微不足道，重要的是人生真意就在这画中的逍遥山水之间。正如大诗人王维面对江流山色的慨叹：“楚塞三湘接，荆门九派通，江流天地外，山色有无中。郡色浮前浦，波澜动远空，襄阳好风日，留醉与山翁。”[3]

在北宋前期的山水画中，有一种迫不及待的全景式自然的呈现，在满满当当的画面布局中，传递出的深厚意味未必联系着诗情，而是用丰富宽泛的画意清晰地建立起自然与人生的亲密关系，一种田园牧歌式的向往，是“可居可游”的生活和“留醉与山翁”人生的追求。

北宋时期的山水画高度发展了这种艺术中的“无我之境”，通过对客观景物的纯粹

[1]（北宋）郭熙：《林泉高致》。

[2]（北宋）郭熙：《林泉高致》。

[3]（唐）王维：《汉江临眺》。

描绘，传达出一种不确定的、广阔且丰富的内涵，甚至有时连画家自己都未曾发现这种情感的流露，而不自觉地将思想渗透其间。五代与北宋的画家们都不约而同地在作品中如此描画自然，如此忘我地用画笔填满人生所愿。

随着金兵南下，北宋灭亡，政治中心南移，时代剧变使得中国的文化中心从黄海平原转移至江南泽国，诗、画中的美学趣味也随着两宋至元代从“无我之境”向“有我之境”推移。境界的迁移首先源自鼎盛于北宋时期的院体画派对于细节逼真写实的追求。尤其是徽宗赵佶对画院的支持及要求，使院体画在北宋后期达到前所未有的高峰。追求真实细节的绘画方式也成为这一时期重要的审美标准。

诗意的提倡也成为与细节真实并行的另一重审美真趣。以诗入画虽然在唐代王维的笔下已具雏形，但以画意表诗情真正成为中国绘画的美学标准则是从此时开始。中国诗词贵在含蓄内敛，所谓“含不尽之意见于言外”，于是，以画面呈现诗意便成为中国山水画重要的、自觉的追求。

北宋邓椿编纂的画史巨著《画继》中记载了宋徽宗为画院设入学试题时，一个叫“魁”的画师对“诗画”的独到理解：“所试之题如‘野水无人渡，孤舟尽日横’，自第二人以下，多系空舟岸侧，或拳鹭于舷间，或栖鸦于蓬背；独魁则不然，画一舟人卧于舟尾，横一孤笛，其意以为非无舟人，止无行人耳。”宋徽宗出“野水无人渡，孤舟尽日横”这个画题时，几乎所有人都画了一条无人的空船来点题。画中无人所产生的荒凉之感显然不是诗题所要表达的内涵。只有“魁”画了一位躺在船尾、吹着横笛的船夫。“非无舟人，止无行人耳”，只有船夫，却没有搭船的行人，一人悠闲独享这一片无边的江水，是怎样一幅安逸、宁静、闲适的牧歌图卷啊！这才是真正的“诗情画意”！

作为文化最发达的时代，宋朝在绘画艺术上对诗意的追求直接提炼自远离世俗生活的诗文之中，其中的优雅、纤细是这个“太平盛世”所独有的风采与隽永。南宋虽偏安一隅，但这种审美意趣却淋漓尽致地创造出完全不同的山水画意境。在马远、夏圭等南宋画家的小品中，精致、娴雅的细节真实都在有限的场景、对象、题材、布局中传达出更为超脱、细腻的情绪来。被称为“剩水残山”的马、夏之作是北宋雄浑邈远的客观山水的一角山岩、一方江水，但其中的诗情真意则更为浓厚、鲜明，虽然只是寥寥数笔、点点画意，观之却有无垠辽远之感。这就是宋元山水画的第二种艺术意境，创造了中国山水画的又一个成就。

经历了南宋山水画从内容到形式的重要开拓，以元四家为代表的文人山水作为最后一变，真正形成了宋元山水的第三种意境——“有我之境”。王朝更替、社会剧变带来了审美的巨大差异。当蒙古的铁蹄进据华夏大地，原本掌握在宋代统治阶级手中的审美领导权下放到了失意的汉族知识分子手中——文人画正式确立。文人画中突出的文学趣味在元代的社会氛围中表露出与北宋完全相反的趋势，即对主观意兴的强调，而将“形模”放在了极其次要的附属地位，真正体现了“气韵生动”的绘画原则。正如明代王世贞在《艺苑卮言》中所述：“人物以形模为先，气韵超乎其表；山水以气韵为主，形模寓乎其中。”

元画的笔墨审美成为与文学趣味并行的又一特色和创举。魏晋以来书法线条对于绘画的影响至元代被推上了最高的阶段。绘画之美不仅可状形貌，更在于构成形貌的线条与色彩，它们以笔墨的形式，展现出不依附于表现对象的、独立的美，这种美脱离了形式美、结构美的束缚，使画家的胸中丘壑、风骨神气跃然纸上。线条流转、墨色浓淡净化了绘画的审美理想，传达出超脱形式主义的气势磅礴、逸兴遄飞，构成了元代山水中宏大而缥缈的时空境界。在这重境界中，摄影无法代替绘画，这些被提炼、被概括、被创造出来的美是自然界所不具有的。元代画家这种对于美的精准掌握是由于他们往往拥有多重身份和能力——画家、书法家、诗人，一身三任，就如赵孟頫在题《秀石疏林图》诗中所说：“石如飞白木如籀，写竹还应八法通。若也有人能会此，须知书画本来同。”

题画诗成为元代绘画独有的艺术现象。题诗有时多达数十行，占据很大的画面空间，书法的线条之美与绘画的物象之美彼此呼应，共同构成作品，不仅在形式上相辅相成，更是借用文字内容进一步阐述画中内容，以强化绘画的文学与诗画意趣。清代画家钱杜在《松壶画忆》中写道：“元人工书，虽侵画位，弥觉其隽雅。”元代的绘画，书法、印章均为作为画面的构成元素，在画面布白的疏密、聚散、浓淡间成为不可或缺的美学因子。

至宋元，山水表现逐渐从“随类赋彩”的青绿，褪淡到无色水墨之黑白。早在唐代，画家张彦远就在《历代名画记》中透露了中国绘画色彩观念变革的迹象：“草本敷荣，不待丹碌之采；云雪飘扬，不待铅粉而白。山不待空青而翠，凤不待五色而綷。是故运墨而五色具，谓之得意。意在五色，则物象乖矣。夫画物特忌形貌采章，历历具足，甚谨甚细，而外露巧密。”在元画中，张彦远的理想真正实现了，线条笔墨在表达主观兴味上的成熟，解放了对色彩的依赖，所谓“意足不求颜色似，前身相马九方皋”，固守于真实再现物体外在的色彩与形象细节，不再是束缚笔意的绳索了。钱杜《松壶画忆》：“宋人写树，千曲百折，……至元时大痴仲圭（吴镇）一变为简率，愈简愈佳。”沈颢《画尘》：“层峦叠翠如歌行长篇，远山疏麓如五七言绝，愈简愈入深永。”沈周《书画汇考》：“山水之胜，得之目，寓诸心，而形于笔墨之间者，无非兴而已矣。”董其昌《画禅室随笔》：“远山一起一伏则有势，疏林或高或下则有情。”元代山水以简山素水代千丘万壑，如元四家之一的倪瓒就常以几株小树、一抹远坡、半枝风竹、寥寥水波构成一幅笔墨精练的朴素景致。（图108）他的画中没有山河万象，没有云霞流波，更没有人声鼎沸、百舸争流，一幅

图108　元　倪瓒《松林亭子轴》

画就是一潭宁静无波的深水，倒映着一汪幽淡天真的世界。这个世界苍凉、淡漠，无法“可居可游”，也无法寄情托意，它是疏离的，只能站在潭边沉默以对，感受画中那种天荒地老的寂寞与哀愁。明代画家恽向在《宝迂斋书画录》中评价这种境界为：“至平、至淡、至无意，而实有所不能不尽者。”所谓“不能不尽者”，指的正是创作者的主观情感和观念，是客观自然景物所不能全然表达的内涵与意蕴。

图109　清　石涛《古木垂荫图》

“有我之境”是绘画表现中很难呈现的境界。自然山水只是客观景物，是画家通过创作赋予了它们传情达意的能力。欧阳修说：“萧条淡泊，此难画之意，……故飞走迟速，意浅之物易见，而闲和严静、趣远之心难形。”王安石也曾说：“欲寄荒寒无善画”。无论是“萧条淡泊”还是“闲和严静、趣远之心”，都是难以直接表达的心境。元代画家创造性地开拓出了北宋、南宋以来山水画的第三种意境，无论是黄公望画中更为辽阔的浅绛山水，还是王蒙笔下更为浓密的山岩叠嶂，都同样诠释了萧疏淡雅的“有我之境”。元代萌芽的这一充满文人意趣的绘画风格在发展至明清艺术家的笔下变得更为浪漫不羁，在石涛、朱耷、扬州八怪等艺术家的作品中，主观情绪完全压倒了客观存在，天性释放，个性疯长，天真烂漫，忘笔墨之迹。（图109—图110）

从宋代绘画的“师造化”到元代绘画的“法心源”，美学的发展从讲究画面“理法”到追求表现“意趣”，中国艺术从客观延伸至主观，从传神走向写意，从“无我”过渡至“有我”，中国山水画回归了内心的风景，回复到了初始。

境界的划分并非理论的约束，相反是通过理论的区划去解除看待一件艺术品时的种种束缚。《严华经》中说：“一花一世界，一叶一如来。”一朵花、一片叶折射出的是每个人观察世界的角度和心境，或许只有突破固有的思维模式，冲破人生的樊笼，才能从一花一叶中见天地、见自己、见众生。甘露珠宝2021春季系列（图111）以花、叶、蝴蝶象征佛说世界，渐变珐琅工艺结合花叶造型，翩翩起舞的姿态仿佛下一刻即将幻化为破茧而出的彩蝶。花与叶是表象世界在内心的映射，蝴蝶是突破自我后的觉悟与重生。即使花叶落尽，飞向远方的依旧是扇动着翅膀勇往直前的蝴蝶。

图110　清　朱耷《山水图》

图111　甘露珠宝　2021春系列　项链、手链设计

# 绘画的时空哲学

美学大师宗白华在《论中西画法之渊源与基础》一文中将两种绘画形式加以对比："中画因系鸟瞰的远景，其仰眺俯视与物象之距离相等，故多爱写长方立轴以揽自上至下的全景。数层的明暗虚实构成全幅的气韵与节奏。西画因系对立的平视，故多用近立方形的横幅以幻现自近至远的真景。而光与影的互映构成全幅的气韵流动。"

中西绘画形式的不同，在于东西方文化背景下所产生的美学价值观的差异。欧洲文艺复兴以后，绘画摆脱了作为建筑表面的装饰成为独立的艺术形式，其空间表现也在科学的基础上被发挥出来。15世纪初，意大利建筑家勃鲁纳莱西（Brunelleschi）研究出以几何平面来表现主体的透视规律；1463年阿卜柏蒂（Alberti）出版《画论》，正式发表了"透视法"这一理论。（图112）从此，欧洲绘画开始以空间透视为塑造形式，这一理论统治艺术领域长达四个世纪之久，直至19世纪末20世纪初，许多艺术家才企图反叛这一传统。

我国关于"透视法"观点的提出早在4世纪时就出现了。南朝宋画家宗炳在著述《画山水序》中就提出了"透视法"中最根本的理论——"近大远小"："夫昆仑山之大，瞳子之小，迫目以寸，则其形莫睹。迥以数里，则可围以寸眸。诚由去之稍阔，则其见弥小。"不仅如此，宗炳还完整阐述了透视学中的远近高低比较关系："今张绡素以远映，则昆、阆之形可围于方寸之内，竖画三寸，当千仞之高，横墨数尺，体百里之迥。"

虽然"透视法"这一概念的出现早于西方1000多年，但中国艺术家并不推崇。18世纪雍乾时期，画家邹一桂对于透视画法颇为鄙夷："西洋人善勾股法，故其绘画于阴阳远近，不差锱黍，所画人物、屋树，皆有日影。其所用颜色与笔，与中华绝异。布影由阔而狭，以三角量之。画宫室于墙壁，令人几欲走进。学者能参用一二，亦其醒法。但笔法全无，虽工亦匠，故不入画品。"说法虽然刻薄，但也可看出，西方影响力颇大的绘画形式之于中国审美来说只能算是技巧而已，远够不上艺术的等级。

北宋时期以博学发明而垂名青史的文学家、科学家沈括，也对大画家李成采用透视画法大加讥讽："李成画山上亭馆及楼塔之类，皆仰画飞檐，其说以为'自下望上，如人平地望塔檐间，见其榱桷'。此论非也。大都山水之法，盖以大观小，如人观假山耳。若

图112　欧洲绘画（透视法）

同真山之法，以下望上，只合见一重山，岂可重重悉见，兼不应见其溪谷间事。又如屋舍，亦不应见中庭及后巷中事。若人在东立，则山西便合是远境。人在西立，则山东却合是远境。似此如何成画？李君盖不知以大观小之法，其间折高、折远，自有妙理，岂在掀屋角也？”[1]沈括以为，画山水应该将视角扩展至更广阔的天地，以整体摄局部，“以大观小”，将全部的景观以“折高、折远”之法组织成主次有序、详略得当的画面，才能显得气韵生动、和谐有致。仅仅服从科学客观的透视原理呈现的画面，只是目力所及，而非心之所至。

类似于西方焦点透视的绘画方法虽然在中国美术史上也星星点点地出现过，但它的局限性违反了中国传统美学对于时间、空间意识的思考。所以，就宏观而言，中西绘画方式在时空观念上一直遵循着两条完全相反的发展方向。

蒋勋先生在《美的沉思》中谈道：“在埃及，金字塔是三角形，固定的、静止的、单一视觉的；在中国，那起伏于大地上的长城，作为一种象征符号，是展开的、流动的、无

[1]（宋）沈括：《梦溪笔谈》。

图113　古埃及　金字塔

图114　中国　长城

限延长的。似乎这些永久的视觉符号中，已经隐含着一个文化体系各自不同的思考方向。”[1]（图113—图114）中国美学的思维方式并非建立在客观且科学的逻辑基础之上，而是针对理性宇宙之外的质疑。在《楚辞·天问》中，楚国诗人屈原大胆而高亢地提出对天地离分、阴阳变化、日月星辰等自然现象的质询，每一句都在挑战那个科学的、客观的、逻辑的秩序世界。蒋勋先生认为，《天问》中的疑问与思考是超越科学和逻辑的："这彻底对人类分割、假设出来的时间与空间的怀疑与不满足，构成了中国此后艺术形式上一直对有限时空形式的叛逆，完全不同于西方建立在透视法上的画框形式，发展出了世界美术上独一无二的长卷与立轴的形式。”[2]

[1] 蒋勋：《美的沉思》，湖南美术出版社，2014年版。

[2] 蒋勋：《美的沉思》，湖南美术出版社，2014年版。

移动视点的创作规律，造就了中国绘画独有的卷轴形式，其收纳方式的与众不同也隐藏着中国美学独有的意蕴。

中国绘画无论是挂在墙上的纵向立轴还是铺在桌上展开观赏的横向长卷，所展示的都是一个完整的绘画空间。但在卷起或展开时却改变了画面的空间与视角。除却独特的收纳方式，更多则反馈着蕴含时空哲学的思考。中国美学崇尚延续、无限、流动、扩展的时空观念，如同延绵于中国山峦之巅的长城一样，承载着中国人对超越科学、超越逻辑、超越时空的企盼，对于时间长度、空间广度的探寻也深深影响着中国艺术形成的最终样貌。

长卷形式由来已久，其历史可以追溯到商代的竹简。《尚书·多士》："惟殷先人，有册有典。"其中的"册""典"就是将写上文字的竹片编联起来的卷册，也称为"简牍"。虽然"卷"的形式起源于早期的书籍"册典"，但之后的历代书画家的作品依然保留了长卷的形式。

晋惠帝时，女官作《女史箴》一文劝诫宫中仕女，画家顾恺之以此文为题创作了长卷画《女史箴图》。这幅手卷分九段，每段前置箴文，后接画面，每一段落（箴言加画面）至多60厘米，一段段被展开观赏时内容尺幅相得益彰，结构上虽有呼应，但独立性很高。

顾恺之的《洛神赋图》则是连续性很高的长卷作品。连环画的结构方式使得画面统一在完整的背景之中，情节的发展成为段落的分割，每一段故事在空间上自成一体又相互连通，一气呵成。

6世纪前后，印度佛教传入，中国长卷伴随着敦煌宗教经变画的发展成为更加成熟的绘画格式。敦煌257窟的《鹿王本生》（图115）壁画是"北魏本生故事画中最早的横卷连环画之一"[1]。这幅壁画的故事情节从两端开始，同时向中间发展至高潮而结束。相比于中国本土长卷画从右至左的发展趋势，这样的构图方式非常特别。

图115　北魏　敦煌257窟西壁《鹿王本生》

[1]《敦煌的艺术宝藏》，文物出版社，1980年版。

如果认为中国长卷画的观赏方式只是平摊在桌上浏览那就狭隘了。长卷的妙处在于舒展画卷与欣赏画面之间微妙的过程：观赏者左手执轴展放，右手从画面开头处收卷起来，展放与收卷之间相隔着两手张开的距离。在这一米左右的跨度间，相隔着过去（收卷）和未来（展放）。观赏者的视线始终集中在这一段被展开的画幅空间内。这段空间中的故事随着展放与收卷的移动不断发生着变化，犹如时间在眼前缓缓流淌。如果想要时光停留，那就停住展收画卷的动作，画面中的场景变成静止，独立成一个长久被凝视的瞬间。这是中国古人观看长卷的方式，恢复这样的体验，才能感受绘画的格式与古代时空观之间的联系。古人认为时间是一条不断流淌的长河，一刹那的停留似乎就是永恒。中国古代的文人们将生命与时空的认知置于代表了文人意趣与情感意境的绘画之中，让艺术代替思考，在画面的浏览中去经历时间的逝去，去感受生命的繁华与幻灭，其中的感怀、悲悯、欢欣、美好都在“逝者如斯夫，不舍昼夜”中将永恒化为伤逝。

宗白华在《中国诗画中所表现的空间意识》中说：“中国人不是向无边空间作无限制的追求，而是‘留得无边在’，低回之，玩味之，点化成了音乐。”[1]虽然老庄哲学似乎已经探索到了时间与空间的边界，但对于跨越边界，追求永恒，中国人表现出了克制和潇洒的态度。庄子在《逍遥游》中阐述了时间、空间给予生命的束缚。在这个局限的时空中，每个生命都经历着自己的短暂和漫长，无论是不知晦朔的“朝菌”，还是不知春秋的“蟪蛄”；不论是“以五百岁为春，五百岁为秋”的冥灵者，还是“以八千岁为春，八千岁为秋”的“大椿者”，生命有开始就有结束，一切都在时间的边界之中。时间与空间，都无法被有限的生命超越，那要怎样才能获得自由？庄子认为，只有摆脱企图超越边界的幻想，与自己共处，与时空命题和解，才能进入真正的自由境地，这是生命自在的天地，是“独与天地精神往来，而不敖倪于万物”[2]的“逍遥”。中国的艺术形式始终都在时空的边界中与生命一同优游，这是一段流淌、绵延的旅程，是每一个生命都能演奏出无限美好的旋律。

[1]宗白华：《美学散步》，上海人民出版社，1981年版。

[2]庄子：《庄子·天下篇》。

# 西方色彩与绘画

根植于阴阳五行、儒道玄禅土壤中的中国色彩观有着明显的哲学意味，从哲学高度辐射，再与社会百态融合，是一个源自自然、高于生活又作用于社会各个层面的综合而零散的哲学体系。西方色彩观除却宗教神学的象征领域外，主要依循着科学的脚步以及形式逻辑的发展形成理性的系统。

当审美意识觉醒，色彩之美就成为人类共同的感受。对比中国色彩观与绘画样式中关于宇宙秩序与人生哲学的探索，西方却在萌芽之初就呈现出不同的面貌。古希腊先哲亚里士多德（Aristotle）在《论色彩》中曾试图将水、火、土、空气四种基本元素与色彩对应，来反映宇宙秩序的构成。17世纪初，荷兰数学家威里布里德·斯涅耳（Willebrord van Royen Snell）发现了光的折射定律；1704年，艾萨克·牛顿（Isaac Newton）出版了论著《光学》，突破了人类对色彩本质的认知。19世纪，德国著名的物理学家和生理学家赫尔曼·冯·赫尔姆霍兹（Hermann von Helmholtz）发展了"色觉说"，并在著作《生理光学纲要》中论述了三原色原理。20世纪中叶，瑞士色彩学大师约翰内斯·伊顿（Jogannes Itten）继承了德国诗人歌德（Johann Wolfgang von Goethe）、画家龙格（Philipp otto Runge）、法国化学家谢弗勒尔（Michel Eugene Chevreul）等人的色彩思想与理论，发展出系统的色彩美学体系，"色彩美学"这一概念被正式提出。

与中国色彩的玄虚不同，西方色彩的科学性使其在绘画艺术的发展历程中呈现出明显的风貌特征。

赫拉克利特(Herakleitus)认为:“艺术摹仿自然……绘画混合白色和黑色、黄色和红色的颜料,描绘出酷似原物的形象。”[1]

苏格拉底(Socrates)认为:“绘画是对所见之物的描绘……借助颜色模仿凹陷与凸起,阴影与光亮,坚硬与柔软,平与不平,准确地把它们再现出来。”[2]

鲁道夫·阿恩海姆(Rudolf Arnheim)认为:“作为一种通信工具来说,形状要比色彩有效得多,但是运用色彩得到的表现却又不能通过形状而得到。……那落日的余晖以及地中海的碧蓝色所传达的感情,恐怕是任何确定的形状都望尘莫及的。”[3]

…………

在色彩与绘画理论的不断深入中,艺术与科学的联系越来越紧密。文艺复兴三杰之一的达·芬奇(Leonardo da Vinci)就是一个深谙数学、物理学、解剖学、天文学、机械设计等诸多领域的科学家。当他进行绘画创作时,作为物理学或者解剖学家的知识储备能够使他从不同的角度表达艺术。在科学思维的关注下,西方绘画艺术的发展呈现出理性、客观的面貌,色彩也从中世纪末至近代欧洲,以物体固有色的方式坚定地奠定了西方美术史的基础。经历了文艺复兴、巴洛克、洛可可时期的辉煌,以及新古典主义、浪漫主义、写实主义的演绎,或嘹亮、或温驯、或奔放、或和煦的固有色组合为西方艺术铺就了前行的道路。

[1]《欧美古典作家论现实主义和浪漫主义》(一),中国社会科学出版社,1980年版。
[2]《欧美古典作家论现实主义和浪漫主义》(一),中国社会科学出版社,1980年版。
[3]《欧美古典作家论现实主义和浪漫主义》(一),中国社会科学出版社,1980年版。

# 西方色彩与绘画

## ——与当代珠宝艺术的融合

# 印象主义

西方色彩的“离经叛道”发生在印象主义（Impressionism）崛起的19世纪70年代。此时勇于探索的画家们厌倦了强调固有色的明暗画法，在阳光明媚、麦浪翻滚的蔚蓝海岸和普罗旺斯找到了绘画艺术的新方向。在这些天才画家的画布上，纯色和互补色并置，阴影中泛起鲜明的色调，改变了绘画“记录客观世界”的传统，强调用色彩“描绘主观印象”。（图116）

图116　印象派绘画作品

在古典主义的绘画理论中，颜色即是色彩，是物体固有色的表现方式。然而，这样的认知被打破了，颜色是视觉的一种感知现象而并非如色彩一般依附于物体的物理属性。引起视觉感知的主要要素是色彩的对比。印象派画家们发现“自然界的物质在太阳的照耀下并不带有固有色。绿色的草地有时在夕阳下会闪烁着红光，蓝色的衣服有时也会被橘红色的阳光吞没，这些色彩变化都是在光线作用下发生的”[1]。正如歌德在《色彩理论》里所说的那样：“每种明确的色彩，都会使视力遭到一定的破坏，迫使它走向反面。”至此，印象派画家们将古典主义那些黑白混合的色彩漂洗出本来明亮的光彩，抛弃了以明暗色调塑造形体的手法，将光作为色彩统调的原则。为了灵活快速地捕捉自然光色下的物体的“瞬间影像”，印象派画家们走出画室，深入原野和乡村，在户外支起画架，用便于携带的小块画板作画，用短促而有力的笔触，捕捉特定时间内呈现的瞬息色彩。（图117）

图117　法国　皮埃尔·雷诺阿《在阿让伊特花园中绘画的莫奈》*Monet painting in his garden at Argenteuil*

[1]［日］高阶秀尔:《看名画的眼睛》，范钟鸣译，四川美术出版社，1987年版。

克劳德·莫奈（Oscar Claude Monet）创作《议会大厦》（图118）系列时，为了展现户外光线变幻下议会大厦不同色彩的美，他同时支起数块画板，当光线偏移时，就立即在一幅相应的画布上作画。于是在一系列的作品中，完全相同的角度与构图中的议会大厦，在不同时刻的阳光照射下，呈现出了完全不同的色彩效果。

图118　法国　克劳德·莫奈《议会大厦》*Houses of Parliament*

在画面上恢复了大自然中的光与色，是以莫奈为代表的印象派画家们最伟大的探索。他们让人们意识到，绘画并非只是画室里永远不变的调子，而是充满了动态的变化。印象派让这个世界有了光，光又让色彩千变万化。

"印象"是一个伟大的名词，足以说明绘画思维与方式的转变。1874年第一届印象派画展的举办为尖酸刻薄的主流艺术评论家提供了攻击新艺术的素材。路易·勒罗瓦还讽刺地为莫奈的作品起名为《印象·日出》。这幅日后声名大噪的印象派开山之作，正是来自这位毒舌评论家的"赐名"。

对于勒罗瓦之流而言，这些画描绘的仅仅是一个"印象"，一个凌乱未完成的草图，并不适合展出或出售。他戏谑地将展览称为"印象派画展"。"印象"这个名字虽然带有贬义，但也非常准确。《日出》（图119）的确是这样一个印象：勒阿弗尔水面和港口船坞在散乱的笔触描绘中呈现出并不清晰的剪影，仿佛氤氲着水汽。朱红的太阳突兀地印在灰蓝色的天空上，在水面上倒映出一片暖色的光。这幅看起来匆忙挥就的作品，笔触

图119　法国　克劳德·莫奈《印象·日出》*Impression, sunrise*

粗率随意，也不符合光与色的科学分析。但正是这些让人"无所适从"的改变，正式开启了印象主义的大门，以色写形，以色状物，色彩、光影、对比成为绘画的主题。

印象派画家们对光与色的喜爱随着工业化进程的发展得以释放。从1850年开始，由于大规模的翻修整治，巴黎这个原本拥挤破败的中世纪城市被宽阔的林荫道、美丽的公园和灿烂的阳光变得开放整洁。这些变化和活力都让印象派画家们如鱼得水。他们追逐日光，不断尝试捕捉转瞬即逝的光影。他们喜欢描绘阳光穿过云层，透过茂密的枝叶，投下斑驳树影的景象，尤其喜欢描绘巴黎郊区波光粼粼的水面和人们青春洋溢的面孔。（图120）

即使描绘室内场景时，画家也喜欢画上一扇窗。阳光从透明的薄纱窗帘透入室内，捉摸不定的光影令人沉醉。（图121）还有舞台灯光下身着芭蕾舞裙的少女们，瞬间飞扬起的明澈斑斓，都被埃德加·德加（Edgar Degas）演绎出仿佛小提琴悠长颤音般的迷人魅力。（图122）虽然在室内，德加却善于把握色彩效果的制造，用色粉笔与水彩层层叠加，冷暖混合，挤压出缤纷丰厚的视觉感受。色粉笔的叠加所创造出的色彩更加响亮富有光泽，与厚重油画颜料调和出的灰暗氛围完全不同。

图120　法国　皮埃尔·雷诺阿《煎饼磨坊的舞会》*Dance at Moulin de la Galette*

图121　法国　埃德加·德加《窗边的女人》
*Woman at a Window*

图122　法国　埃德加·德加《舞蹈考试》
*The Dancing Examination*

色彩态度的改变带来了革命性的变化。在印象派的创作中，笔触从塑造形态质感中解放出来，成为这一艺术流派的又一重要特征。随着明亮的新型颜料问世，印象派画家将未经调和的互补色甚至对比色，通过细密跳跃的笔触并置于画面中，保持了一种明亮且炫目的视觉效果。（图123）甚至在阴影的表现中也大胆运用色彩，而不仅仅是黑色、棕色或灰色（图124—图125）。

图123　法国　克劳德·莫奈《睡莲》*Water Lilies*

图124　印象派的阴影表现
法国　克劳德·莫奈《正午的干草垛》*Haystacks midday*

图125　新古典主义的阴影表现
法国　威廉·阿道夫·布格罗 Le repos

在印象派的绘画中，所展现的对象并不需要遵循物体本身的结构与比例，只需描绘出画家眼里看到的样子，这也是印象派艺术最令人陶醉的地方。画家们使用明亮的色彩、跳跃的笔触、质感松动的形式，来表现光影浮动中的美妙场景，使作品给人一种自发即兴的轻松愉悦感。他们所描绘的“不是对象本身的样子，而是他们看起来的模样”。

甘露珠宝2021秋冬“顺流耳上”系列钻石耳饰设计（图126）将印象派画作中来自阳光馈赠的细碎笔触用晶莹闪烁的钻石替代，巧妙地提炼出印象派技法中独一无二的笔触意蕴。这些在耳畔发丝间抖动碰撞的星芒，凝结成雨后变成云上的彩虹，也汇聚成挂在腮边的一串相思珠泪。

图126　甘露珠宝　2021秋冬“顺流耳上”系列　钻石耳饰设计

光和色是绘画艺术的起点，这种观念始终支配着印象派的创作。他们将自然法则与艺术观点结合起来，用光色的组合效果取代物体的客观描绘。借助光与色的变幻，以感性为出发点，忽视物象的造型写实，捕捉瞬间色彩印象的表现技法称为“破色法”。这种全新的绘画手法，是将未经调和的互补原色，用细密如碎石般的笔触快速地点彩于画布之上，既能表现出物体本身的色调，也可以保持色彩的明度和艳度。在一定距离观看时，这些奔放的笔触、没有调和的色彩，经由人眼自动混合出色块，能够呈现出动态变幻的斑斓效果，令画面光影焕动，绚丽清新。（图127）

光与物体间微妙的变幻效果是印象派不断追求的视觉体验。抛弃传统的固有色表现观念，放弃素描的造型手段和线条的勾勒方式，瓦解物体本身的结构比例，用急风骤雨般的散涂笔触，在光影与色彩的交织中，创造出瞬时的动感和明媚的氛围。（图128—图129）

莫奈一生画了近250幅“睡莲”。在《睡莲》中，莫奈实现了毕生追求的绘画梦想——“我要画出一片没有边际的水，有云影，有睡莲，还有无所不在的光在流动。”明

图127　印象派“破色法”
法国　克劳德·莫奈《撑阳伞的女人》*The Promenade Woman with a Parasol*

图128　法国　阿尔弗莱德·西斯莱（印象派）

图129　法国　尼古拉斯·普桑（巴洛克艺术）

媚的光影在画面中流淌，抚过的每一寸画面都荡漾着绚丽和明澈的光芒。粉、红、白、黄、橙、绿、蓝、紫等色彩交织碰撞，幻化出一场奇异而梦幻的视觉盛宴。

法国巴黎珠宝艺术大师腓德力克·萨维（Frédéric Zaavy）于2005年创作了向莫奈的《睡莲》系列致敬的珠宝艺术作品——睡莲手镯。萨维以珠宝作画，将印象主义风格中鲜艳的色彩和短促细密的笔触用成千上万细小的彩色钻石替代，将白钻、蓝钻、黄钻、紫钻、粉钻及黑钻点缀在手镯界面上。五颜六色的宝石光芒如同铺洒于睡莲池中的璀璨阳光，在流光溢彩中可以看到浮动于水面与叶片之上的白色花朵，颤巍巍地闪动着迷人的光华，如梦似幻，写意缥缈。（图130—图131）

图130　克劳德·莫奈《四季睡莲》（局部）

图131　腓德力克·萨维　睡莲手镯

萨维善于利用宛如调色盘颜料的宝石在珠宝作品上体现对自然及光影的憧憬。2011年受印象派艺术启发，萨维创作了鸢尾花手镯，巧妙运用紫色包覆的亮黄钻、黄钻及白钻、榍石、翠榴石、沙佛莱、钯金、黄金和银，完美地重现了白黄相间的鸢尾花花瓣悬垂的模样。手镯上层层叠叠的色彩，如同印象派艺术中精妙绝伦的颜色渐层，这件作品被形象地喻为“雕塑形态的印象派画作”。（图132—图133）

图132　克劳德·莫奈《黄色鸢尾花》（局部）

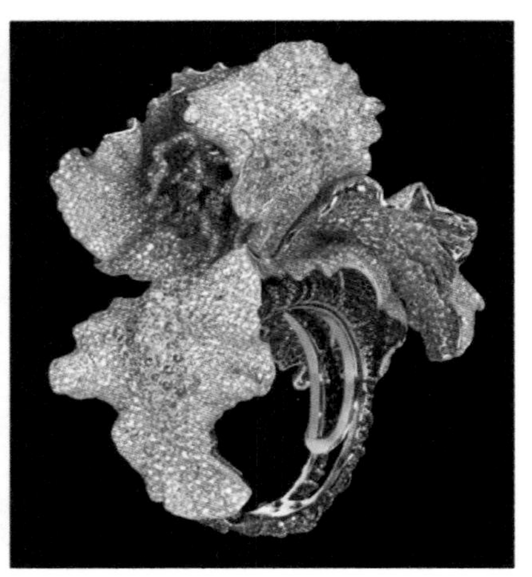

图133　腓德力克·萨维　鸢尾花手镯

光与影的色彩描绘是莫奈绘画的最大特色。这副耳环的灵感来源于莫奈的《百丽岛的海岸风暴》（图134），将印象派表现波涛海浪的色彩和技法用于珠宝设计当中。莫奈用快速堆叠的颜料，伴随着笔触旋转的白色、青色、蓝色色块，展现着暴风雨下海浪的汹涌澎湃。布契拉提（Buccellati）Art系列珠宝耳环设计（图135），抓住了作品中翻卷腾跃的笔触和色块交织的特点，采用“Rigato”与“珠罗纱”雕刻工艺，刻画出旋动的18k白金“浪花”，在光线折射间生动勾勒出海面掀动的层层波澜。“海浪”翻涌间点缀的帕拉伊巴碧玺呈现出大海的湛蓝，晶莹的钻石如同浪涛拍击岩壁时喷溅出的大片“浪花”，在绮丽灵动间重现百丽岛的凌冽与狂野。

图134　克劳德·莫奈《百丽岛的海岸风暴》

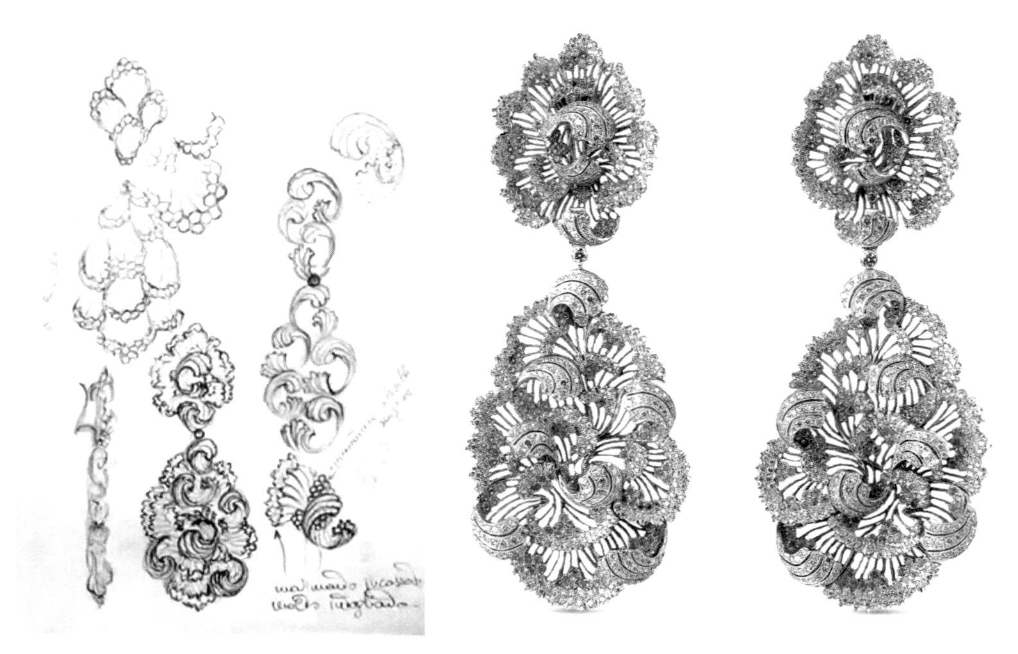

图135　布契拉提　Art系列珠宝　耳环设计

同样以“海浪”为主题，美国画家温斯洛·霍默的《普莱特的淡蓝色海》（图136）中翻滚的“巨浪”，被独一无二的“珠罗纱”雕刻工艺细腻地微缩于白金手镯壁面之上。交织的线条如同蕾丝一般精致，镶嵌其间的663颗切割钻石，演绎着浪花绽放时的生命与动感，诗意地彰显着大自然的浩瀚与力量（图136—图137）。

图136　美国　温斯洛·霍默《普莱特的淡蓝色海》（局部）

图137　布契拉提　Art系列　手镯

# 新印象主义与后印象主义

印象派对于色彩感觉的表达最终在19世纪下半叶走向对色彩的理性分析，新印象派（neo-Impressionism）诞生。让这个艺术流派走上高峰的是天才画家乔治·修拉（Georges Seura）。印象派发展的后期，其中一部分画家开始收起了光色的浪漫情怀，转而与科学实验相联系，期望从理性的角度发展出色彩艺术新的可能性。乔治·修拉与保罗·西涅克（Paul Signac）依据尤金·谢弗勒尔（Michel Eugene Chevreul）的光学和色彩研究理论创立了一种点彩技法，将自然中的色彩分解成原色。作画时，以细小的笔触把原色紧密地排列在画布上，从一定距离观看时，由于色彩混合的闪烁和震荡，在人眼中产生了色彩原色的融合。根据视觉混合的原理，新印象主义绘画对纯色的应用使得并置色点的手法应运而生，印象色彩的飘忽开始了理性化系统化的呈现。

修拉的代表作《大碗岛星期天的下午》（图138）描绘了塞纳河阿尼埃的大碗岛上人们休闲度假的场景。这幅画作的尺寸长度为207厘米，宽度为308厘米，在近7 平方米的画布上布满了数百万个彩色的点，全部都是画家手动点上去的，就连画周围的边框也是用点画成。近距离观看时，画面犹如低像素的图片，上面布满了像素格；而当距离拉开时，这些小小的笔触加上红和绿、黄和紫、橙和蓝的互补以及白色色点的穿插，产生了一种奇妙的视觉震颤。所有细碎的圆点笔触不是印象派的散乱，而是严谨地排布成形体结构，造就了整个画面极度形式化的风格。更神奇的是，调色的步骤被省略了，色彩的调和直接在画布上进行，人眼成为感知色彩混合的工具。这样的绘画方式要求画家在创作前需要理性地分析和安排所有景物、人物的大小、深度以及色彩深浅的处理。

诗人兼批评家阿波利奈尔（Guillaume Apollinaire）曾这样评价修拉的作品："往往愈来愈抽象，但总是迷人的，提出而且企图解决最困难的、从未想到的美学问题。他的每一幅画都包含有一种对于宇宙的评判，而他的整个作品则像夜晚的天空，当万里无云时，摇曳着可爱的光亮。在他的作品中，没有表现得不充分的东西；诗意使它们的最微小的细部都显得崇高。"凝视修拉的《大碗岛星期天的下午》，会有一种不真实的静止感。虽然一片新绿让人倍感清新，阳光在河面上泛着波光，人们休憩游玩，一切温暖恬

图138　法国　乔治·修拉《大碗岛星期天的下午》*Sunday Afternoon on the Island of La Grande Jatte*

静。这应该是一个最普通不过的郊外下午时光。然而，画面中的一切仿佛是瞬间的静止，这种静止不是一个动态的场景被定格在画布上的静止，而是一种微妙的、诡异的、永恒的静止感。这似乎是一个没有呼吸的、凝固的世界，仿佛这画里的世界不是一个真实世界的片段，而是被时空遗忘的角落，就连阳光、清风、空气中的微尘也都凝固在画布之上。

以修拉为代表的点彩派艺术家对于绘画要素的理论研究为现代艺术中关于抽象和装饰样式的发展探明了方向。在新印象主义的艺术尝试中，色点、色块成为空间与形体的替代，在画面上如马赛克一般镶嵌排布，将物象的观察构成更为规整的几何图形，相较于印象主义的散乱、自由，新印象主义的描绘手法更注重形式主义的表达。与此同时，新印象主义利用绘画艺术实践了色彩混合的理论，在一定距离观看补色色块的并置在人眼中会发生奇妙的混色效果，然而这些色块依然是分解的，距离在这个过程中起到了关键作用。新印象主义在这些表现和象征方面蕴含的种种可能，都直接给现代绘画以启示。

后印象主义（Post-Impressionism）是第一个西方现代艺术流派，"后印象派"这一术语是作为1910年在伦敦举行的法国画展的标题出现的，其中的"后"指的是时间的概念而非风格。虽然已经到了印象主义发展的后期，但色彩依然是其中重要的表现要素。在呈现方式上，此时的后印象主义已不再是印象主义对于表象光影的刻板诠释，而是开

图139　法国　保罗·高更
《黄色的基督》*Yellow Christ*

始追求视觉色彩的精神表达；新印象主义中精致雕饰的色彩风格也正逐渐被后印象主义中原始激情的色彩情感对抗冲击，为色彩的主观表现方式获得了更多的发展空间：一方面是艺术家抒发情绪的感性表达，另一方面则是利用色彩理性建构画面空间。

作为现代色彩艺术的践行者，保罗·高更（Paul Gauguin）超越了表现物体客观特征的范畴，色彩的浓烈程度以及平面性表达近乎抽象。在高更的笔下，色彩是具有象征意义的。在作品《黄色的基督》（图139）中，高更借基督受难来比喻自己为艺术殉道的情怀。画面中高浓度的色彩几乎平涂，冷调蓝紫色的天空、暖调土黄色的大地、嫣红的树木以及点缀其间的白色服饰，所有的色彩被粗重简洁的轮廓线凝重地组织在画面中，流露出忧郁悲壮的气氛。高更的绘画避免阴影，没有透视和地平线，也没有光影，用平面的剪影形式简化轮廓，各种色彩饱满而纯粹，色块之间没有明暗过渡与空间区隔，质朴的轮廓线成为区分颜色的手段，这样的创作直接启发了现代装饰艺术的发展。

色彩在高更的艺术里展示出一种带有强烈暗示性的二维属性。前景色与背景色的区分对比也似乎抛弃了章法，有时甚至饱满浓郁的背景色会跳到前景中来。未经调和的红、蓝、黄原色大面积运用，产生出一种粗粝而神秘的原始质感。也许这正得益于高更在布列塔尼和塔希提岛居住的经历，单纯而自由的景象影响了画家人生观的建构，让他的作品里也展露出一种纯朴的天真，即使这样的天真只是一种理想化的一厢情愿。

当文森特·凡·高（Vincent Van Gogh）还在家乡荷兰过着枯燥的传教士生活时，绘画已经成为他毕生的热爱。当时作品里忧郁、低沉的色调似乎完全没有未来后印象主义艺术大师的风采。到了巴黎之后的凡·高深受印象派影响，巴黎的一切激发了他心中对色彩的热爱，那种辉煌灿烂的、未经调和的高饱和度色彩，就如同巴黎这座城市一样斑斓炫目。对色彩的强烈敏感令凡·高的作品激发出宗教般的狂热气质，无论怎样冲突、浓烈的颜色都能在画面中尽情发挥、高歌猛进。这些色彩超越了颜色的意义，成为情感的宣泄，甚至被挖掘出其中动态的、激烈的特质。

凡·高在作品《星月夜》（图140）中，运用旋转的笔触创造出螺旋升腾的动感，构建出了一个似乎可以将一切吞噬的巨大空间。被色彩控制的螺旋空间带来的压迫感似乎比物象景观的客观表达更为强烈，形成了一种无法逃避的视觉张力。画中的世界熠熠生辉，上半部深蓝色的夜空中卷动的星云如大海的波涛一般汹涌澎湃。金黄的满月与繁星形成巨大的旋涡深不可测，仿佛看不见的时光在眼前飞快流逝。下半部暗绿色的柏树犹如火焰熄灭之后的灰烬，默默遥望着星夜的狂欢，守护着夜空下被深褐色的粗重线条勾勒出的淡蓝色村庄。

图140　法国　文森特·凡·高《星月夜》*The Starry Night*

《星月夜》是凡·高的独白，他说：“画面里的色彩就是生活里的热情，寻找它和保存它。”他用几乎燃烧的方式描绘自己内心的世界：“我爱一个几乎燃烧着的自然，在那里面现在是陈旧的黄金、紫铜、黄铜，带着天空的蓝色；这一切又燃烧到白热程度，诞生一个奇异的、非凡的‘色彩交响’。”当这样的“交响曲”回响在当代珠宝艺术中，珐琅承担了其中最为华彩隆重的乐章。甘露珠宝“斓”系列“至爱·星空”珐琅戒指（图141），在戒面之上重新塑造了一个“燃烧”着激情的流动空间。当代珠宝艺术用渐变的珐琅彩、流畅细腻的手工雕刻回应了凡·高对于色彩与爱的凝望。

图141　甘露珠宝　“斓”系列　“至爱·星空”珐琅戒指

图142　法国　文森特·凡·高《盛开的桃花》*Peach Tree in Bloom*

在普罗旺斯的凡·高享受着明媚的阳光，他的画板上映射着响亮而欢快的调子，明亮、华丽的黄、橙、红成为他这一时期作品的主旋律。在给弟弟提奥的信中，他愉快地说："我把画架摆在果树园里，在室外光下画了一幅油画——淡紫色的耕地，一道芦苇篱笆，两株玫瑰红色的桃树，衬着一片明快的蓝色与白色的天空。这大概是我最好的一幅风景画。"（图142）

在凡·高最后的人生时光中，精神疾病时常折磨着他。在发病的间隙，他对色彩的发挥达到了极致。在给高更的信中，凡·高这样描述一幅正在画的风景："弯细的新月影影绰绰，星星闪着夸张的光，玫瑰色和绿色柔和地衬托着幽蓝的夜空，云朵飘过天际，小路旁边沿着蔓蔓的黄藤，蓝色的古老客店，透出黄色的窗灯……"每个字句都透露出这位伟大画家孤独柔软的内心。他的世界是彩色的，每一种色彩都有着美好的内涵和深刻的情感，让他为之眷恋、为之向往。

凡·高曾说："我试图用红色和绿色为手段，来表现人类可怕的激情。"色彩关系在他的作品中突破了和谐的边界，显示出动荡的力量，这股力量来自内在意识以及对世界的感受，是思想情绪的外化。在凡·高的作品里总是洋溢着生机：如太阳一般燃烧着炙热的向日葵；普罗旺斯金黄色的滚滚麦浪……直到生命的最后一刻，当他画下蓝色天空与黄色麦田间那群惊飞的黑色乌鸦时，他终于扣下了自杀的扳机。

# 象征主义

印象主义的反对者——象征主义（Symbolism）产生于19世纪末以法国为代表的欧洲。这一艺术思潮主张绘画的象征和寓意表达，用艺术的手法构建虚幻的世界，并强调通过思辨和哲理的思考来抒发创作的意愿。相对印象主义对外部世界的表现，象征主义更倾向于用具有隐喻意义的画面给予人思想上的启发，营造一个诗意的梦想。由于建立在感情基础之上，象征主义绘画的色彩有着超越表象的力量和光怪陆离的魔力，生动无比。

象征主义大师奥迪隆·雷东（Odilon Redon）自小就是一个喜欢冥想、性格孤僻的少年。39岁才开始学画的雷东受到法国象征主义诗人和散文家斯特芳·马拉美（Stéphane Mallarmé）的美学影响，致力于用表现虚构的世界和想象的形象。雷东的梦幻世界以黑色与彩色为分水岭，黑色时期的版画创作如暗夜的幽灵，充斥着离奇古怪甚至是恐怖的内容；彩色时期则洋溢着欢乐与明朗，色彩充满了神秘和忧郁的气质，粉笔作画的质感更是让画面如梦似幻般充满了诗意的浪漫。粉蓝、粉红、粉白、粉绿等色彩制造出奇异朦胧的空间，人物形象总是模糊到看不清五官。（图143）

图143　法国　奥迪隆·雷东
《鲜花中的女人》*Woman among the Flowers*

在粉笔画《诸神》（图144）中，雷东用迷蒙轻薄的色彩讲述了法厄同（Phaethontis）向父亲太阳神赫利俄斯（Helios）请求亲自驾驶太阳马车的神话。最后，不知天高地厚的法厄同陨落在埃利达努斯河中，这是一个悲剧且讽刺的故事，但在雷东的描述中，似乎变成了一个青春、冒险的传奇。

在希腊神话中，太阳神赫利俄斯的马车有一对金色翅膀可以遨游天地。布契拉提Art系列耳饰设计（图145）借用这对璀璨的翅膀，诠释了雷东创作视角下的壮丽与不悔。耳环表面采用“珠罗纱”工艺，将镶满钻石的“羽毛”覆盖在黄金骨架之上，轻盈神秘，灿烂华丽，这是飞翔的感觉，象征着冲动、无畏，即使粉身碎骨，那又怎样？

图144　法国　奥迪隆·雷东《诸神》*Pantheon*

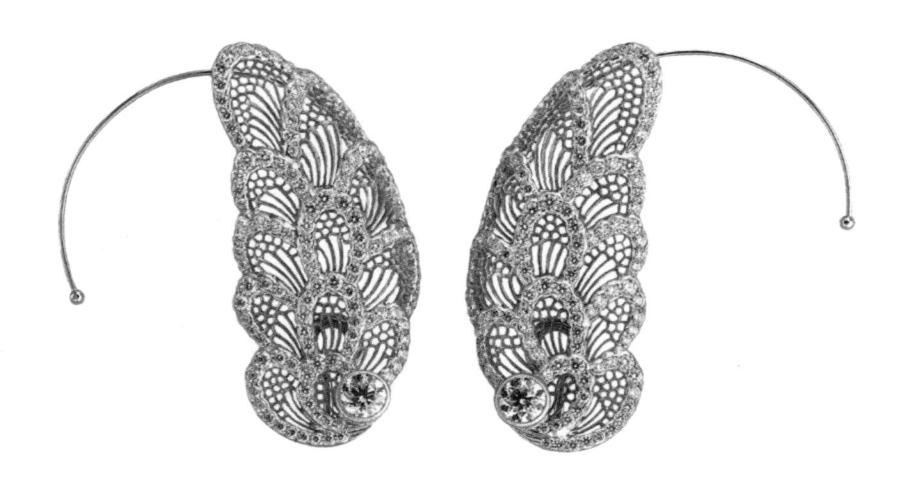

图145　布契拉提　Art系列　耳饰设计

瑞士画家阿诺德·勃克林(Arnold Bocklin)的笔下是关于生命与世界的色彩咏叹。在他那明亮却透露着诡谲变化的色彩中常常用大片深暗的面积形成极具戏剧性的对比,创造出神秘且充满空灵意味的画作氛围。61岁时,勃克林在佛罗伦萨英国人公墓的气氛影响下创作了他最为著名的作品系列《死岛》(图146),据说这座公墓也埋葬着他的小女儿。这是一幅讲述生命接近死亡时刻的象征主义作品。画面中,一叶小舟载着浑身缟素的濒死者驶向海中的一座孤岛。岛屿在背景的天空映衬下显现出清晰可怖的轮廓,犹如一扇巨大的地狱之门缓缓打开。两边山崖明亮的崖壁中裹挟着黑暗的阴影,仿佛通往另一个世界的入口,又好似将死之人内心汹涌的恐惧,很快就将吞噬那一抹渺小如尘埃的躯体。勃克林用近乎古典的风景创作手法刻画出生命流逝的象征意味,让画面中徘徊着久久无法弥散的窒息与沉寂。1909年,当俄国作曲家谢尔盖·拉赫马尼诺夫(Sergei Rachmaninoff)在德累斯顿看到这幅画时,深深沉浸于勃克林关于生死的诠释。这幅意境深远、感人心魄的作品让音乐家创作出了著名交响诗《死亡之岛》,成为音乐和绘画最动人的结合。

象征主义中有着来自拉斐尔前派中超越古典色彩的内容表达。这种明显带着忧伤情调的伤感气质被象征主义引向了更为梦幻浪漫的方向。当色彩真正告别古典走出现实,烘托情绪、表达内心成为开启现代主义大门的一把钥匙。

图146　瑞士　阿诺德·勃克林《死岛》*Isle of the Dead*

# 野兽派

与以往任何画派相比，1905年在法国秋季沙龙展上出现的野兽派（Fauvism），在色彩追求上显得更为主观和强烈，如此生猛的风格让评论家路易斯·沃塞尔（Louis Vauxcelles）在看到一尊唐纳·泰罗[1]的雕塑被这些汹涌的绘画包围时，大声惊呼："唐纳·泰罗让野兽包围了！"虽然在评论家的口中"野兽"二字充满了嘲讽与恶意，但与印象派的发展如出一辙，"野兽派"成了这个风格鲜明的艺术流派不朽的名字。

虽然野兽派如流星一般划过西方艺术史的夜空，但却是第一场美学革命的发起者。野兽派在色彩上的主观表达可谓极致，甚至较之凡·高对于色彩情感的发挥更为绚烂炙热。野兽派直接解放了色彩，打破了其作为再现客观自然的奴隶地位，色彩不再是物象的外在，而是艺术的内核。野兽派将色彩高度简练化、纯度化，并用平涂的技法，通过激情的笔触达到一种奇特的平衡。这种平衡中压抑着原始的冲动与鼓噪，似乎随时都有抑制不住喷涌的情绪。素描、构图、表现技法，所有需要推敲才能得以完成的内容都在野兽派的色彩魅力冲击下"体无完肤"，艺术心中深藏的"野兽"被释放出来了，撕咬着规则和秩序。

野兽派的代表人物亨利·马蒂斯（Henri Matisse）曾这样表达对色彩的依赖："我不能奴隶般地抄袭自然，我必须主观地使它转换成作品的灵魂，当我决定了所有颜色的关系时，结果肯定是生动和谐的，色彩的和谐和音乐很相似。"对于马蒂斯而言，绘画中的色彩选择必须基于观察和感情，在他的带领下，野兽派开始了色彩实验。在作品《舞蹈》（图147）中，马蒂斯完全用大块平涂的概念化色彩构成画面。浓绿的大地、湛蓝的天空，五个砖红色的裸体女人手拉手围合成环形。背景中两大块冷调的蓝绿色收缩后退，将暖调的红色人物封闭在前景中，空间在冷暖色的对比中被色彩塑造出来，让人感受到空气的震动和旋转。马蒂斯说："色彩从来不是数量的问题，而是选择的问题……色彩的泛滥造

[1] 唐纳·泰罗（Donato di Niccolò di Betto Bardi）：早期文艺复兴雕刻界的代表人物。

图147　法国　亨利·马蒂斯《舞蹈》*Dance*

图148　法国　亨利·马蒂斯《红色的和谐》*Harmony in Red*

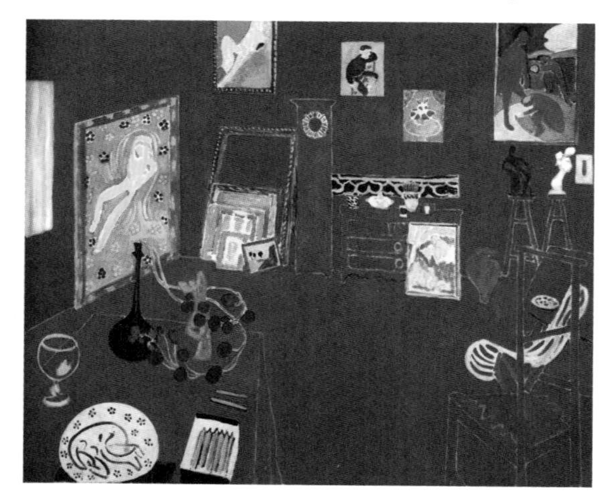

图149　法国　亨利·马蒂斯《红色画室》*Red Studio*

成了色的无力。然而色彩只有经过精心安排，只有符合艺术家的强烈情感，才能得到充分的体现。”

虽然马蒂斯并未承认过钟情于某一种色彩，但在他的作品中，红色出现的频率很高。就如同凡·高常用黄色表达生命的热情一样，马蒂斯用高纯度的、大面积的红色释放出艺术中不拘的野性。《红色的和谐》（图148）是马蒂斯最具代表性的作品之一，他摒除了遵循透视法则的空间营造，彻底以鲜艳饱满的色彩来展示一个戏剧化的、充满装饰性的图案世界。作品描绘的虽然是一个极其普通的家庭场景，但人物、物品、景色都脱离了原本的样貌。窗户分割室内外场景：室内墙和桌连成一片鲜红的背景，冷色调的蓝色藤蔓花纹从桌布蔓延至墙面，黄色窗台外的户外是明媚的绿色草坪和如云朵一样的白色树木。这个场景既平淡又奇幻。红、黄、蓝、绿这些视觉冲击力极强的色彩，被马蒂斯错落安排，不同的色块面积、对比以及黑白色的调和显得十分和谐。

在《红色画室》（图149）中，马蒂斯彻底解放了色彩的野性，用纯粹的红色统一了整个画室，好似一片红色的汪洋涌进这个室内，触目、惊艳。马蒂斯甚至刻意弱化了物品的轮廓线，消除视点，让被色彩统治的一切意外地达到平衡。

对纯粹色彩的追求成为马蒂斯艺术的归宿。他实践着色彩塑造画面结构的可能性，以色彩的并置、对比形成空间，以纯度、明度的变化产生视觉颤动。马蒂斯的创作逐渐远离了印象派风格的影响，用简化的、平面的形态代替了堆叠跳跃的笔触，奢华的色彩、平衡的氛围构建出画面宁静平和的装饰语言。

晚年的马蒂斯因病不能再进行绘画创作，剪纸成为他不甘命运、渴望表达的艺术手段，延续了他所有的热爱与追求。在剪纸艺术中，马蒂斯借助人体、

动物、植物的形态，融合颜色与线条，利用彩色纸张的形、色、质拼贴组合出色彩的律动，焕发鲜活的情感与生命力。（图150）

图150　法国　亨利·马蒂斯 La Perruche et la Sirene

马蒂斯用极端简洁纯粹的剪纸造型实践着“艺术的净化与单纯”的毕生追求。凭借对色彩的敏锐和独特的感悟，剪纸作品表现出了丰厚而纯真的特色，那是一种直抵内心世界的真挚与素朴。（图151）

图151　法国　亨利·马蒂斯 The Flowing Hair / Blue Nudes

图152　法国　劳尔·杜飞Anemones

图153　法国　阿尔伯特·马尔凯《菲康的海滩》*The Beach at Fecamp*

图154　法国　阿尔伯特·马尔凯《海滩上的狂欢节》*Carnival on the Beach*

劳尔·杜飞(Raoul Dufy)是一位深受马蒂斯影响,进而加入野兽派艺术阵营的画家。但他的作品却有着明显区别于其他野兽派画家的独特风格。杜飞笔下的清新原始来自他对于补色规律以及对比色彩并置的研究。他用大面积的蓝色铺满画布,就如同马蒂斯偏爱红色一样,微妙而神秘的各种蓝色成为杜飞画作的鲜明特征。在他近似于速写的笔触与线条下,明快的色彩仿佛阳光下闪烁的细碎光斑,漫不经心地弥漫在画面空间中,洋溢着某种来自东方艺术的娴静与暖融。(图152)

阿尔伯特·马尔凯(Albert Marque)也是一位极具笔触特色的野兽派画家。在他的风景绘画中,寥寥数笔线条就勾勒出一派写意潇洒的风景本质。粗犷厚重的黑色线条看似粗粝乖张,却极有力量地划定色彩铺陈的范围,控制着色彩张扬的性格。(图153—图154)在大写意的笔触下,马尔凯将色彩晕染出清澈新鲜的调子,宛若氤氲着空气中的水分,湿漉漉地融化了强烈的对比,沉淀着浮世绘艺术的意蕴。正如马蒂斯对他的评价那样:“他是我们的北斋[1]。”

曾与马蒂斯结识于1899年并一起作画的安德烈·德兰(Andre Derain)则是一个少见的“优雅”派。短促的笔触清晰地组织在画面中,流露出一种与热烈的野兽派完全不同的沉静典雅。虽然色彩依然浓艳明丽,但却被控制在稳定的对比中,紫红色、暗红色在冷调的蓝绿色之间显得不可思议的平和祥和。在《科利乌尔港里的船》(图155)中,大海、沙滩、帆船、游人……所有的元素在色彩的分配下,冷暖色调穿插调和,笔触断续交织,耀眼的红色与黄色在蓝色与绿色的分割框定下显得异常和谐。虽然所有的颜色都是几乎未曾调和的原色,但却意外地带来一种夕阳下海湾风景的宁静安逸。德兰这样描述他所理解的色彩艺术:“色彩成了炸弹,它们必然会放射光芒。在其新鲜感中,任何东西都可能上

[1]葛饰北斋:日本浮世绘大师。

升到真实之上。”在德兰的风格中，表现主义倾向已经逐渐显露出来。

比起德兰更具有表现主义气质的是凯斯·凡·东根（Kees van Dongen）。他在代表作《女高音歌手》（图156）中以大刀阔斧的姿态塑造了一个浓郁生动的女性形象。酥胸半露的金黄色身体、丰润性感的朱红色嘴唇以及浓密厚重的乌黑色秀发，在红色和灰蓝色的背景映衬下显得热烈而奔放。

野兽派开启了色彩的自由表达之门。在之前的艺术流派中，色彩的表达是真实世界的客观反映，是画家眼中的外部世界。然而，野兽派则真正将内心世界作为描绘对象，释放出了心灵深处的自由。对野兽派而言，色彩即灵魂，它代表着艺术家的思想也影响着观者的情绪，甚至可以说，野兽派是“一桶泼向观众的颜料”，“赤裸裸”地带着原始的热情扑面而来。对于高纯度色彩偏执的热爱，成为野兽派所独有的直抒胸臆且不容拒绝的张扬的力量。虽然“野兽”的形容会误导人们对于其艺术风格的理解，但也鲜明地彰显了它的特征。显然，现在再看野兽派的画作并非如洪水猛兽般骇人，其中跳跃的节奏和强烈的刺激意外地带来一种美妙的和谐，甚至有种略带童稚的愉悦和澄澈。

图155　法国　安德烈·德兰《科利乌尔港里的船》*Boats at Collioure*

图156　法国　凯斯·凡·东根《女高音歌手》*Portrait de Fernande olivier*

# 表现主义

20世纪初，发源于德国的表现主义（Expressionism），仿佛一场盛大的、被色彩席卷的狂欢。虽然与野兽派一样追逐色彩，但表现主义的色彩却在奔放的笔触、摇摆的构图中释放出更为浓烈激昂的情绪，孤独、绝望、愤怒、痛苦、焦虑、空虚乃至颓废……所有极致的状态都在色彩的高歌声中义无反顾地向前迈进，成为第一次大战前德国社会的缩影。

相较于热衷探讨色彩本身表现力的法国野兽派，德国表现主义则将色彩与社会情绪、个人命运联系在了一起，成为文化的反映、价值观的象征。表现主义涉及的题材广泛，涉及人体、风景、静物、肖像、宗教等。然而它们的色彩运用却与德国国旗的颜色不谋而合。黑、红、金黄三色代表着在民族自由与国家斗争中建立起来的德意志共和国。在表现主义的理解中，黑色是死亡的面纱，黄色是人性的疯狂，红色是血腥的恐惧，同样有着并非偶然的象征意义。画家将色彩演绎为情感宣泄的工具，人类的悲欢苦痛都借助色彩的联想充分饱满地加以呈现，个人风格在色彩的运用中形成，而不仅仅囿于题材的限定。

在不同的地域环境与历史背景下，色彩对于人的心理暗示往往不尽相同。与法国野兽派展示色彩的激情不同，北欧民族对自然的联想是悲剧性的。结合当时的国际局势与社会环境，使得德国表现派主义催生出以色彩展示人类悲情样貌的特色。（图157）在挪威画家爱德华·蒙克（Edvard Munch）的绘画中，常常流淌着象征着鲜血的殷红色，这也使得蒙克的作品中充斥着一种极其容易被感知的恐惧与痛苦。这位被后世

图157　挪威　爱德华·蒙克《临终前》*By the Deathbed*

图158　挪威　爱德华·蒙克《呐喊》*The Scream*

尊崇为表现主义之父的艺术家有着极其悲惨的人生。五岁时母亲死于肺结核，十三岁时姐姐也同样病逝，蒙克自己也差点因此丧命。蒙克的妹妹劳拉常年饱受精神病的折磨，父亲也在妻子死后周期性地发作抑郁症。这是一个被疾病和死亡笼罩的家族，那些一家人围坐病床前送走死去亲人的场景成了蒙克一生的梦魇。

蒙克曾在日记中写道："自打我出生之后，且自从我了解这一概念以来，生命焦虑就像顽疾一样，一直在我的体内冲撞咆哮——它是从我父辈身上双重的遗传。它就像对我布下的一道符咒，整日如影随行，驱之不去。"

蒙克害怕疾病与死亡，但却用放浪形骸来逃避恐惧，他说："在没有这种生之焦虑和疾病伴随的时期，我觉得像是航船面临风暴却没有了舵，并自问何去何从，哪里才是陆地？——一边是身处无底深渊边缘的人之渺小，一边是直冲云端的勃勃雄心。"这种生存的矛盾激发了蒙克的创作，恣意地用绘画宣泄内心的情绪，让色彩成为情绪的代言，挑战甚至拷问观者的视觉与灵魂。

1893年，蒙克创作了表现主义代表作《呐喊》（图158）。关于《呐喊》蒙克曾这样描述："有一天黄昏，我沿着小路散步，我停下来远眺峡江——太阳正在下落，云朵变成血红的颜色。我感到从大自然中发出了一声痛苦的尖叫，我仿佛听见了这一哀鸣。我画了这幅画，把云朵画成真正的血。"于是，蒙克以桥梁划分出了悬浮着血红色波纹的天空、蓝色回旋状的海面、S形曲线的绿色树林以及画面下半部远处深色的行人背影和近处捂住耳朵发出锐叫的扭曲面孔。在这幅画中，虽然呈现出来的色彩与自然仍保持一定的关联性，但却在扭曲挣扎的笔触线条中被诠释得极富表现性。海面波涛卷起的深处，是一个深紫色的漩涡，形成一个巨大的黑洞，如同一个张开的大嘴，企图吞噬一切。这个深紫色象征的恐惧与阴郁也重复出现在呐喊者的身体上，衬托着苍淡的皮肤、空洞的五官，所有的色彩仿佛没有任何温度，预示着即将到来的厄运。

蒙克用构图、色彩、笔触构建出了一个令人窒息的世界以及一声来自心灵深处的呐喊。画面上方粗重起伏的橘红色线条如同滚滚熔岩疯狂蔓延，肆意游走，似乎随时可能

图159　法国　乔治·鲁奥《老国王》*The Old King*

倾泻下来。画面中下部，饱满浓厚的红色、黄色、赭石与蓝色、绿色交织碰撞，仿佛冰火相融，近乎世界末日般的恐惧。在这样的压抑中，不可抑制地发出一声捂住耳朵的大叫，置身其中，最终会被流动的色彩、卷曲的线条活生生吞噬。虽然这一声尖叫听不到，但看着这幅作品，谁的耳膜又不曾被画中发出的“呐喊”震撼呢？

也许是因为死亡、暴力、恐惧这类主题的表现，蒙克善于在深暗的画面调子中以扭曲纠结的曲线融入饱和度极高的色彩，令画面在如死寂般的基调底下，涌动着激荡而缠绵的挣扎与求存。与鲜明、多彩、舒适的野兽派相比，表现主义的晦暗、动荡与惊惧是另一个世界的不安与焦灼。

乔治·鲁奥（Georges Rouault）被誉为“继伦勃朗之后最伟大的宗教画家”。他是马蒂斯的同学，在彩色玻璃设计行当过学徒，也因此受到了宗教艺术的影响，成为表现主义画家中一个独特的存在。鲁奥的宗教题材绘画虽然如教堂的彩色玻璃花窗一般厚重得无以复加，但其中隐含的虔诚却在黑白灰与色彩的对比调和中，折射出人性的光辉与生命的温度。滚烫、炙热的浓烈色彩在深底色的衬托下、粗黑轮廓的勾勒中缓缓升华出一缕宁静与祥和，塑造出庄重而辉煌的艺术效果，仿佛黑暗世界中一道信仰的曙光。（图159）

1905年，德国表现主义社团“桥社”（DIE BRUCKE）在德累斯顿成立，由德累斯顿理工学院建筑专业的学生恩斯特·路德维格·基尔希纳（Ernst Ludwig Kirchner）、埃里希·黑克尔（Erich Heckel）、弗里茨·布拉尔（Fritz Bleyl）和卡尔·施米特－鲁特勒夫（Karl Schmidt–Rottluff）发起，通过现代的城市主题以及人物画对现实进行讽刺和抨击，表达激进的政治和社会观点。“桥”，在那个时代正是一种象征，是对学院派艺术的对抗以及建立新的充满现代情感和形式的美学的期望，是跨越过去，也是展望未来。后来加入该团体的有马克斯·佩克斯坦（Max Pechstein）、埃米尔·诺尔德（Emil Nolde）和奥托·米勒（Otto Mueller）。[1]作为桥社的创始人之一，基尔希纳经历过残酷的战争，精神和身体常常濒临崩溃的边缘。他对身处的现实世界失望透顶，认为只有从原始的生活中才能获得内心的平静。在《镜前横卧的女人体》（图160）的创作中，基尔希纳几乎全部用未经调和的纯色作画。鲜艳的草绿色与黄色交错地涂抹在裸露的女性身体上，用明艳的橘色床单加以衬托。红色勾勒轮廓，点缀头发和嘴唇，与绿色形成互补的色泽此时就像一团燃烧的火焰，灼烧着整个画面，充满了原始的、未经文明侵染的野性之美。基尔希纳说：“我们要将激发我们创作的任何事情都直接真实地表现出来。”“原始”的色彩运用正是这种“真实”表现的助燃剂。看似冲突不和谐的色彩构成一幅幅病态的社会图景。1913年，因为社员之间的矛盾，桥社解散了。1937年，基尔希纳的绘画因被纳粹政府定为“颓废”一类而备受责难。1938年，病情恶化的基尔希纳死于自杀。

另一位成员诺尔德加入桥社仅仅一年，却是这个团体中最赋有才华的画家。他同样是一位笃信宗教的艺术家，热衷宗教题材的表现。诺尔德的画作用色鲜艳明亮，有一种来自自然与心灵的力量，蓬勃悸动，宛若一首波澜起伏的乐曲，营造出一个燃烧着激情的不安世界。正如他自己所说：“色彩是我的音符，用来勾画相和谐又相抵触的音响及和弦。”（图161）

图160　德国　恩斯特·路德维格·基尔希纳《镜前横卧的女人体》*Reclining Female Nude in Front of a Mirror*

图161　德国　埃米尔·诺尔德《传说–埃及的圣玛丽–沙漠中的死亡》*Legend-Saint Mary of Egypt-Death in the Desert*

[1] 周至禹：《艺术的色彩》，重庆大学出版社，2013年版。

创作于1909年的《最后的晚餐》(图162)是古老的宗教题材。诺尔德将基督耶稣与门徒都塞进了一个狭小紧密的空间。他们形容鬼魅,状似骷髅,基督的头发与衣饰如火焰般在幽暗的背景中燃烧着躁动与狂热,与面孔上黄绿色的压抑与阴沉形成对比。这是危难前的宁静,却耸动着强烈的不祥,这种令人不寒而栗的感受似乎深入骨髓,令人难以忍受。诺尔德在三原色的基础上挥洒笔触,以写意的技法表现出情绪的极致。色彩的收缩与扩张压抑着隐藏的宗教悲剧,这是一场临刑前的噩梦。

随着表现主义的出现和壮大,色彩的表达找到了最为极致的方式,兼具雄性的粗野和原始的莽撞,艳丽浓烈得甚至能够灼痛人的感官和灵魂。表现主义艺术家通过色彩的挥洒与内心世界联结,这种联结并非自身与现实的妥协,相反,在色彩的碰撞、对比、笔触的堆叠中显示出对世界的反抗与不屈,虽然这种对抗是痛苦的、纠结的,甚至"颓废""堕落"的。但这也正是表现主义的意义所在,用色彩揭开战争和社会的伤疤,让热血流淌。当疾病、丑恶、缺陷、性、死亡等成为绘画命题时,事物的客观形态早已被抛弃。艺术家用主观性的、象征性的、装饰性的色彩重构描绘对象,以前所未有的巨大力量营造出观者同悲的情感氛围。

图162　德国　埃米尔·诺尔德《最后的晚餐》*The Last Supper*

# 分离派

分离派（Vienna Secession）是19世纪末20世纪初由欧洲的青年艺术家们开创的象征和表现主义派别，由慕尼黑分离派（1892年成立）、维也纳分离派（1897年成立）、柏林分离派（1898年成立）、斯图加特分离派组成，其中维也纳分离派影响最大。古斯塔夫·克里姆特（Gustav Klimt）和埃贡·席勒（Egon Schiele）为创始人和领导者。

克里姆特早期的作品造型严谨、色彩浓厚，表现方式仍然较为传统。成立分离派之后，他开始积极探索装饰性和象征性相结合的风格。克里姆特的艺术深受荷兰象征主义画家扬·图罗普（Jan Toorop）、瑞士象征主义画家费迪南德·霍德勒（Ferdinand Hodler）和英国拉斐尔前派的奥伯利·比亚兹莱（Aubrey Beardsley）等人的影响，又吸收了拜占庭镶嵌画和东欧民族的装饰艺术的精华，这些尝试使得他的作品具有独特的“镶嵌风格”。

随后，克里姆特对东方艺术产生了浓厚的兴趣，他的画风在线条运用和色彩处理上再次突破。在工艺上，克里姆特采用特殊材质如金属、玻璃、宝石甚至羽毛等构成平面图案，凸显画作中的装饰意味和色彩肌理。克利姆特在他的职业生涯的关键时刻创作了传世之作《吻》（图163），将爱人间的拥抱、亲吻作为绘画的主题，虽然这些内容被保守的学院派认为是“不应该画的东西”而遭到了严厉的批评。这是一幅关于美好与欲望的画作，介于写实与装饰之间：拥抱的爱人裹藏在巨大的斗篷里，除了脸部、手部和部分身体之外，几乎所有的部分都在金色统治下完成，结合几何化的图案纹理，形成了极其耀眼华丽的装饰效果。也许是因为父亲是金匠的职业影响，克利姆特对金色的热爱与运用，使得

图163　奥地利　古斯塔夫·克里姆特《吻》*The Kiss*

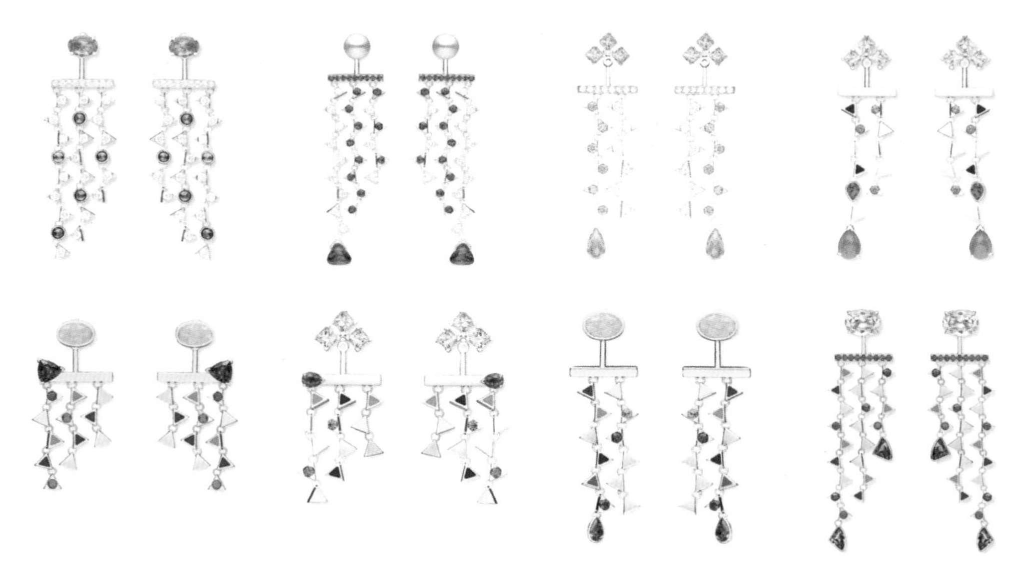

图164 法国 Nouvel Heritage Tessa和Tallia系列 耳饰设计

《吻》成为他“黄金时期”的最高成就，璀璨夺目的色彩表现炫耀般地展示出工艺与创作技法，为画中的恋人塑造出充满象征甚至神秘意味的金色茧蛹。然而，在绚烂华美的衣袍下，却爬满了痛苦、悲哀、死亡的蛆虫。

维也纳分离派的艺术特征被法国珠宝品牌Nouvel Heritage演绎为Tessa和Tallia系列耳饰设计（图164）。画作中的图案纹理被金质三角元素取代，交替衔接为长链，结合镜面抛光、珐琅彩绘以及彩宝镶嵌等工艺，在华光璀璨间呼应着克利姆特作品中缤纷的颜料与熠熠闪烁的金箔技法。

爱情与死亡是克利姆特经常诠释的主题，他的学生埃贡·席勒同样热衷用色彩表达它们。席勒的许多作品都可以看到来自克里姆特的影响。例如《红衣主教与修女》（图165）的主题、构图都与克里姆特的《吻》有诸多相似之处。但与克利姆特的作品中辉煌的色彩、爱情永生的主题相比，席勒的画作中红黑大色块对比以及人物身份的尴尬，确定了情色、丑陋、羞耻、黑暗的基调。

图165 奥地利 埃贡·席勒《红衣主教与修女》*Cardinal and Nun*

图166　奥地利　埃贡·席勒《死神与少女》*Death and the Maiden*

图167《埃贡·席勒: 死神与少女》电影海报2016年

《死神与少女》(图166)是席勒最重要的油画作品之一。死神身穿黑袍,将少女紧紧拥入怀中,对比的色彩被凹凸顿挫的笔触揉搓在画面中,描绘出诡异的氛围。席勒的笔触类似中国山水画法中的皴法,创造出了丰富的色彩肌理,结合形态动作,让整个作品看起来充满了压力与紧张感。

这幅作品还被拍成了同名电影《埃贡·席勒: 死神与少女》(图167),讲述了这位20世纪初最受争议的维也纳艺术家传奇且情感纠葛的一生。

依附于素描的色彩、夸张变形的动态,席勒的表现主义风格在《自我预言者2》(《死与人》)(图168)中体现得淋漓尽致。画中

图168　奥地利　埃贡·席勒《自我预言者2》*The Self Seers* (Death and Man)

人(很可能是作者本人的自画像)正对前方,坐姿僵硬,面孔就像一张狰狞的面具,空洞的眼眶里是极度的恐惧,灰白色的死神如幽灵般从背后拥住他。窒息、惊恐、绝望,痉挛的线条把颜料堆砌在变形的人像上,就如同死亡将至的巨大压力一点点摧毁最后的生命挣扎,人性扭曲,气息散乱,浓郁响亮的色彩对比是不和谐的刺眼,是生死一瞬的回光返照。

青少年时期的席勒目睹了父亲因感染梅毒饱受折磨而死的痛苦,这样的经历导致他性格暴躁且神经质,也对他的艺术表现产生了深远的影响。粗糙而破碎的线条构筑起沟壑纵横的不和谐色彩环境。在这个环境里,洋溢着深沉的悲哀、无边的痛苦、恐慌和不安,营造出一个无法挣脱的如黑洞般的世界。这个画中世界并非不可救药的糜烂,其中蕴含着的力量是生命和欲望的纠缠,是情色与厌恶感的糅合。

从表现主义到分离派,色彩不再仅仅是外部世界和谐与美感的再现,而走向体现艺术家心理的挣扎与痛苦,既是人生苦难的反馈,也是社会生活的映射。不管是克利姆特的华丽,还是席勒的生涩,都为色彩对心理活动的诠释发展出了新的可能。

# 立体主义

立体主义（Cubism）是20世纪初（1907—1914年）在法国巴黎出现的一次现代艺术的重大突破与革命。这次运动虽然短暂，却在20世纪的绘画、雕塑、建筑与设计等领域产生了极其深远的影响。立体主义的最大贡献在于抛弃了传统透视原理和技术，分解和重构形态与空间，在艺术创作中利用几何形体的多角度构成来呈现多维视角的组合与变化，在客体中再造生命。

立体主义的创始人之一、20世纪最伟大的艺术天才巴勃罗·毕加索（Pablo Ruiz Picasso），艺术史将他一生的创作大致分为早年的“蓝色时期”“粉红色时期”，盛年的“黑人时期”、“分析和综合立体主义时期”（又称“立体主义时期”），后来的“超现实主义时期”，等等。可见他的艺术生命跨度之长、作品数量之多。毕加索的“蓝色时期”“粉红色时期”并没有表现出任何艺术上的突破，从他青年时期的作品（图169）中能够领略的仅仅是他当时的生活状态与色彩偏好而已。

图169　西班牙　巴勃罗·毕加索
《缩身的女子》*Crouching woman*

1907年，毕加索创作出了第一张被认为有立体主义倾向的作品《亚威农少女》（图170）。这是一幅真正具有革命意义的里程碑作品，引发了立体主义运动的诞生。毕加索艺术上的转折来自保罗·塞尚和乔治·修拉的影响。强调画面结构性以及色点构成的技法引发了他对形态分割的思考。

图170　西班牙　巴勃罗·毕加索《亚威农少女》*The girls of Avignon*

图171 西班牙　巴勃罗·毕加索《镜子前的少女》*Girl in front of mirror*

图172　西班牙　巴勃罗·毕加索《哭泣的女人》*Weeping Woman*

1907年，巴黎特罗卡德罗宫的民族志博物馆展出非洲艺术，毕加索深受启发。于是，《亚威农少女》便在塞尚后期绘画中平面女性人体的基础上，融合非洲刚果的面具元素创造而成了。

亚威农是位于巴塞罗那的红灯区，被称为“花街”，画作中的五位少女正是在这条“花街”上讨生活的“青楼女子”。作品中的色彩夸张怪异，充满刺激与激情，女性裸体被大块面地直接切割，又被“活生生”地“拼装”在一起。少女们钢铁般的身体、丑陋的面孔在西方美术史上前无古人，以至于色彩运用上都展现出了一种全新的跨越柔弱的表现方式：被切割的肉粉色躯体在灰蓝色的背景下凸显出来，红、黑、白的对比充满着神秘主义的恐怖。大破大立，新的美学开始产生了。

充满艺术激情与创造力的毕加索并未故步自封。与色彩明快、锋利生硬、斑斓交错的《亚威农少女》相比，1932年创作的《镜子前的少女》（图171）构图对称，女性的形象在曲线的勾勒中如夏娃一般充满了孕育生命的魅力。平涂的色彩明快跳跃，华丽的红、黄色好似野兽派绘画一样欢快响亮。画面上的条纹、圆点、菱形的几何构成象征着自然的抽象符号，在绿色的点缀中显得格外美好，极富装饰性。

立体主义专注造型的分解与重构，色彩成为表达体块深浅的辅助，所以大部分立体主义绘画色彩都显得简略，甚至仅用暗淡的单色，棕、棕黄、浅灰、褐色、赭色和绿色等小范围地被控制在局部块面中，成为如素描般表现明暗的细节。因此，毕加索在综合立体主义时期，才逐渐放弃了对解构空间的探索，转而利用平面的色块层叠交错构成画面，例如1937年创作的《哭泣的女人》（图172）。

这幅画刻画了一位正在痛哭的女人形象。五官支离破碎、排列颠倒无章，在黑色的线条构成的块面中，响亮鲜艳的色彩形成平面化的色层交叠。唇齿间凄凉的蓝白色域中，横亘着破碎的线条；面色黄紫交织，融合出苦涩的墨绿；她钢丝般的头发上是一顶刺眼的红色帽子。粗放强烈的颜色和锋利刚硬的笔触刻画出扭曲与断裂的表情，彰显出悲凄的命运和崩溃的情绪。

1907年，乔治·布拉克（Georges Braque）与毕加索相识，在他的画室中看到了《亚威农少女》并深深为之倾倒，惺惺相惜的两人成为至交，筹划起立体主义运动。作为立体主义的共同创始人，布拉克的影响力并不逊于毕加索，“立体主义”这一名称还是来自他当时被批评的作品《埃斯塔克的房子》(图173)。

图173　法国　乔治·布拉克《埃斯塔克的房子》

布拉克的作品题材主要是静物与风景，对色彩和线条的表现和谐而典雅，对画面简洁严谨的处理也是立体主义画家中仅见。布拉克和毕加索在分析立体主义时期的作品风格非常接近，不仅画法相同，题材也相似，这在艺术史上是极其少见的现象。布拉克喜爱音乐，作品中常出现乐器、乐谱等元素。例如创作于1909年至1910年的油画《曼陀铃》(图174)，也曾出现在毕加索同一时期的创作中。在这幅静物画中，乐器被形与色的波涛隐没在块面、色彩与节奏形成的光影震颤中。满布几何碎块的画面几乎没有留白，缝隙间透漏着光线，无数碎片在轻微震动，响应着彼此的共鸣，似乎有音乐在流淌。画面的色彩和谐简洁，在构图的变化中丰富而明快。

图174　法国　乔治·布拉克《曼陀铃》

在分析立体主义时期，布拉克开始创作拼贴艺术。他从抽象出发，逐渐转向具象，在交叠的图形中构成简洁明了的主题。布拉克将报纸、糊墙纸、油画布或纺织品结合颜料的使用，强化画面“质感”，在颜料色彩上增加了自然事物本身的颜色，这一点也被后来的达达主义(Dadaism)所继承。

1916年，布拉克在头部严重受伤后重新开始创作，艺术走向了一个更为空灵的方向。虽然他仍然致力于立体主义的碎片化，但他放弃了有棱角的抽象，开始探索静物、颜色和纹理。

从1961年开始，79岁的布拉克开始与版画大师埃格·德·洛温菲尔德男爵(Baron Heger de Lowenfeld)合作，以极其简洁粗松的线条和块面描绘了一只只逍遥的飞鸟，并由此延伸出了他的第一批也是唯一一批黄金珠宝艺术作品，展现了布拉克将二维图像转换成可穿戴的三维图像的能力。

2012年6月13日，在伦敦佳士得拍卖会上，这枚带有纹理的蓝宝石黄金胸针以12，561美元拍出。黄金鸟的姿态惟妙惟肖复刻了画作中笔触松散、姿态曼妙的鸟儿，不平整的黄金表面呼应了版画印刷的独特效果，镶嵌成月牙形的蓝色宝石象征着鸟儿穿

乔治·布拉克《鸟》

乔治·布拉克 Oiseau

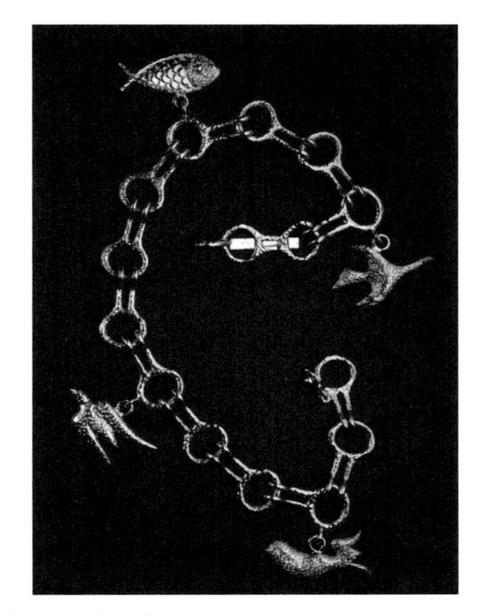

图175　乔治·布拉克　飞鸟系列

过云层时，羽毛上反射着阳光的点点光斑。(图175)

法国画家罗伯特·德劳内(Robert Delaunay)对立体主义以及色彩的见解更有远见："色彩本身就是形式和主题。"他认为："是由它(色彩)自己发展和转移出的唯一主体所有的解析都是独立的，不管是否是心理上的。色彩是它自己的一种功能……"被早期立体主义抛弃的色彩在德劳内的艺术中被赋予了创作主题的卓然地位。在他的画作中，光如彩虹般被分解，并且以纯抽象的方式重塑了光与色的韵律之美。

1914年，德劳内创作了巨幅水彩画《向勃列里奥致敬》(图176)，献给了法国飞行家、单翼飞机的发明者路易·勃列里奥(Louis Bleriot)。在严谨绚丽的彩色光环层叠下，映衬出飞机、螺旋桨包括埃菲尔铁塔在内的巴黎城市景象。画面中无数抽象的圆盘在不断旋转延伸，开创了一个无限广阔、行星轮转的宇宙空间。色彩占据了画面构成的主导，竭尽全力地张扬扩张，呈现出清晰明确的审美；形态破碎重组，展现出分离和动感的意趣。由此，被诗人纪尧姆·阿波利奈尔称为"奥弗斯主义"(俄耳甫斯立体主义)的风格诞生了。

图176　法国　罗伯特·德劳内《向勃列里奥致敬》

# 至上主义与荷兰风格派

卡西米尔·马列维奇（Kasimir Malevitch）是俄罗斯白银时代最为重要的现代派画家之一，至上主义——几何抽象绘画样式的创始者。马列维奇早期以厚重扎实的几何柱体造型以及鲜明浓重的渐变色彩呈现立体主义的风格。之后，他逐渐抛弃了对三维空间的表现，仅用单纯的方形构建画面："方的平面标志着至上主义的开始，它是一个新色彩的现实主义、一个无物象的创造。"

在立体主义和未来主义基础上发展起来的至上主义，"就是在绘画中的纯粹情感或感觉至高无上的意思"。这是一种彻底的摒弃绘画风格而仅仅探索抽象形式的艺术，以创作者的主观感知与人格力量作为创作的主旨。马列维奇剔除了所有展示现实世界的视觉要素，净化感官体验，依靠本能领略至简至极的几何图形与色彩，享受这种至高无上的单纯感觉——感觉至上。至上主义的艺术语言与中国道家思想中对于"无"的探讨有着异曲同工之妙，有着"大象无形"的哲学本质。

1913年，马列维奇创作了至上主义的第一幅作品《黑色方块》（图177）。这是一张极其简单的几何抽象画——白色纸只有一个颜料均匀涂黑的正方形。这个黑色的方块标志着至上主义的诞生。作品于1915年展出时，受到了社会舆论的抨击，甚至有人哀叹："我们所钟爱的一切都失去了，我们处在了一片沙漠之中，放在我们面前的是一个白底上的黑方块！"然而，马列维奇却认为，绘画内容附加的内容、意义、价值越多，它所表达的纯粹性就越少。画面中的黑色方块如同女人的子宫，正孕育着新艺术蓬勃的生命。

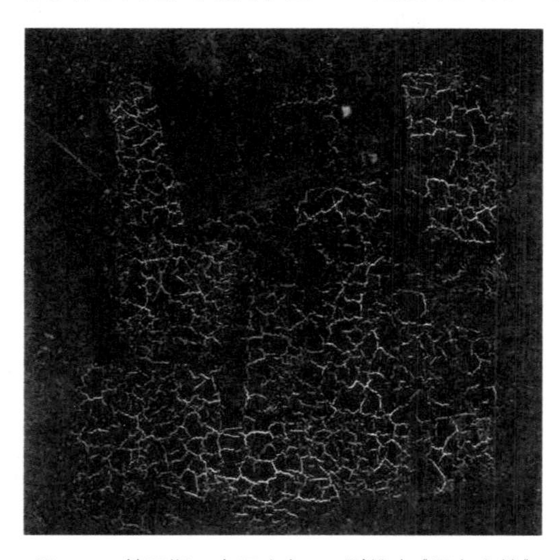

图177　俄罗斯　卡西米尔·马列维奇《黑色方块》

黑色，是至上主义的基础，是马列维奇迷恋的颜色，是他"战胜彩色天空的基础”，他将色彩“撕下来，塞进麻袋里，然后打个结，把袋子束紧”。于是，均匀、平滑、简洁到极致的黑色方块就成为马列维奇摒弃视觉效果、追求纯粹艺术的试探，这是一个从事物起源的本真去探索形式与表达的思考。在工业时代，绘画的意义并非如摄影一样表现客观世界，而是转为情感的倾诉，这是艺术的自我救赎。随后，马列维系展开了一系列至上主义绘画实验：在几何形体的组织关系中辅以色彩，呈现画面的空间构成。1917年，俄国十月革命爆发，马列维奇创作了《至上主义构图》(图178)、《充满活力的至上主义》等作品。

图178 俄罗斯 卡西米尔·马列维奇《至上主义构图》

在《至上主义构图》中，情感形成大小交错的彩色矩形，倾斜的动态象征着情绪的激昂。视觉中心是一块斜向放置的蓝色正方形，在黑色水平的黑色长方形衬托下，仿佛一颗跳动着的、充满理想主义的心脏，是黑色的情感升华。这不仅让画面产生空间感，更兼统摄全局的作用，让画面呈现有秩序的运动。

图179 俄罗斯 卡西米尔·马列维奇《白底上的白方块》

在1919年的“非具象创作与至上主义：第十届国家展览会”上，马列维奇推出白色系列的绘画。作品《白底上的白方块》(图179)宣布了白色时期的到来：白色画布上的白色方块几乎难以分辨，如同一束打在虚空中的光，没有色彩、没有形状，物质升华为精神，“有”涅槃成为“无”。此时此刻，在马列维奇的至上主义世界中，情感与理性完美结合。他在出版的《论艺术的新体系》一书中用诗意的语言评述“白色系列”：“我已冲破蓝色格局的黑色而进入白色……在我们面前是白色的、畅通的太空，是一个没有终极的世界。”在这一讨论世界乃至宇宙终极的作品中，马列维奇将“无”作为至上主义的最高境界，他自信地断言：“如果想成为真正的画家，那么画家必须抛弃主题与物象。因为绘画只为自身而存在。”绘画抛弃了形和色，才能领悟“纯感觉至上”的艺术真谛。

“至上主义”的出现成为具象艺术与现代艺术的分水岭，也打开了一扇通往现代艺术世界的大门。正如马列维奇所强调的："至上主义是艺术中的绝对最高真理，它将取代此前一切曾经存在过的流派。人类社会可以以至上主义为原则进行组织和构建，进入新的历史发展阶段。"

尚美巴黎（CHAUMET）Le Grand Frisson 邂逅一刻　深·心跳系列（图180）以至上主义创始人、俄罗斯艺术大师马列维奇的作品为灵感，将作品中纵横的矩形作为元素，用彩色宝石结合不同的切割方式构筑起一见钟情时爱火被点燃的瞬间。这个瞬间是电光石火的怦然心动，是小鹿乱撞时的心慌意乱，也预示着情到深处的秩序与平静。

图180　尚美巴黎　Le Grand Frisson 邂逅一刻　深·心跳系列项链

Le Grand Frisson 系列的每一件珠宝都在以抽象的几何元素描述爱情产生瞬间那种美妙绝伦的感觉。三角形、长方形、正方形等结构上镶嵌着不同形状切割组合的宝石和钻石。中心的宝石独特而稀有，被簇拥着，宛若爱情激流中相互碰撞的芳心，在旋涡的中心相互依偎，又迸射出炫目的火花，传达着"一见钟情""偶遇的爱情"的概念。（图181）

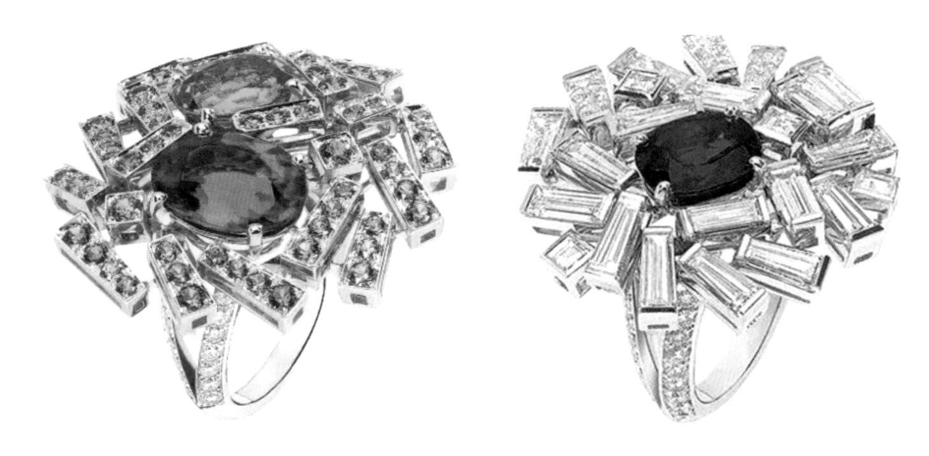

图181 尚美巴黎 Le Grand Frisson邂逅一刻 深·心跳系列戒指

与至上主义不无关系的荷兰风格派（De Stiji）产生于1917年，追求以形态与色彩的高度抽象探索人类共通的情感的表达，是早期现代艺术的重要组成部分。由于形式上的极致简化，风格派排斥个性，以直线、矩形、三原色以及中性色的结合为基础，代表画家是彼埃·蒙德里安（Piet Mondrian）和特奥·凡·杜斯堡（Theo van Doesburg）。蒙德里安在1920年提出了名为"新造型主义"（Neo-Plasticism）的理论宣言；凡·杜斯堡在1917—1928年出版了名为***De Stiji***的风格派期刊，也成为这一艺术运动的正式名称。

红、黄、蓝三原色是风格派的色彩运用原则，这一特点源自创始人蒙德里安与荷兰色彩理论家施因美克尔斯的相识。施因美克尔斯认为："黄色呈辐射状运动。""从中心向外辐射，弥散在空间中力图成为整个空间闪耀的中心点。蓝色正好与黄色相反，柔和顺从，向中心退缩或远去，让人想起天空或地平线。黄色与蓝色，是一种集体意识中的深层次的色彩，属于婴儿时期的知觉范畴。表面上黄色和蓝色的混合产生了绿色，但黄蓝两色在深层次的融合中会产生一种富有生命活力的色彩——红色。"纯粹的红色是完美构形的原则，不像黄色那样咄咄逼人，也不像蓝色那样畏缩不前，却悬浮在蓝色的水平空间前面。

从1917年开始经过几年的探索，到1921年，蒙德里安仅用三原色——红、蓝、黄和黑白色，在横向与纵向的线条构成中（图182），创造出了一个极为平衡的、富有张力的画面空间。脱离了外在形式的束缚，传达出了人与

图182 荷兰 彼埃·蒙德里安《红黄蓝构成》*Composition with Red, Blue and Yellow*

神、人与自然的绝对统一。在蒙德里安看来，水平线和垂直线与宇宙的力量是相通的，垂直线是太阳光芒照耀地球的方向，水平线则是地球环绕太阳运行的轨迹。自然中相互对立的要素，如积极与消极、男性与女性、空间与时间、黑暗与光明等，都可以通过简化、抽象成纵横相交的直线加以表达。

《百老汇爵士乐》（图183）是蒙德里安在纽约时期的重要作品，也是他一生中最后一件作品。在这件打破了20多年的绘画程式的作品中，粗黑的网格和巨大的色块不复存在，纯粹的原色摆脱了黑色条框的束缚，在明黄色的线条归纳中与红蓝相间的矩形色点交杂在一起，仿佛跳跃的音符奏出活泼的旋律。这是一幅比以往任何一件作品更为明快悦动的画面，仿佛夜幕下的华灯初上，又仿若一曲快要突破二维空间界壁的爵士乐曲。

美国评论家迈克尔·奥平曾说："如果说抽象艺术是20世纪艺术的耶稣显灵，那么彼埃·蒙德里安就是其最重要的使者。"在蒙德里安的创作中，没有素描的明暗变化，没有形体的空间造型，色彩真正成为一种独立且绝对静止的存在。这样的静止所蕴含的力量是向内聚集的，使得作品中的厚重与深度如同文艺复兴时期的绘画一样，古典而伟大。

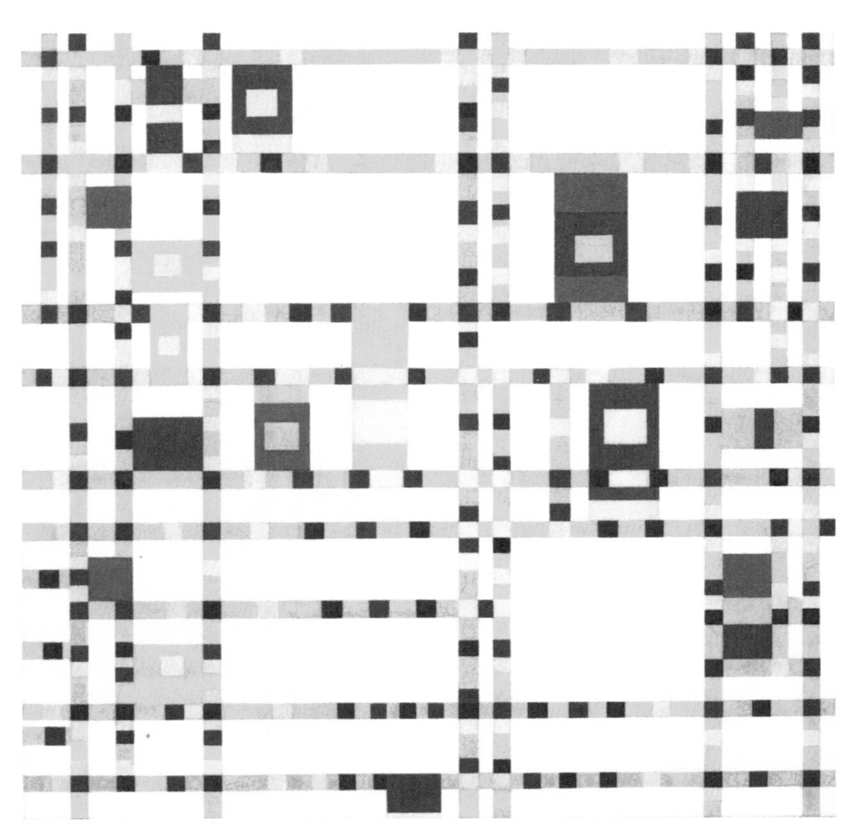

图183　荷兰　彼埃·蒙德里安《百老汇爵士乐》*Broadway Boogie Woogie*

荷兰风格派的色彩观念以及表达方式给予了珠宝设计无数的灵感。甘露珠宝铂艺述潮流系列（图184），以铂金与红蓝珐琅交错排列的几何形，抽象地表达了艺术对情感的刺激以及至高无上的体验。艺术语言所带来的视觉感受独特而微妙，视觉与想象的相互制约似乎暗示了一种源于宇宙的永恒。

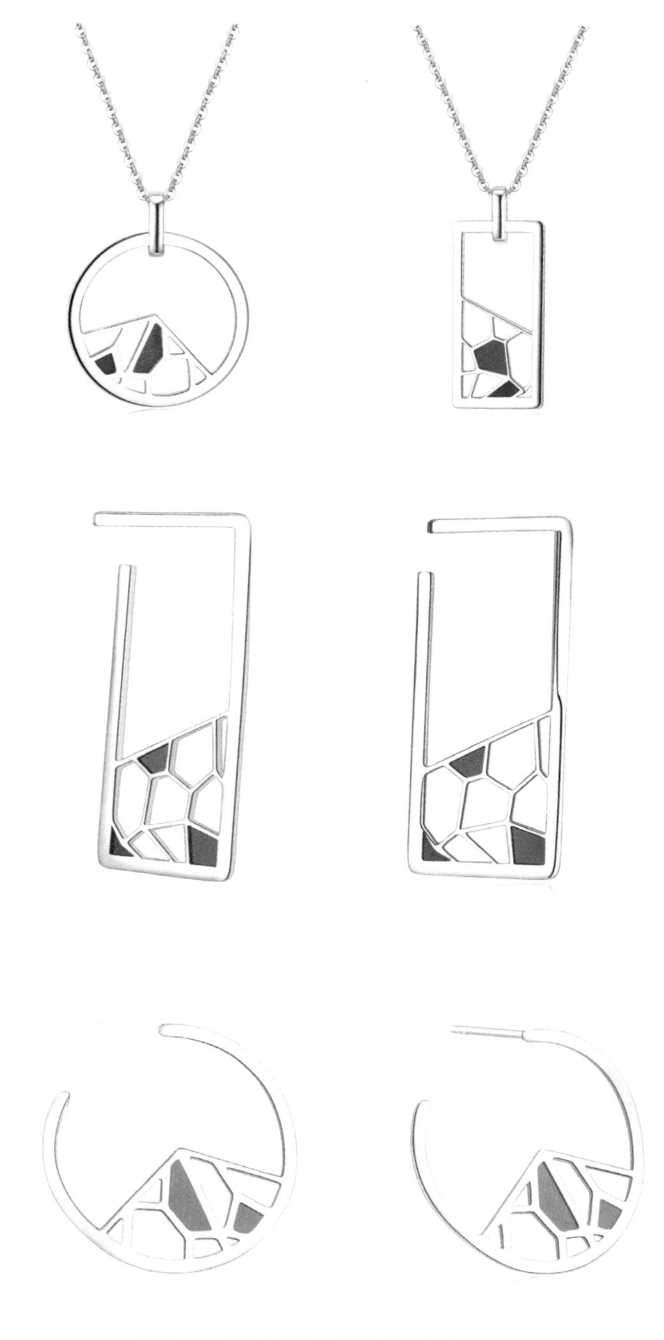

图184　甘露珠宝　铂艺述“潮流”系列

# 超现实主义

超现实主义（Surrealism）兴起于两次世界大战之间，从法国开始，盛行于欧洲的文艺流派。超现实主义致力于探索人类的潜意识心理，以“超现实”“超理智”作为艺术创作的源泉，也被定义为“纯粹的精神自动主义”。超现实主义导师安德列·布勒东（Andre Breton）在《第一次超现实主义宣言》中提出：“不可思议的东西总是美的，一切不可思议的东西都是美的，只有不可思议的东西才是美的。”超现实主义要求释放被理性与逻辑禁锢的意念自由与原始冲动，艺术创作上能够尊重一切事物偶然的、非逻辑的组合关系，正如作家洛特雷阿蒙所说的那样：“像一台缝纫机和一把阳伞在手术台上偶然相遇那样的美。”这样的表达不只艺术，还有思想，是对生与死、梦境与现实、过去与未来的思考，并通过绘画将它们结合在一起，呈现出一个奇幻荒诞的不真实效果。

超现实主义的产生是艺术家对战争的反击，展示出人类在遭受巨大震荡之后的反应，是一种艺术和思想上的自我救赎。超现实主义的艺术理念是打破逻辑和现实当中的条条框框，制造出让人感到不舒服、不合逻辑的意象形式，展现如同梦境一般的世界。超现实主义认为只有超越现实的“无意识”，才能摆脱一切束缚，最真实地显示客观事实的真面目。弗洛伊德在《精神分析理论》中这样写道：“超现实主义就是要化解存在于梦境与现实之间的冲突，而达到一种绝对的真实、一种超越的真实。”或者可以这样理解：超现实主义所展现的世界，就是生活的真实写照，只不过是在真实生活场景的基础上，加上了艺术的点化。

在超现实主义的作品中，日常事物变异成为古怪奇特的生物——腿部细如树枝的大象、如奶油般融化的时钟、四分五裂撕扯变形的人体……将风马牛不相及的事物怪诞又巧妙地融合在一起，创造出意想不到的新形式。通过这样荒诞不经且充斥着讽刺戏谑意味的手法，探索着潜意识和真实世界当中的矛盾。在欣赏这些作品时，无须完全领略其中的创作意图，也没必要用正常的思维逻辑对这些艺术作品刨根问底。它只要有一丝一毫触动了你，就是和你有了情感链接，任何人都可以有自己的解读。（图185）

图185　超现实主义作品

超现实主义大约分为两类。一是以萨尔瓦多·达利（Salvador Dali）、雷尼·马格利特（Rene Magritte）、保罗·德尔沃（Paul Delvaux）等为代表的"自然主义的超现实主义"（Naturalistic Surrealism）。描绘的场景虽然充斥着生造变形的物象，但因为细节描绘精致写实，反而给人一种真实的信服感。这种感染力颇具迷惑性，让人仿佛身临梦魇之中，辨不清现实与虚幻。另一种则是以胡安·米罗（Joan Miro）、安德烈·马松（André Masson）等为代表的"有机的超现实主义"（Organic Surrealism）。画面充满了生命形态的抽象，洋溢着自由天真的气息，浪漫而令人愉悦。

1893年出生于西班牙巴塞罗那的米罗，父亲是一位金匠和珠宝商，母亲出身于木匠家庭。或许是由于父母的影响，抑或是对家乡自然美景的热爱，小时候的米罗梦想成为一个艺术家。1907年，米罗开始了他巴塞罗那的艺术学习生涯，并开始绘画创作。1919年，年轻的米罗离开家乡来到巴黎。虽然他生活艰苦清贫，却结识了许多朋友。西班牙画家毕加索还买下了他的一张自画像，引领他进入了巴黎艺术界。1925年，米罗参加了在皮埃尔美术馆举行的第一次超现实主义展览。自此之后，米罗的作品就被人们称为"梦幻绘画"。

米罗的艺术自由而抒情，在形态上暗示了生命的物象，有的类似胚胎，有的仿佛涂鸦，曲线蜿蜒穿梭，勾织起一派烂漫而迷幻的世界，轻快洒脱，无拘无束。鲜艳的原色被平涂成一个个色块，如彩虹般纯净，却又迷幻对比。这可不是米罗随心所欲的任性涂抹，他说："当我画时，画在我的笔下会开始自述，或者暗示自己，在我工作时，形式变成了一个女人或一只鸟儿的符号……第一个阶段是自由的，潜意识的。"然而到了第二阶段"则是小心盘算"。可见，米罗的绘画虽然天真单纯仿佛出自儿童之手，但画风的流畅活泼以及其中深刻的象征内涵却是深思之后的创作。1926年的作品《人投鸟一石子》（图186）主题轻松随意：前景的右侧立着如花瓶般奇特有趣的人体，左方是一只鸟，石子在画面中留下了投射运动的轨迹。对比的黄绿两色分割了画面，"黄色的沙滩隐喻了乳房和性器官，这是画家对情欲——生命原动力的幽默赞美"[1]。

图186　西班牙　胡安·米罗《人投鸟一石子》
*Person Throwing a Stone at a Bird*

在《太阳前的人和狗》（图187）中，在白色的画面中，色彩被形态抽象的"人"与"狗"划分成一块块平涂的几何色块。近乎黑色的深褐色占据了形态的大片面积，高饱和度的红色、黄色和低饱和度的蓝色、绿色点缀在线条交织形成的块面中，响亮明快。小块的黑色有机形与线条遍布画面，仿佛是溢出砚台的墨迹，又好似笔墨牵拖的轨迹，活跃了氛围，也压住了大片浅亮的底色。

图187　西班牙　胡安·米罗《太阳前的人与狗》
*Figures and Dog in Front of the Sun*

米罗非常擅长用鲜艳的色彩搭配来表达诗情画意的艺术风格，作为超现实主义有机抽象这一支派的领导人物，他的画作优美华丽，却又抒情愉悦，是困顿现实的一种慰藉。

相较于烂漫的米罗，以"偏执狂临界状态"进行创作的萨尔瓦多·达利却用艺术诠释着"不疯不成魔"的真谛。作为西班牙著名的超现实主义画家，达利也许是除了毕加索之外，20世纪最为知名、最具代表性的画家，他的一生曲折传奇，自小就显露出超乎年龄的绘画天赋。达利曾自信地说："我是一个天才，我在母亲的怀抱里就早已意识到这个事实的存在。"愉快的童年夭折于母亲的逝世，父亲再婚娶

[1] 周至禹：《艺术的色彩》，重庆大学出版社，2013年版。

图188　西班牙　萨尔瓦多·达利《明年春天的成衣时尚花环、鸟巢和花朵》*Ready-to-wear Fashion for Next Spring; 'Garlands, Nests and Flowers'*

图189　西班牙　萨尔瓦多·达利《记忆的永恒》*The Persistence of Memory*

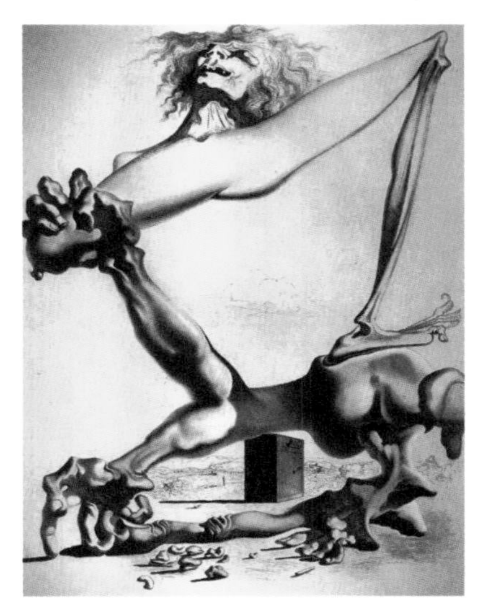
图190　西班牙　萨尔瓦多·达利《内战的预感》*Premonition of Civil War*

了母亲的妹妹，这令达利和父亲的关系变得极为紧张。那时的他“孤单焦虑十分内向，那真是一段无比压抑的日子”。为了掩饰自己内向羞怯的性格，达利留起了胡子，这也成为他一生特立独行的标志。（图188）在大学求学时，画技的出类拔萃让达利狂妄张扬起来，终于被学校勒令劝退。离开学校之后，年轻无畏的达利加入了巴黎的超现实主义艺术家群体，在各种怪异并且充满丰富幻想的作品中追寻“自由人生”。

在《记忆的永恒》（图189）中，达利描绘了一个谜语般的意象：一片空旷海滩的远处有大海的影子以及一座不是很高的山。海滩边上有一只奇异的动物，类似一个由舌头、鼻子和眼睫毛组成的怪物，又像被肢解拼凑的躯体，敏感的人甚至觉得从中可发现达利的影子。画面中描绘了好几只质地柔软的钟表，或挂在树枝上，或搭在桌面上，或披在怪物的身上。最后，那块扣放着的，见不到时间的红色怀表，则爬满了蚂蚁。据达利说，添加软表的灵感来自卡门培尔乳酪，取其柔软、奢华、独立与怪僻偏执之意。这荒凉而明媚的风景，荒诞怪异，超自然、无意识、无理性，无法被明确地加以表述。

1936年，西班牙内战爆发前夕，敏锐的达利感受到了即将到来的危机，创作了油画《内战的预感》（图190）。画面中横陈着被肢解的人体，形似内脏的物体堆满了地面。破碎的身体构成巨大的框架，透过残肢看到的竟然是“朗朗乾坤”的蓝天白云。这是一幅声讨战争残酷血腥的作品，是一场光天化日下的杀戮，令人毛骨悚然的噩梦。达利的作品以写实的手法将人的潜意识呈现在观者面前，陈述的场景既荒诞又奇特。通过色彩的写实，固有色的深浅变化塑造出臆想形象的空间感、立体感和细节感。正是由于这种近乎真实的表达使得这个梦魇般的世界有着强大的逼真感和说服力。

在超现实主义艺术中，色彩被用来创造一个有关梦幻潜意识的世界，或描绘梦境，或臻于写实。在以米罗为代表的有机超现实主义中，色彩是主观的配置，平面铺陈的色彩依靠画家的主观能动性发挥出独立的个性，鲜明响亮地创造出一个好梦的世界。在以达利为首的自然现实主义中，色彩与素描联手，塑造出的空间怪异深远。为生造的物象赋予了想象的固有颜色，利用深浅变化、立体阴影等写实技法进一步强调真实感，这是一个有着残酷现实内核的噩梦。

超现实主义在欧洲的文学艺术界生根发芽，蓬勃发展，而与珠宝和时尚的碰撞融合则仰赖于达利的“跨界”。相比于画家的身份，达利的存在本身就像一个“超现实主义”作品，充满了各种超越时代的神奇思考。作为一位坚定不移的“跨学科达人”，电影、雕塑、写作、物理学、精神病学以及珠宝设计都是这位超级“学霸”涉猎的领域。达利的珠宝作品延续了绘画中荒诞不经的立意和神秘诡谲的色彩，以珠宝为媒介将画面中的虚幻元素表达出来，完成了“梦境”与“真实”的连接。由他“领衔”的“超现实主义”珠宝风格深深影响了他的“朋友圈”，即使一个世纪之后的今天，向他致敬的作品仍能引领艺术界的风潮。

图191　这幅画里的几件珠宝都被制作成了实物

达利的珠宝创作生涯要从1941年说起（图191），那时的他与妻子佳娜（Gala Dali）长住于艺术赞助人卡雷斯女士位于弗吉尼亚的汉普顿庄园。卡雷斯女士特地邀请曾为可可·香奈儿（Coco Chanel）和保罗·弗拉托（Paul Flato）工作过的意大利珠宝设计师、西西里世袭公爵弗尔科·迪·文都拉（Duke Fulco di Verdura）来到庄园与达利商讨合作事宜。显然，达利对于这位素未谋面的未来合作伙伴并不太信任，于是他促狭地设了个局，准备“作弄”一下文都拉。贵族出身的文都拉公爵早期设计风格倾向于古典主义，为香奈儿工作期间，带有强烈拜占庭风格的“马耳他十字手镯”成为他为品牌树立的不朽经典。“二战”后，文都拉搬到纽约成立了自己的珠宝品牌Verdura，为许多好莱坞明星设计珠宝，风格开始向现代主义转变。当怀揣着与达利合作的美好憧憬赶到庄园时，文都拉被眼前的场景吓傻了眼：“房间里冷得要死，每个人都身着大衣。但我出于礼貌一进房屋就脱掉了自己的大衣，等我后悔时已经冻得麻木，都没力气要回大衣了。达利却一直在旁边强调‘这和毕加索的画室是一样’的，虽然我从来没听说毕加索有这样的画室。”正当文都拉坐立难安时，所有人突然大笑起来。原来达利特地花了几天的时间布置了这幢废弃的屋子，成功地开了这个“玩笑”，给了文都拉一个“下马威”。好在这个小插曲没让两人反目，反而促成了此后一系列珠宝设计上的合作，开启了珠宝艺术史上一段疯狂的旅程。正如达利所说：“文都拉和我试图弄明白是画作为珠宝服务还是珠宝衬托画作，然而最后我们确定，它们天生是一对儿，是因爱结合的。”

两位大师的强强联合创造了超越时间与空间的惊世之作。时至今日，每件作品独树一帜的鲜明风格和寓意深远的奇思妙想仍然独步珠宝艺术与设计领域。75年之后，珠宝品牌Verdura推出了致敬当年这次神奇“合作”的续章——“Out of This World”系列，灵感源泉正来自两人自1941年开始合作的五款珠宝。（图192—图196）

图192　Verdura“Out of This World”系列　根据原作“山茱萸胸针”设计的手镯、耳饰

图193　Verdura“Out of This World”系列　根据原作“美杜莎胸针”设计的手镯

图194　Verdura“Out of This World”系列　根据原作“圣约翰胸针”设计的耳饰

图195　Verdura“Out of This World”系列　根据原作“蜘蛛烟盒”设计的手链

图196　Verdura“Out of This World”系列　根据原作“阿波罗与达芙妮药盒”设计的耳饰

达利的朋友圈还有一位时尚大咖——可可·香奈儿（Coco Chanel）女士。俩人不但一起为芭蕾舞剧*BACCHANALE*做舞美设计，香奈儿还将自己的别墅借给达利寻找灵感，帮助他创作了代表作《无尽之谜》（图197）。达利也亲自设计香水 The Essence of Dali（图198）致敬了Chanel No.5香水瓶，并俏皮地将瓶身改成了“达利版”，以幽默的方式表达了对这位挚友的深厚友谊。

出生在小麦收获季节的香奈儿女士“迷信”地认为小麦代表着幸运和丰饶，达利特地画了油画《麦穗》（图199）赠送给她。自此，“麦穗”成为香奈儿的幸运符号之一，经常出现在她的设计中。时隔一个世纪，香奈儿品牌为了致敬当年两位大师的深切情谊，推出了以麦穗为主题的臻品珠宝系列Les Blés de Chanel（图200）。

图197　达利在 Coco Chanel 别墅创作的《无尽之谜》

图198　The Essence of Dail

图199　达利送给 Chanel 的油画《麦穗》

图200　香奈儿　臻品珠宝系列Les Blés de Chanel

20世纪50年代，达利开始追求更加精致迷人的珠宝设计。此时他已经被“超现实主义运动”除名，自20世纪40年代末开始，他已不再参加任何超现实主义的展览。这时的达利将自己定义为“文艺复兴大师”式的人物，拒绝被某一种风格流派限制，试图采用多样的表达方式，将艺术与科学结合，正如文艺复兴时代那些全能的大师一样无所不至。

达利热爱瑰丽的宝石和灿烂的贵金属，他将黄金赞誉为“灵魂的欢庆”，将钻石比喻成“纯洁的象征”。在阿根廷珠宝匠人卡洛斯·阿莱曼尼（Carlos Alemany）的帮助下，达利天马行空的设计图纸变成了精妙绝伦的珠宝实物。阿莱曼尼和达利相识于20世纪50年代，合作一直持续到1971年。其间达利所设计的珠宝皆由阿莱曼尼制作成仅此一件的“超级限量版”臻品。达利饶有兴致地亲自为这些设计选择宝石，不仅颜色适合，还要考虑到这些白蓝宝石、祖母绿、青金岩和孔雀石本身的象征意义。（图201）达利说：“把真的珠宝做得无比具有迷惑性，就像假的一样吸引人的想法最闪耀。因此，最真的珠宝和假的珠宝的区别在于，假的看起来最真。”

图201　达利“时间之眼”

达利的艺术家思维使得他设计珠宝时所思考的问题和一般的珠宝设计师大相径庭。他说：“我的目标是给珠宝商以首饰艺术的真正含义，珠宝设计和工艺价值应该超过宝石和金属。”在达利的设计中，贯彻于他艺术风格的标准被传承下来，成为灵感的脑洞。

“红唇”的第一次出现，是在达利为女星梅·韦斯特（Mae West）创作的肖像画中。之后，这个元素便成为其各类设计作品的主角：20世纪70年代的“红唇沙发”、法国“疯马秀”海报招贴……终于在珠宝创意中被红宝石和珍珠演绎出脑洞大开的生动形象。（图202）

同样反复出现的经典元素还有《记忆的永恒》里的时钟。画中融化扭曲的时钟是“时间流动的寓言”，达利将这一意象用黄金和钻石完美复刻成为珠宝，甚至连作品的名字也未加改动。（图203）

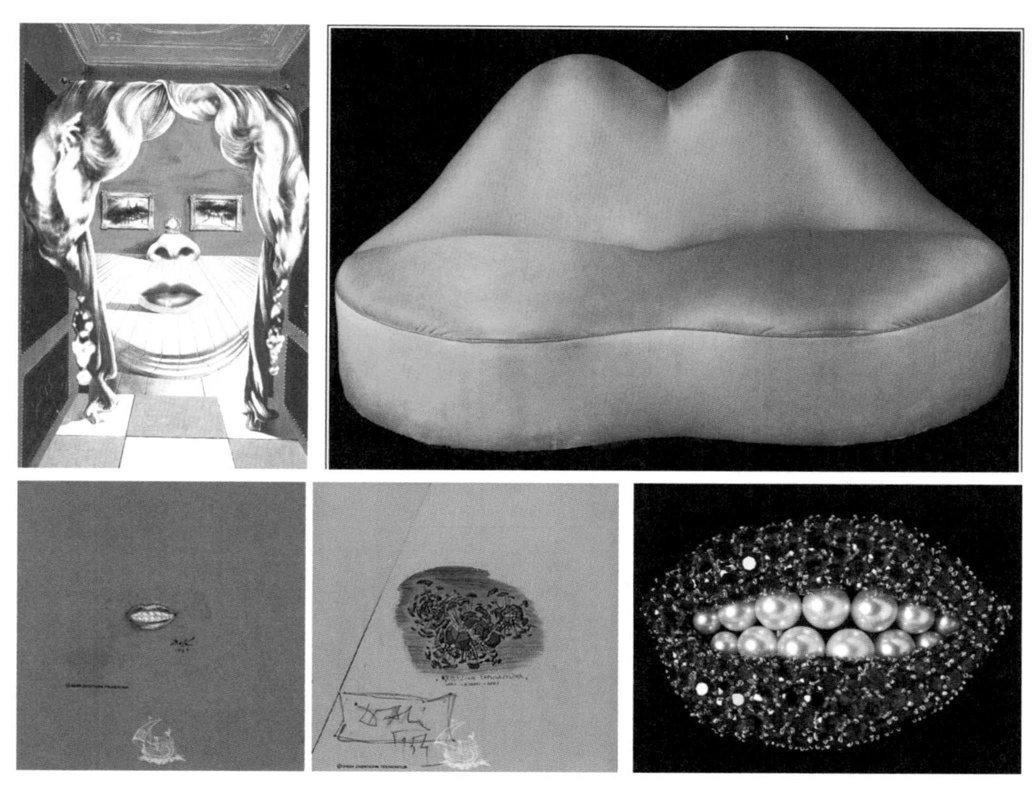

图202　达利“红宝石之唇”

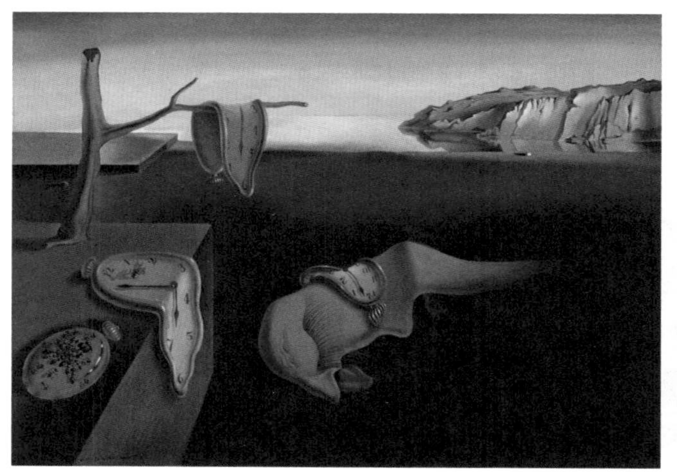

图203　达利“记忆的永恒”

在达利的艺术世界中，珠宝具有拟人的意象，是某种具有神秘宗教意味的符号：“我的作品，不管是画、红宝石、祖母绿还是黄金，都是在展示着隐喻：人类进行创造和改变。而当他们睡觉的时候，他们完全改变——变成了花儿、植物、树。新的隐喻正在天堂里发生，躯壳再一次完整地趋近于完美。”（图204）

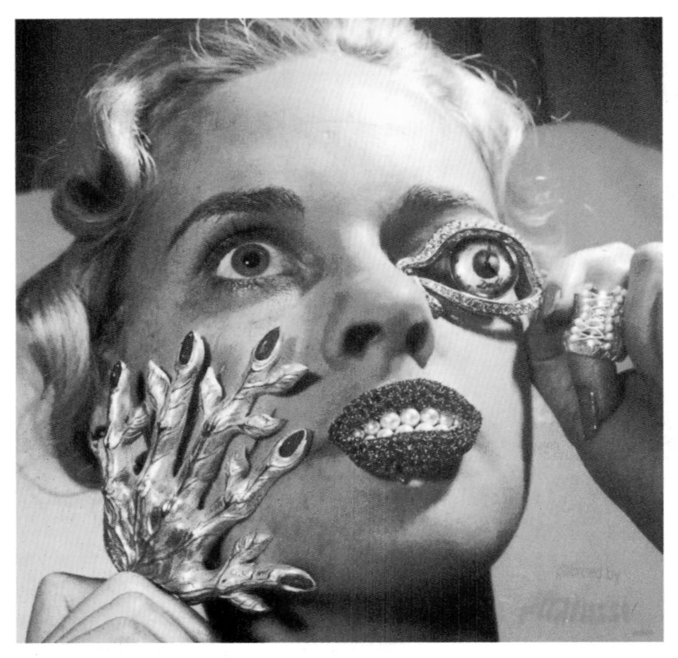

图204　女星马代尔·海格勒(Madelle Hegeler)展示达利的珠宝

达利的珠宝设计将色彩符号化,但又远远超出符号本身的意义。他改变了珠宝昂贵价值和身份象征的特质,用流血的红宝石、碎裂的绿宝石、挣扎的紫水晶诠释出撕心裂肺的痛苦和深藏于潜意识中的恐惧,其中充斥的戏剧性情绪有着强烈且震慑心灵的力量。(图205)

图205　达利的珠宝设计作品

更加令人叹服的是，这些珠宝甚至被达利精心安装了机械装置，魔鬼般的节奏展示出艺术与科技的天作之合。在珠宝设计的探索上，达利从未停下脚步，当时代还停留在欣赏珠宝的静态之美时，真正可以“跳动”的“皇室之心”已经在红宝石的跃动中绽放出惊心动魄的光芒，挥动翅膀的“堕落天使”已经停留在满目疮痍的人间，“生命之花”已经悄然开放……“一切皆虚幻！我的珠宝都是严肃的。看到人们对着电话耳环发笑时，我觉得很荣幸，但是这些耳环，和我所有珠宝一样，有着严肃的内核，它们代表着和谐统一，它们展示着现代交流的速度，还有思维巨变带来的希望和危机。”（图206）

图206

夏帕瑞丽(Schiaparelli)品牌的创始人——艾尔莎·夏帕瑞丽(Elsa Schiaparelli)是20世纪法国时尚圈最红的Icon,也是达利一生的良师益友。这位30年代最炙手可热设计大师,是史上第一位超现实主义设计师,是现代所有设计师的开山鼻祖。这样的赞誉并不过分,凭借大胆的设计和天马行空的想象力,夏帕瑞丽甚至一度力压可可·香奈儿,成为第一个登上美国《时代周刊》封面的女性设计师。(图207)

直到现在,时尚界仍流传着夏帕瑞丽不朽的传奇,也仍然可以看到各大品牌向她致敬的作品。(图208)

1890年9月10日,意大利首都罗马,“又白又富”的艾尔莎·夏帕瑞丽出生了。说她“富”,可不是普通意义上“富裕”。夏帕瑞丽的家叫科西尼宫(Palazzo Corsini),原先是一座15世纪的别墅,后经佛罗伦萨贵族科西尼(Corsini)家族改造为宫殿,现在是罗马国立古代艺术美术馆。夏帕瑞丽的母亲玛丽亚·路易莎(Maria Luisa)是意大利美第奇家族的后裔;父亲塞莱斯蒂诺·夏帕瑞丽(Celestino Schiaparelli)是罗马大学东方文化学者;叔叔乔凡尼·夏帕瑞丽(Giovanni Schiaparelli)是一位著名的天文学家。

这样的出身让夏帕瑞丽从小深受巴洛克风格的影响,对东方文化也非常痴迷,塑造了她与众不同的时尚品位。跟随叔叔学习天文学的经历,也让小小的夏帕瑞丽有着超于常人的非凡想象力。虽然出生即巅峰,然而小夏帕瑞丽却因为长相不够美丽而被母亲嫌弃。没有安全感的她甚至在耳朵、鼻孔、喉咙里面塞

图207　艾尔莎·夏帕瑞丽

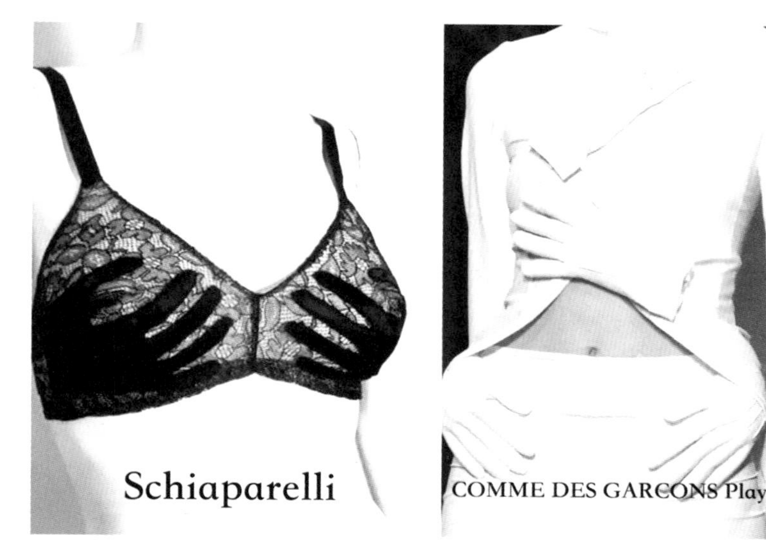


图208

图209　丹尼尔·罗斯贝里　夏帕瑞丽2021秋冬高定系列

满花籽和土，希望自己脸上开出鲜花而变美。最后被家人发现不得不送去医院，花了7个小时才把花籽全部取出来。

这个可怜又可爱的童年回忆，后来由夏帕瑞丽品牌的新任创意总监丹尼尔·罗斯贝里（Daniel Roseberry）在最新一季的高定系列（图209）中演绎成“身体开花”的神奇造型，算是给予了幼年时期的夏帕瑞丽一点迟到的安慰，也借此鼓励那些身处困境中的女性砥砺前行。也许是因为从小缺少关爱，夏帕瑞丽非常叛逆。她逃婚来到伦敦，与William de Wendt de Kerlor 伯爵相识闪婚，并且义无反顾地私奔到纽约。可惜之后的剧情并没有朝着浪漫的方向发展，而是变成了一出俗不可耐的狗血剧。

女儿gogo出生后，“伯爵”终于暴露了渣男本色，他不仅是个彻头彻尾的骗子，甚至人间消失，独留夏帕瑞丽带着孩子在异国他乡的风中。坚强又独立的夏帕瑞丽并没有因为感情受挫而颓废，反而变得更加努力和积极。她从纽约来到战后的巴黎，在那个疯狂的年代，认识了一大群超现实主义大佬，与达利更是惺惺相惜的知己。达利的作品也启发了夏帕瑞丽后来无数惊世骇俗的设计作品。在著名设计师Paul Poiret的鼓励下，她创立了自己的服装品牌夏帕瑞丽。拥有艺术大师朋友圈这个超级资源，再加上无与伦比的才华，夏帕瑞丽设计了一系列轰动巴黎社交圈的服饰与珠宝作品：“龙虾裙”“鞋子帽”“骷髅裙”“眼泪裙”“昆虫项链”“金龟子胸针”等传奇作品（图210）充满了超现实主义精神，只有那个时代最离经叛道的Icon才敢上身演绎。

艾尔莎·夏帕瑞丽被誉为人类时尚史上最具有想象力的天才设计师。伊夫·圣·罗兰（Yves Saint Laurent）曾这样评价过她：“艾尔莎·夏帕瑞丽羞辱、掌掴和折磨了巴黎，

图210　夏帕瑞丽的时尚作品

她向这个城市施展魔法，使整个巴黎疯狂地为她着迷。”可惜，第二次世界大战爆发，夏帕瑞丽不得不关闭了自己在巴黎的时装屋回到纽约。二战后，巴黎变成了迪奥（Dior）的天下，自觉无法重返巅峰的她选择了隐退，于1954年关闭夏帕瑞丽时装屋。

沉寂了半个多世纪，2019年夏帕瑞丽迎来了最适合它的设计师——丹尼尔·罗斯贝里，重新回到时尚舞台。这标志着夏帕瑞丽品牌精神的超现实主义再一次复苏。

除了华服之外，珠宝配饰也是夏帕瑞丽不容忽视的一部分。带着几分乖张和不屑一顾的怪诞，游走于幻想与现世之间，创造出了更符合现代时尚语境的审美。在丹尼尔打造的“梦境”里，牙齿嵌着珍珠，蜥蜴挂在耳畔，眼睛串起耳朵、昆虫爬满身体、章鱼缠住脸庞……时尚的外延正不断融入艺术的范畴，超现实主义精神和态度又回来了。

在2020春夏的高定系列珠宝设计中，眼睛这一超现实主义标志性元素被大量运用，从耳环到胸针，从眼镜到包扣，都散落着各式各样或奢华或诡异的“眼睛”。（图211）

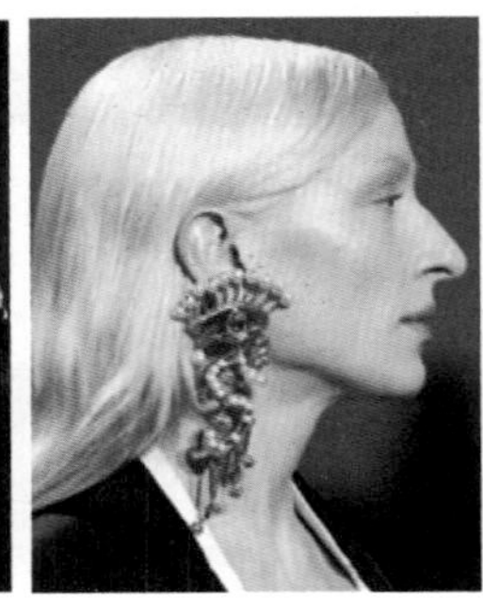

图211

一颗完全写实的珐琅“眼珠”被安置在黄铜眼眶中，如海藻般伸展的睫毛传递出一种不真实的惊悚感，似乎在瞪视着一个混乱的世界。（图212）

转化为部落图腾般的眼睛，仿佛一个扭曲的象形文字，传递着来自另一个文明的讯息。

图212

与达利合作的Skeleton Dress中的骨架结构，被丹尼尔用铺满钉珠镶嵌的立体花条代替，配合紧身的肤色长裙，宛如身披珠翠的天使。（图213）

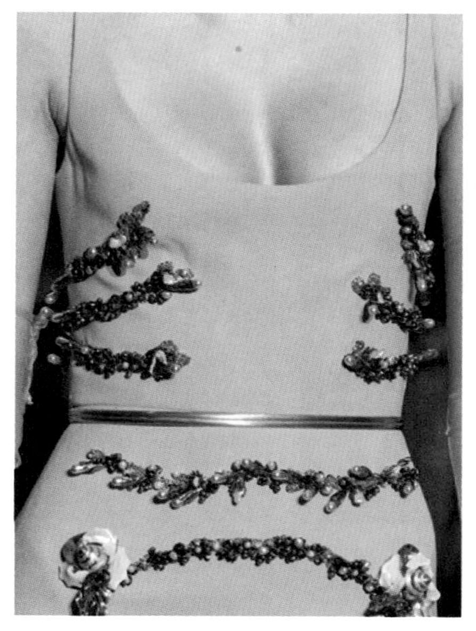

图213

暗黑版的珠宝骨架裙更贴近夏帕瑞丽的原版设计，深蓝色的水晶直接贴在手臂的皮肤上，仿佛从海底深处游来的海洋女神。（图214）

图214

这组耳环设计充满了奇思妙想的童趣。打开的捕蝇草里落着一只对危险毫不知情的苍蝇，在被吞噬的刹那，似乎还在扬扬得意地扑棱着翅膀。（图215）

2020秋冬成衣系列的珠宝延续了春夏季高定的灵感，依然以眼睛为主题。蓝色的珐琅眼珠嵌在夸张的眼眶里，与扑闪如小扇子般的睫毛和闪闪发光的大颗泪珠形成奇异的对比效果，似乎掩藏着不可名状的忧郁和孤寂。（图216）

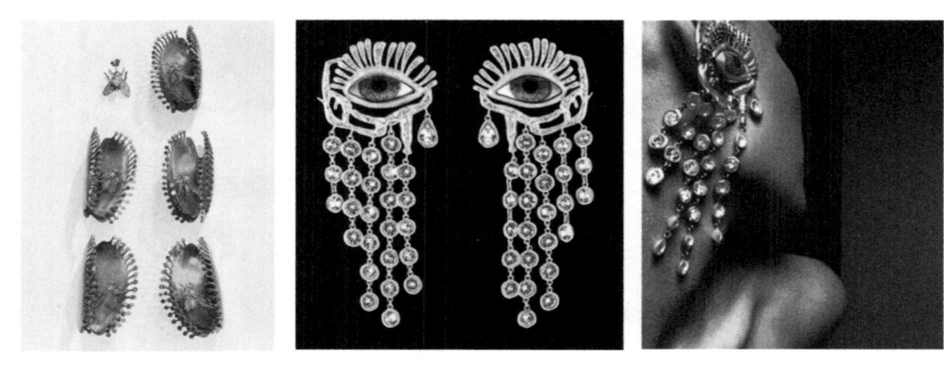

图215　　图216

“眼角含泪” 的项链，灵感源自1937年夏帕瑞丽与让·谷克多合作设计的那枚 “眼泪胸针”。（图217）

图217　眼睛、鼻子、耳朵，2020秋冬高定系列珠宝几乎可以拼出一张人脸了

丹尼尔设计的每一个造型都是以珠宝为中心而呈现的。利用巨大的体量，让每一件珠宝都极致惊艳璀璨，创造出光彩夺目、过目难忘的艺术效果，让人无法忽略它们的存在。（图218）

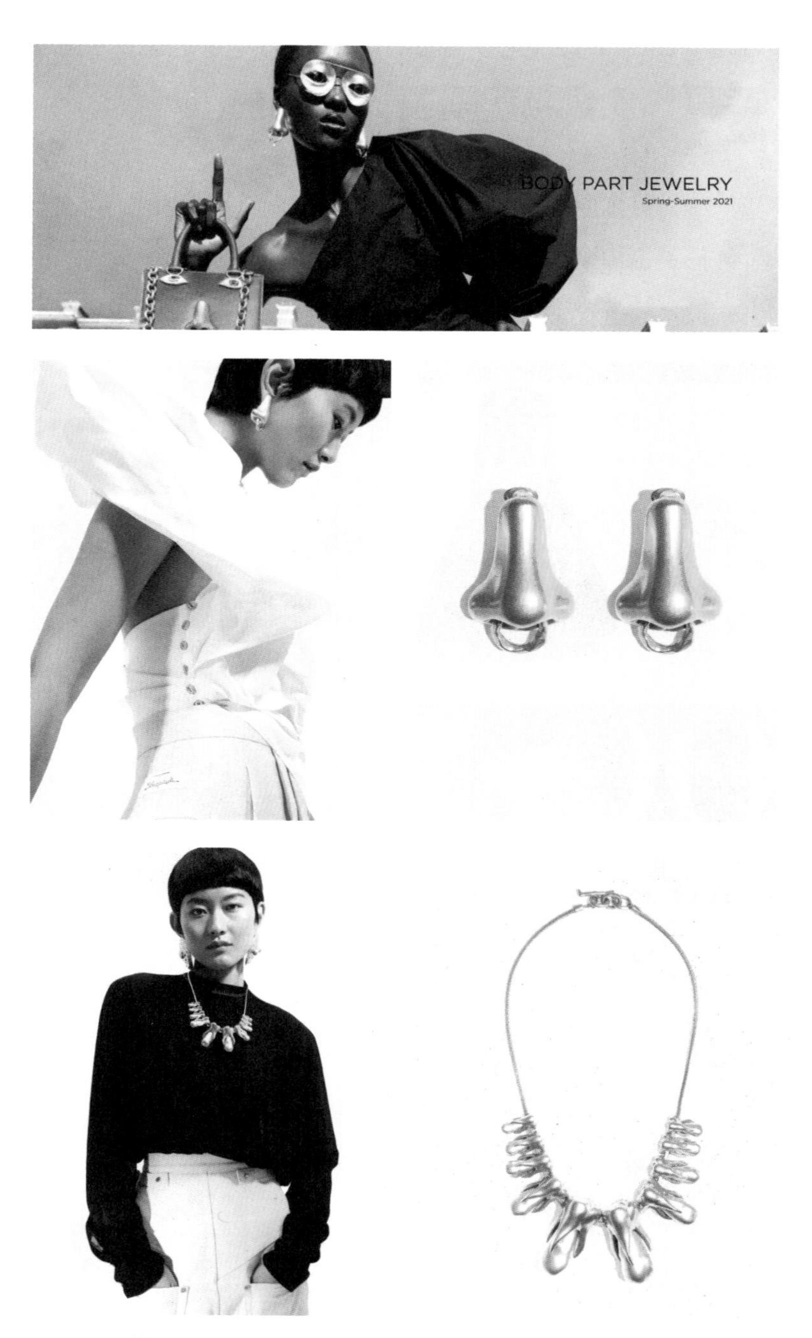


图218　Schiaparelli Spring 2021 Body Part Jewelry

好莱坞女星的追捧，时尚界的瞩目，让以艺术姿态复苏的夏帕瑞丽重回盛世年代。（图219）

夏帕瑞丽的美好在于它充满着积极的乐观主义精神，用超现实主义的态度打破现实的桎梏，拓展着时尚的想象力。用艺术的语境定义当代“奢侈”的含义，那就是：敢为人先的想象力和打破陈规的勇气。繁复的工艺、华丽的造型在夏帕瑞丽的设计作品中

图219　Lady Gaga、Kim Kardashian、Beyonce、Lliy Collins、Cardi B、Mlichelle Obama纷纷穿上Schiaparelli

大量出现，但这些并非炫技、炫富的工具，而是设计师表达思想的手段。艺术融入设计，设计表达思想，回归想象力才是设计的本真。

涉世未深的孩童总是拥有比成年人更不羁的想象力，而那些超越现实、古怪天真的想法，却随着时光流逝最终消弭于现实世界。夏帕瑞丽传递的希望在于告诉人们：不要忘记做梦。梦里有飞碟一般的甲虫、缀满星星的章鱼、开满鲜花的身体……不要害怕这些不切实际的创意，即使一时难以接受，但起码比永远平庸要好得多。（图220）

图220

# 抽象表现主义

抽象表现主义（Abstract Expressionism）兴起于“二战”后的纽约直至20世纪60年代早期，并让纽约取代巴黎成为新的世界艺术中心的绘画流派。抽象表现主义是“二战”之后西方兴起的第一个重要的艺术运动，地位无与伦比，是战后漫长风格实验的开端，标志着一个新时代的到来。这一运动中存在着多样的绘画风格，大多粗犷尖锐，尺幅巨大，色彩表现尤为强烈，颇具偶然效果。漫长且残酷的战争浩劫削弱了艺术家以现实生活作为创作蓝本的激情，各种哲学思潮的风起云涌也导致艺术开始立足于个人的行动与生命的思考，在超现实主义的基础上，发展出一种即兴的创作思维，以色彩语言自发性的表现以及绘画元素本身具有的能量替代观念的表达。

色彩的自发性直觉是指脱离了基本物象限定之后，艺术家通过寻找潜意识中的色彩意象所进行的完全抽象的情绪化宣泄。1908年，德国艺术史家、艺术评论家、批评家威廉·沃林格（Wilhelm Worringe）出版了《抽象与移情》一书，“强调用脱离自然的抽象色彩、线条、形状来表现内在的、不可抗拒的冲动”[1]。色彩成为绘画的主角、画面的主宰，在抽象表现中色彩获得了彻底的自由。艺术批评家克莱门特·格林伯格（Clement Greenberg）甚至主张把空间感、文学性、神话和历史主题都排除在绘画之外，进一步净化绘画语言，仅通过色彩和笔触呈现情绪感知。艺术史学家迈耶·夏皮罗（Meyer Schapiro）“肯定了非具象艺术与个人内心世界的状态和动机的联系以及可能形成的传递，证实了‘艺术家的精神主权’”[2]。

德裔美国画家汉斯·霍夫曼（Hans Hofmann）是抽象表现主义艺术的先驱。抽象表现主义的两个分支，无论是行动绘画还是色域绘画，都与他的艺术相关联。在某种意义上，他可以被称为“抽象表现主义之父”。霍夫曼年轻时来到巴黎学习绘画，正值新艺术运动蓬勃发展，他与德劳内、马蒂斯、毕加索、布拉克等大师交往甚密。在参与各种艺

[1] 周至禹：《艺术的色彩》，重庆大学出版社，2013年版。

[2] 周至禹：《艺术的色彩》，重庆大学出版社，2013年版。

术运动的过程中，霍夫曼利用色彩冷暖、明度及纯度的对比，形成具有张力的和谐视觉关系。通过色彩铺陈过程中的推拉运动，造成画布平面上的空间纵深与肌理效果。运动产生的“力”会导致不平衡的对比，而绘画就是要将这种紧张的对比通过色彩与形体之间的有机统一趋向平衡，创造力与势的结构。霍夫曼的创作理念体现了生命的价值以及与物质世界的连接，他推崇直觉和感知的作品，并不断尝试和探索新的绘画方法。例如将颜料滴、洒、甩、泼在画布上，并且采用混合媒介物——一个新类型的绘画方式被创造出来了。即使他的作品看上去只有聚集的色彩与形体，但其中仍然蕴含着大自然跳动的脉搏。

图221　美国　汉斯·霍夫曼《门》*The Gate*

《门》（图221）是霍夫曼1959年至1960年创作的一系列松散的建筑作品中的一幅。画面上大小不一的矩形色域错落分布，被厚重的原色塑造成坚实的、凹凸的“体块”，飘浮在绿色基调的背景空间之中。画面中的高纯度色彩的搭配犹如蒙德里安的风格派作品。红、黄、蓝三色在色相、明度和纯度的对比中分出高低，低沉的蓝色逐渐退隐融入背景的绿色，中调的大红稳定局面，明快的黄色如一声响亮的长啸抓人眼球，凝固的元素运动起来，节奏般起伏翻涌，形成火焰般灼热的力，又在海洋般深邃幽冷的背景中淬炼出燃烧碰撞的激情，在冷却中达到平和。

图222　美国　威廉·德·库宁《通往河流的门》*Door to the River*

与霍夫曼的抽象相比，威廉·德·库宁（Willem De Kooning）的《通往河流的门》（图222）就略显具象。放纵恣意的笔触搭建起了一个“门”的意象，红色、中黄、明黄的色彩暗示了墙体与门扇的结构。据说这幅画的产生是德·库宁在大街上看到了一扇褪色的大门，阳光下斑驳的光影让他产生了绘画的冲动。于是，这幅在色彩建构下完成的作品就诞生了。

威廉·德·库宁1904年生于荷兰鹿特丹市。1926年移民美国新泽西州，曾经做过油漆工。德·库宁的创作生涯以人体为主，在他成熟时期的作品中充满了依稀可辨的女性形象。在他20世纪50年代的《女人》系列画作中，横冲直撞的笔触运动将粉红、白色和黄色扭结的"躯体"冲击得支离破碎。交错碰撞的色彩相互推搡挤压，淋漓尽致地挥洒流淌，宣泄出滔天激扬的情绪—— 一种强烈的兴奋与愤怒，如他自己所说："有时女人使我兴奋，我在《女人》系列中表现了那种愤怒。"（图223）

生于怀俄明州的美国本土画家杰克逊·波洛克（Jackson Pollock）是美国现代绘画摆脱欧洲标准并在现代艺术史上建立领导地位的第一功臣。1929年，波洛克移居纽约；1938年到1942年，为联邦艺术工程工作；20世纪50年代到60年代，波洛克通过"文化自由议会"受到中央情报局的支持。波洛克的风格强调力量与速度，充满即兴的激情，创作过程也与众不同。他从不依赖草图，而是先把画布钉在地板上或墙上，再用钻孔的盒子、棍棒或画笔将珐琅和铝颜料随意自由地泼洒在画布上，任其流淌，形成层层叠叠交织的色线和搅动的旋涡。这一系列即兴的动作在画布上留下了纵横交错没有中心和形体的抽象图案，颜料滴落的轨迹记录了作画时身体的运动。波洛克有时甚至在颜料中掺入砂石、铁钉和碎玻璃等，在画布上故意形成摩擦的纹理。波洛克摒弃了常用的绘画工具和传统的绘画模式，未知性的创作让这场"游戏"充满了偶然和随机的魅力。（图224）

图223　美国　威廉·德·库宁《女人与自行车》
*Woman and Bicycle*

图224　美国　杰克逊·波洛克《第5号》
*Number 5*

除了波洛克开创的喷溅式行动绘画，20世纪60年代马克·罗斯科（Mark Rothko）以大型色块艺术声名鹊起。罗斯科的绘画宏伟、庄重，巨大的色域宛如沉寂的宇宙和安详的绿洲，营造出含蓄而朦胧的空间。虽然画面上飘浮着方形的色块，但罗斯科却说："我不对颜色、形状或其他元素之间的关系感兴趣，我只有兴趣表现人类基本的情感。"罗斯科用超大的尺幅将人裹挟进情绪之中，色彩、形体都成为"在我的画面前悲泣"的工具，与人间的悲欢、世事的沧桑融合成一种宗教般的体验。（图225）

罗斯科的绘画运用色彩，却不依赖色彩，最终目的是用色彩引起情绪的共鸣。经过加工表面而呈现出来的色彩有着与生俱来的画布纹理，形成了影响色彩视觉效果的质感。色彩在晕染的过程中形成朦胧模糊的边缘，一点点融化进背景底色中，仿佛星云环绕的宇宙幻象。虽然罗斯科每幅画作的色彩都是相近色或邻近色的构成，但并非没有对比，而是将深浅、冷暖的色调结合两三个排列的矩形层层薄敷，让明暗对比、艳灰并置，再将这些被稀释的颜料笼罩晕染融为一体，使得色彩中的神秘隐晦的情感如天籁弥漫，袅袅可闻。罗斯科的作品放缓了色相对比带来的激烈与崩溃，用同色调的相互融合获得了更为悠远绵长的空间关系，让半透明的色料混杂出了色域核心的一片明亮，仿佛一束来自天堂的光直射人心，再退入虚空，散漫无寂。（图226）

画家周至禹在《艺术的色彩》中这样表达对罗斯科作品的喜爱："我为什么会这样喜欢罗斯科的绘画？绘画中有明亮的红色、橙色、黄色、蓝色，还有自始至终的黑、白以

图225　美国　马克·罗斯科《无题》*Untitled*

图226　美国　马克·罗斯科《16号》No. 16

及灰色的使用。从中可以感受到一种自我的封闭和承受，也有一种带着感伤的希望和憧憬，或许，还有一种禅宗般的空无与宁静。色彩可以被寄托如此的感觉，抽象而富于精神性，这让我对他的生活充满好奇。”[1]这位生于俄国的犹太裔画家1910年移民美国，年轻时当过演员、场记、画家、侍者……为了求学、不挨饿而努力工作。然而，生活并没有善待这位画出了生命苍茫的艺术家，1970年，因为患病，困顿的马克·罗斯科服用了过量镇静剂和抗忧郁药物之后切断静脉，结束了自己的生命。

罗斯科说：“当我还很年轻的时候，对我来说，艺术是孤独的。无所谓什么画廊，什么收藏家，也没有所谓的艺术评论，当然也不涉及金钱。然而那却是我的黄金时代，因为我们没有什么东西可失去，也没有什么东西期望去得到。”很少有艺术家像罗斯科一样，倾注一生将宇宙与宗教的命题凝聚于绘画之中。他的艺术窥见了生命的本质，释放了人类最深层的情感，正如他的自白：“我之所以成为一名画家，是因为我希望能够给绘画赋予音乐和诗歌般的痛感。”

色彩具有一般的共通意义以及特定文化中的确定意义，共通象征如黑色象征死亡、红色代表热烈、绿色诠释生命等。特定意义如白色在西方国家象征圣洁，在中国则被视为死亡；紫色在东西方文化中都有高贵的含义，但在某些特定语境下则是嫉妒的代名词。在抽象表现主义的艺术领域，色彩终于成为个人情感的代名词，艺术家在创作实践中用色彩丰富着倾诉的方式，将自己的痕迹记录在画布之上。

[1]周至禹：《艺术的色彩》，重庆大学出版社，2013年版。

# 波普艺术

波普艺术（Pop Art）是流行艺术的简称，"pop"就是"popular"（流行的、时髦的）一词的缩写。波普艺术探讨了关于通俗文化与艺术之间的联系，是20世纪50年代初产生于英国、60年代鼎盛于美国的一种流行文化。公认的第一幅波普艺术作品是英国流行艺术家理查德·汉密尔顿（Richard Hamilton）创作的《是什么使今天的家庭如此别致，如此有魅力？》（图227）。作品内容均是由海报、广告以及画报上的图片剪裁拼贴而成，立意构图标新立异，形式内涵戏谑荒诞，打响了波普艺术革命的第一枪。汉密尔顿在给他朋友的信中也罗列出了波普艺术的特征："流行（为大众观众设计），瞬间（短期解决方案），消耗品（容易被遗忘），低成本，大规模生产，年轻（针对年轻人），机智，性感，花哨，魅力四射，大企业……"反映在艺术创作上，即表现为直接借用商业社会中的人文符号，将其挪用、复制、拼贴，组成全新内容，表达直接且强烈的情感，不再追求精致的画工，而是以深刻的内涵冲击着人们的思想、行为以及观念。"波普"，是仿声气球爆炸的象声词，以此命名，注定了这是一场具有颠覆性、冲击性的文化潮流。虽然起源于英国，但却在历史底蕴颇为缺乏、对新生事物宽容度极高的美国蓬勃发展，成为艺术与文化领域的一个传奇。

战后的英美经济复苏，高效率的机械化大生产、商业化的社会形态以及灯红酒绿的消费生活刺激了艺术家们的神经。在这样的时代大环境下，反艺术、反美学，对现实

图227　英国　理查德·汉密尔顿《是什么使今天的家庭如此别致，如此有魅力？》*Just what is it that makes today's homes so different*

图228 安迪·沃霍尔

和正统的反叛与嘲弄成为波普艺术的特征。艺术不再高高在上，与商业、生活之间的隔阂被打破。在商业文化与消费文化启发下的波普艺术在色彩表现上浅薄直白、明亮光鲜，甚至有着卡通的稚气与时尚的奢靡。这些人造的设计色彩直接而通俗的美丽表象迎合了人们的审美意趣——原来艺术并非艰刻难懂，原来艺术离生活很近。

与英国波普的一丝文雅相比，美国的波普则更加率真，就像美国精神一样，洋溢着粗俗的活力。作为20世纪最重要的艺术家之一，安迪·沃霍尔（Andy Warhol）（图228）就用他的艺术诠释着属于美国和波普的精神与活力，时至今日，他的魅力和热度依旧没有消退。在瞬息万变的现当代艺术界，他依然是最受崇拜的偶像。

毕业于宾夕法尼亚州的卡内基梅隆大学的安迪·沃霍尔从事过不少职业。他的第一份暑期工是在百货公司Joseph Horne Co.担任橱窗布置工作；50年代，他还曾是鞋履制造商I.Miller的唯一插画师，每周都会为刊登在纽约时报的广告绘画插画。很快，充满艺术创意和颇具商业敏感的沃霍尔声名鹊起，并利用大众传媒，让波普艺术成为20世纪最有影响力的艺术流派之一。

沃霍尔以丝网印刷的形式大批量复制产品形象、名人肖像、新闻事件等，使波普艺术的主题、色彩与生产方式、印刷设备联系在了一起。流行于生活、活跃于商业的色彩被数据化地与绘画结合，产生了世俗的愉悦感，成为社会与时代的象征。例如沃霍尔特别喜欢的坎贝尔汤罐头，是他20年来不变的午餐。这个在美国家喻户晓的食品被他绘成插画并重复排列构成，32张一模一样的罐头插画颠覆了艺术的概念，成为波普艺术的宣言，阐述了艺术语境下的消费文化，成为新的流行趋势，甚至曼哈顿的社会名流经常穿着印有坎贝尔汤罐头图案的礼服出席晚宴。沃霍尔将艺术同化于生产与消费，为流行模式下了最好的注解。（图229）

对于性感美艳的明星，沃霍尔故意保留了画面印刷过程中因套印不准确而形成的色彩错位，浓淡不均、模糊粗糙的效果让精美变成劣质、个性沦为大众、优雅变为粗俗，明星海报成了街头廉价的印刷广告。当玛丽莲·梦露的肖像被明快艳丽的广告色谱印刷成没有个性和感情的版画图片时，这种美与丑的反复对比，呼

图229 美国 安迪·沃霍尔《坎贝尔汤罐头》*Campbell's Soup Can*

应了玛丽莲·梦露光鲜亮丽的外表与孤寂失落的内心，以及最无法逃脱的命运。（图230）

1967年，沃霍尔将同样的玛丽莲·梦露形象延伸创作了一系列的色彩变体画，通过色彩的变换游戏削弱了人物形象的地位，色块的叠放、搭配代替了绘画中色彩的颤动与笔触的质感，用丝网印刷的大量复制解构了梦露，它的惊世骇俗也如同这位美人的一生一样传奇。（图231）

图230 美国 安迪·沃霍尔《玛丽莲》*Marilyn*

图231 美国 安迪·沃霍尔《玛丽莲·梦露》

图232　美国　安迪·沃霍尔《伊丽莎白·泰勒》 *Liz Taylor*

图233　美国　罗伊·利希滕斯坦《船上的女孩》*Shipboard Girl*

图234　美国　罗伊·利希滕斯坦《哇》*Whaam!*

《伊丽莎白·泰勒》(图232)创作于泰勒的巅峰期，也是沃霍尔创作生涯中最有创造力的阶段。沃霍尔利用丝网技术将杂志上的泰勒照片制作成了这幅迷人的作品。符号化的红艳嘴唇、淡粉色的面庞上错位的大眼睛勾魂摄魄，蓝绿色块好似两抹眼影与背景连成一片。这幅充斥着美貌、诱惑、财富、好莱坞与死亡的作品，体现了沃霍尔创作的重要元素，也是这位大明星浪漫且悲剧的写照。

罗伊·利希滕斯坦(Roy Lichtenstein)(图233—图234)的创作常常借助连环画为素材，卡通人物米老鼠、唐老鸭、大力水手等作为画中主角，用丙烯颜料平涂色块、精准的黑色线描将其复制放大，还复制了彩色印刷的色彩网点，将人们习以为常的事物改变为自己的艺术语言，营造出一种无感情色彩的氛围，富于装饰性以及“美国人的生活哲

图235　美国　大卫·霍克尼《大水花》

图236　美国　汤姆·韦瑟尔曼
《伟大的美国裸体第98号》

学”。利希滕斯坦曾经说：“我试着利用一个俗滥的主题，再重新组织它的形式，使它变得不朽。这两者的差别也许不大，但却极其重要。”

1937年生于英国的大卫·霍克尼（David Hockney）曾就读于皇家艺术学院，受现代主义思潮影响，创作了大量腐蚀版画，20世纪60年代开始转向写实风格。画面中的阳光、泳池、天空以及年轻人的奢华生活都被柔和明快的色彩、细腻稳定的平涂方式塑造成具象的通俗杂志彩页。在《大水花》（图235）中，霍克尼用对比的手法描绘了远处落地窗前孤零零的空椅子和近处泳池中溅起的大片水花。远景是蓝得耀眼的天空下凝固的房屋和椰子树，近处空荡荡的黄色跳板横亘在蓝汪汪的水池上方，白色的水花暗示着跳入水中的瞬间。动静对比却更显出画中世界的宁静甚至窒息。

美国画家汤姆·韦瑟尔曼（Tom Wesselmann）是波普艺术中艳俗的代表。最为人所熟知的作品是《伟大的美国裸体》（*Great American Nude*）系列。韦瑟尔曼以妻子克莱尔为原型，将对女性的肉体描绘嵌入艺术史和流行文化中。

其中《伟大的美国裸体第98号》（图236）用美国应召女郎的形象结合单纯鲜艳的色彩，近乎平涂的色彩创造了没有立体感的形体，色块组织如剪贴画一样干净利落。画面上只有鲜红的嘴唇、金黄的头发以及同样是鲜红色耸立的乳头，局部的夸张放大弱化了“女性”的概念，而是用符号化的器官、高纯度的色彩表达着情色的意味。

如果将各个流派的艺术作品摆放在一起，最具辨识度的，恐怕就是波普艺术。以红、黄、蓝为主的高饱和色调，简洁明快的形状轮廓，贴近生活的创作主题，总能一下子就夺走人们的注意力。波普艺术的创作方式多种多样，但都体现了商业社会“简单、快速”的特点。挖掘波普艺术的深刻内涵，可能会适得其反。作为大众文化的产物，波普艺术最重要的使命就是带给观者“不用深思”的艺术体验，即使是严肃的政治议题，波普艺术家们也能找到最世俗、最戏谑的切口，冲淡过往艺术创作中被“刻板模式”所奴役的“故弄玄虚”，以浅显易懂的语言，直达普通民众的心房。面对波普艺术，与其思考背后的哲学，不妨欣然回味自己的直观感受。

波普艺术之所以让人难以拒绝，或许因为它的创作精神是对一个时代图卷的描绘与纪念，充满了活力、个性，甚至低俗、粗糙，却扩展了艺术的领域。在波普光怪陆离的世界里，艺术不再晦涩难懂，通俗甚至艳俗的表现方式颠覆了美学标准，打通了雅俗的界限。

自由且自信的波普艺术是珠宝设计领域的一针强心剂。高对比度的饱满色彩、另类独特的拼贴组合、重复构成元素的运用，让珠宝艺术展现出戏谑幽默的另一面。

出生于瑞士苏黎世的珠宝设计师Suzanne Syz于20世纪80年代移居有着“当代艺术之都”之称的纽约，成为安迪·沃霍尔引领的艺术圈中的一员。在这个艺术团体中，不乏让·米歇尔·巴斯奎特、朱利安·施纳贝尔、弗朗西斯科·克莱门特和杰夫·昆斯这样具有革新创作精神的艺术家，他们大胆前卫且极富想象力的设计极大地影响了Suzanne Syz的珠宝创作，她敏锐地意识到，要想与众不同，就要不断推陈出新。为了让自己的设计独具新意，Suzanne Syz以当时珠宝界很少有人使用的创新型材料为主要材质，并将其与色彩艳丽的宝石相融合，设计风格新颖独特，不拘一格。

1998年，Suzanne Syz回到瑞士的日内瓦，成立了自己的珠宝工作室。她的设计以大胆的色彩搭配、富有创意的设计理念、不同寻常的材料组合而著称。每一件作品都是由日内瓦匠人纯手工打造，力求用精湛的工艺为作品注入鲜活的生命。Suzanne Syz的作品很难用一种风格去表述，而是以波普精神巧妙融合了各种设计思路。凭借独具匠心的设计理念、高超的技艺以及对于细节的极致追求，Suzanne Syz获得了成功，好莱坞巨星伊丽莎白·泰勒更是成为她的第一位客户。

对于Suzanne Syz来说，大自然中的花草虫鱼、孩提时代的天马行空……生活中的一切都是她汲取灵感的源泉。她的足迹遍布世界各地，凭借自己的专业知识，搜罗各种宝石。她并不排斥钛金属、铝金属、半透明陶瓷等材料的运用，设计思路也不会被昂贵的材质束住手脚，各种元素经过Suzanne Syz的创意处理，仿佛被赋予了灵魂一般，都会绽放出属于自己的色彩。

Suzanne Syz的珠宝设计在日常元素的遐思中体现出了波普艺术的影响。“Pop Art”耳坠（图237）的灵感来自安迪·沃霍尔于1962年创作的丝网印刷作品《坎贝尔汤罐头》。Suzanne Syz利用钛金属的韧性与延展性，打造出罐头的造型，彩色珐琅绘制出文字和图案，完美地将珠宝艺术与代表着波普精神的大师之作巧妙结合在一起。

同样在材质运用和设计理想上独树一帜的还有Pop Collection系列。Suzanne Syz从灯泡、丝带花、字母宣言等常见的生活点滴中汲取创作灵感，并在作品中大量地使用阳极氧化铝塑造出各种复杂的结构。例如，用铝金属勾勒出灯泡的轮廓，并通过电镀的方式，将铝转变为天蓝色打造出Edisson's Enlightment耳坠。"灯丝"构成的"kiss me"图案以白金勾勒，四周点缀的小颗钻石成为这件设计的点睛之笔。为了形成鲜明的色彩对比，Suzanne Syz还大量使用颜色各异的珐琅，在巧妙设计的烘托下，与宝石的绚丽相得益彰，撞击出出人意料的火花。（图238）

图237 瑞士 Suzanne Syz "Pop Art" 耳坠

波普艺术同样给予了高奢珠宝品牌宝格丽（BVLGARI）充满创意与叛逆精神的时代灵感。安迪·沃霍尔不仅是宝格丽的常客，也与品牌创始人尼古拉·宝格丽（Nicola Bulgari）先生私交甚好。作为宝格丽的忠实粉丝，安迪·沃霍尔常常亲自为自己的杂志*Interview*的模特挑选宝格丽珠宝进行搭配，还收藏了好几款古币Monete珠宝和

图238 瑞士 Suzanne Syz的珠宝设计作品

Tubogas腕表。这位波普艺术大师十分欣赏宝格丽的创见性设计、璀璨的宝石光泽以及纯粹的罗马风韵。他曾将宝格丽比作一座现代艺术博物馆，赞美她的包罗万象。宝格丽先生也从安迪·沃霍尔的作品中汲取创意，从色彩到风格，突破了传统珠宝的设计模式，为品牌注入活力。为了使得珠宝的色彩更加多元，宝格丽在首饰设计中使用了半宝石，如珊瑚、紫水晶、碧玺、黄水晶、橄榄石等。

2018年，宝格丽品牌Wild Pop高级珠宝系列以缤纷多彩的宝石、精湛纯熟的工艺，再现了20世纪80年代的奔放自由与波普艺术，开启了“Larger Than Life活出华丽人生”的意式风华。在流行文化盛行的80年代，MTV首次在有线电视频道播出，成功打造出以麦当娜（Madonna）、迈克尔·杰克逊（Michael Jackson）、普林斯（Prince）、大卫·鲍伊（David Bowie）为代表的巨星时代。他们的音乐也激发了宝格丽的灵感，将合成器与麦克风串联成项链、手镯。这些来自音乐的元素为珠宝增添了欢乐生动的迷人魅力，仿佛下一秒就要响起一首动感十足的乐曲。（图239—图241）不仅如此，宝格丽在80年代还引领了“logo”热潮，作为最早将logo元素融入珠宝设计的创新者之一，表圈上镌刻着双BVLGARI标志的经典表款曾是80年代的畅销力作。Wild Pop高

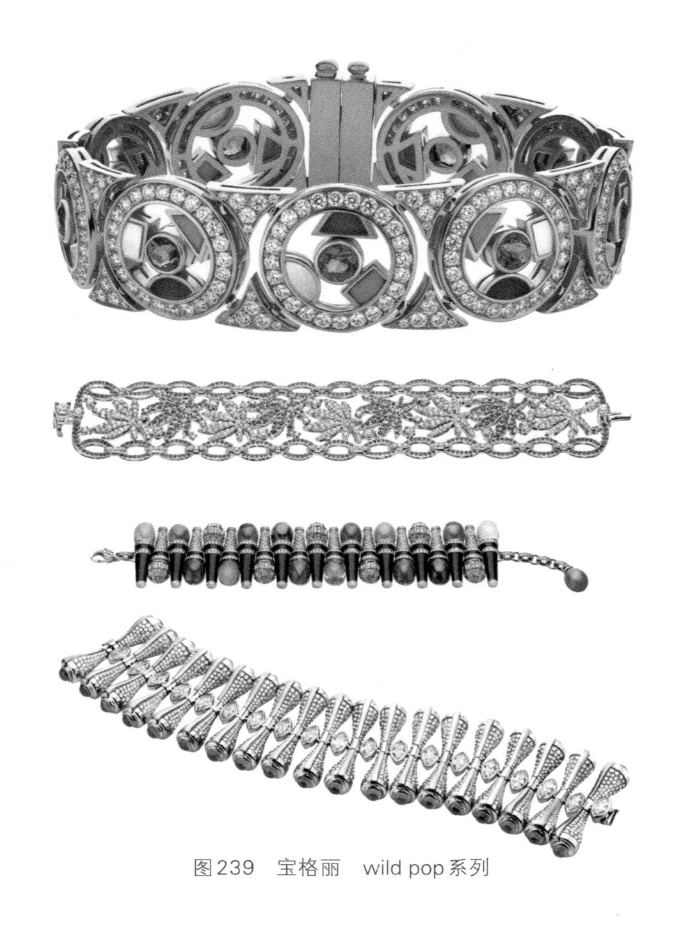

图239　宝格丽　wild pop系列

图240　宝格丽　Wild Pop系列

级珠宝系列作品以充满个性和鲜明特色的设计，延续着品牌与时代的辉煌，也彰显出当代与未来的具有领袖地位的风格趋向。

在波普艺术中，色彩是不可或缺的重要元素，而宝格丽也是最擅长运用色彩的珠宝品牌之一。Wild Pop系列中大量的彩色宝石占据了绝对地位，鲜艳明快的高对比度运用贯彻了品牌特色，凸显出与生俱来的不羁气质和不断突破传统的时尚理念，让每一件珠宝作品都如风格鲜明的艺术品一般自由洒脱。正如安迪·沃霍尔曾对尼古拉·宝格丽先生所说的那样："在我看来，宝格丽珠宝代表的就是80年代，每个人都会想去模仿它。"

图241　宝格丽　Wild Pop系列

# 建筑与园林

## ——在珠宝艺术中的非遗活化

建筑与园林，是天堂在人间的再现。

黑格尔说建筑是“最早诞生的艺术”，是“凭精神本身通过艺术来造成的具有美的形象的遮蔽物”。[1]

建筑，是园林的主要物质构成，是区别于园林和自然风景的标志。[2]

建筑，用一砖一瓦营造出包罗万象的空间艺术；珠宝，由金银宝石雕琢成方寸之间的镶嵌珍品。两者虽体量功能相去甚远，却有着异曲同工的艺术情怀。建筑大师路易斯·巴拉干（Luis Barragan）说：“建筑的生命就是它的美。”珠宝设计的本质就是以创造美为己任。一座经典的建筑就如同放大镜下的珠宝，闪烁着人类审美与智慧的光芒；一件精美的珠宝则仿佛微缩的建筑，凝结了历史的积淀与文化的精华。

新月派诗人徐志摩曾将意大利城市佛罗伦萨（Florence）译为“翡冷翠”[3]，不仅音似，且更富诗意、更多色彩，将这座中兴于文艺复兴时期的古城比喻成质地温润、气质古雅、色泽饱满的翡翠可谓惟妙惟肖，充盈着浓厚的浪漫主义气息，带给人无尽的遐思。

研究建筑之美，有狭义和广义之分。狭义是指单体建筑的造型、装饰；广义则是时空视角下的将个体拓展为群体，将建筑延伸

---

[1]［德］弗里德里希·黑格尔：《美学》，江苏人民出版社，2011年版。

[2] 曹林娣：《中国园林文化》，中国建筑工业出版社，2005年版。

[3] 徐志摩：《翡冷翠的一夜》。

至园林、跨越至城市，在研究单体造型规律与特征的基础上，从更宏观的角度去审视建筑与环境、建筑与人、建筑与历史文化的关系，从而提炼建筑与园林的美学与艺术价值。

将建筑与园林元素融入珠宝，所看到的世界绚烂无比。从古代埃及的金字塔到中世纪欧洲的大教堂，可以感受历史的厚重与文明的磅礴；从百花齐放的文艺复兴到波澜壮阔的巴洛克，可以领略艺术的浪漫与风格的多变；从隽秀婉约的江南园林到壮丽宏大的法国宫苑，可以感受文化的碰撞与思维的比照……无论是对古老文明的致敬，还是对现代浪漫的解读，都能幻化成耳畔指间的珠宝匠意。

# 建筑与园林的美学维度

# 造型之美

建筑造型之美首先体现在建筑的“体”上。作为置立于天地间的立体造型，无论是恢宏的宫殿还是素朴的民居，都是具备长、宽、高三向量的空间维度，所呈现出的体积、体量和体态共同隶属于建筑“体”的审美范畴，也是建筑造型之美的基本特征。在此基础之上构建的建筑实体反映了时代变迁下迥异的审美倾向与历史进程中不同的艺术追求。

作为建筑造型之美的本“体”，是点、线、面以及色彩、肌理等元素的综合呈现。（图242）即使作为最纯净建筑体的金字塔，也是顶点（点）、斜边底边（线）、三角形（面）与

图242　古今中外的经典建筑实例

石质色泽的有机构成。因此，从几何美学的角度来看，建筑“体”的塑造仰赖于“点线面”的综合效应。纵观古今中外的经典建筑案例都是造型元素在形式美法则[1]指导下的和谐运用。

当建筑造型之美浓缩为“点线面”等元素构成时，与珠宝艺术就产生了设计方式上的联系。建筑美学的更新让建筑风格随着时代变迁百花齐放。建筑的外部形态、内部空间以及局部细节都能够成为珠宝造型设计的灵感和意象联想的启迪。作为同样拥有深厚文化寓意和特殊社会职能的艺术产品，建筑与珠宝所承载的是人类关于美学智慧的思考。

吴良镛先生说：“美即是生活，中国人自古以来就热爱现世生活，向往并追求生活中的审美品质。中国历史上的人居环境是以人的生活为中心的美的欣赏和艺术创造，因此人居环境的美也是各种艺术的美的综合集成，包括书法、文学、绘画、雕塑、工艺美术等，当然也要包括建筑。”对于中国古代建筑造型之美的欣赏，通过与书法的美学共振可以获得全新的思考角度。

美学家宗白华说：“一字就像一座建筑，有栋梁椽柱，有间架结构。”[2]书法是中国特有的艺术门类，它以汉字的字体和字形为素材，通过文字结构、用墨浓淡、落笔轻重、整体神韵来表现文字的美感和书写者的个性。[3]中国传统建筑与书法艺术是传统艺术的不同类型，以建筑的梁柱桁架比之书法的笔画结构，以建筑的飞檐翘角比之书法的气韵灵动，可见两种艺术在审美趣味上有着深刻的美学共性。[4]

虚实布局是空间构成的重要内容。书法艺术讲究“计白当黑”，即在书写时将字里行间的虚空（白）处当作实体（黑）一样布置处理。纸面的空白虽无着墨，却以白衬黑，成为整体布局谋篇中不可或缺的重要部分。这是书家驾驭文字线条运动的能力以及把握空间切割的眼力。挥毫时利用纸面的空白与形状不同的黑色线条之间的辩证统一，取得虚实相生的效果，获得“知白守黑”的妙用。所谓“肆力在实处”，“索趣乃在虚处”，在这“实里求虚，虚中求实”的矛盾法则之中，使实的线条（黑）在虚（白）的映衬之下得到尽可能的显现。在这单纯的黑与白组成的世界之中，实现一个简约而又精深博大的审美艺术境界，使书法艺术的布局达到实与虚、显与隐、有限与无限的高度统一，

[1] 形式美法则：比例与尺度、均衡与稳定、韵律与节奏、重复与再现、渗透与层次、对比与调和等。

[2] 宗白华：《美学漫步》，上海人民美术出版社，1981年版。

[3] 曹林娣：《中国园林文化》，中国建筑工业出版社，2005年版。

[4] 苏婧：《中国书法艺术与传统建筑关系研究》，《美术教育研究》，2019年（16）。

使欣赏者得到美的再创造的想象，获得无穷之趣、不尽之意。[1]

北宋著名匠师喻皓在《木经》中说："凡屋有三分，自梁以上为上分，地以上为中分，阶为下分。"（上分即屋顶，中分为屋身，下分为屋基，亦称"三停"）屋顶曲线之美历来被认为是中国传统建筑的美学表现。屋顶的曲线和轮廓上部巍然高崇，檐部轻盈如翼，使得原本笨拙的"实体"部分有了虚空般的轻灵之感。屋身由柱子、梁枋、斗拱制作成"实体"骨架，其间安排格扇门窗，装饰雀替、博风、藻井、瓦当滴水，高等级的建筑还会以匾额对联、彩画加以点缀。门窗之间的空白，装饰点缀的剔透精巧，都形成了屋身上的"虚"视感，这种"虚"的介入打破了屋身的厚重感，玲珑之感立现。屋基是建筑的基础，是建筑体量感的保证，也是顶之翼展、身之玲珑的归宿。但即使是如此敦实威仪的实体存在也因为镂空雕琢（虚）的勾栏介入而透露出亲切平和。建筑立面虚实相生的做法正如同梁思成先生概括的那样："翼展之屋顶，崇厚阶基之衬托，玲珑木质之屋身。"建筑的精魂、书法的气韵是民族审美符号的具象化表现，虚实境界是中国哲学智慧的根本所在。虚实观念指导下的艺术形式往往都遵循虚实结合、虚实相生的美学原则，才能体现出结构之美、章法之美。[2]

冯友兰先生说："盖中国早期之哲学家，皆多较注意于人事，故中国哲学中之宇宙论亦至汉初始有较完整之规模。"[3]其中的"宇宙论"先秦时期就已出现，记载于《晋书·天文志》中的"盖天说"："其言天似盖笠，地法覆盘，天地各中高外下。"在这一哲学思想的影响下，方圆秩序便渗透到了中华民族的世界观中，反映在美学上即为"方圆"因素的结合共生。[4]

纵观所有造型艺术，方与圆是构成一切形体之美最基本的一对元素。在书法艺术中，字体多以方形为轮廓，这是汉字之所以被称为"方块字"的原因，是古人"守方立规"的价值观体现。但过于方正难免流于僵硬古板，故而在书写中又纳入弯曲节奏的变化，让字形更为圆润，中和了过于阳刚冷硬的形象，刚柔并济。蒋勋在其《美的沉思》中这样理解"方圆"的概念："……造型上的基本要素'圆'与'方'，与宇宙观观念的'天'与'地'相结合。这里的'天'与'地'又是'时间'与'空间'，是'天道'与'人世'，更清楚地说，这个'方'来源于'房子'的概念，是人世的代表，是空间的范围，是中国建筑

[1]苏婧:《中国书法艺术与传统建筑关系研究》.设计，2019年(6)。

[2]苏婧:《中国书法艺术与传统建筑关系研究》.设计，2019年(6)。

[3]冯友兰:《中国哲学史》，重庆出版社，2009年版。

[4]苏婧:《中国书法艺术与传统建筑关系研究》.设计，2019年(6)。

的符号，是汉代经师所说的'明堂'"[1]。"方形"是中国传统建筑的基本型，体现出中国人的儒家性格，严谨、修身、克己。但同样浸润着释道精神的古人仍然在建筑中用"圆"传递出虚静自守、随缘安然的态度。"圆"有着极强的向心力、包容感，柔和中蕴含刚强，低调处尽显坚韧，不仅与方形共同构成了结构秩序上的完美统一，也用"方圆"语言解释了一切美好和谐的秩序规则。

中国传统建筑的建造形式与书法艺术在间架结构上的处理均表现为"线的艺术，势的追求"。书法艺术的造型元素就是点线，唐代欧阳询在《结字三十六法》中阐述了如何排列组合这些点线元素，构成完美字形的基本方法。结字之法造就了书法艺术的结构，笔画的搭配和组合构成了实体的字形与虚体的空间，两者相辅相成才能获得协调的造型。建筑与书法艺术在造型上的共同性源于"一条著名的书法原则，即'间架'"[2]。中国传统建筑以墙垣、梁枋、柱石为元素构筑出结构与空间，这些元素可以抽象为点、线、面、体，它们的组合排列就如同书法中笔画搭建的"间架结构"一般，共同获取具有美感的造型艺术。[3]

在书写汉字时，"一个字的诸多笔画之中，我们总是选择一个主要的横笔或竖笔，或一个封口的方框，为其余笔画提供一个依靠。这一笔必须写得有力，横和竖要写得较长一些，比其他笔画更为明显。有了这个主要笔画作为依托，其余笔画就可以围绕在它周围或由此出发散开去。即使在群体建筑的设计中，也有一个'轴线'原则，就像大部分中国字里有轴线一样"[4]。中国传统建筑非常注重"轴线"的原则，无论是单体还是群落，都在造型或布局上强调轴线，它是正统的象征，是中国人的性格根本。主体建筑的中轴线如同人的脊梁，其他部分或建筑则像身体的其他部位一样左右均衡对称，并且以主要建筑物的高度为准，取得各建筑物高低起伏变化。在平直的轴线匡正下，其他的元素都收敛了跳跃张狂，归于平和，所以屋顶才会凌空翘起微微的角度，诗画匾彩才有了恬静内敛的深意，建筑轮廓才有了富有节奏韵律的起伏……如同书法艺术当中的结字章法，确定骨骼，合理组合，协调比例，成就完美造型。[5]

2020年，尚美巴黎（CHAUMET）Trésors d'Ailleurs琼宇瑰宝高定系列以中国、日本、法国等国家标志性的建筑造型为灵感，通过精湛的工艺技术将其幻化为一枚枚精致

[1] 蒋勋：《美的沉思》，湖南美术出版社，2014年版。

[2] 吴为山、王月清：《中国佛教文化艺术》，宗教文化出版社，2002年版。

[3] 苏婧：《中国书法艺术与传统建筑关系研究》. 设计，2019年(6)。

[4] 林语堂：《林语堂作品集》，内蒙古人民出版社，2000年版。

[5] 苏婧：《中国书法艺术与传统建筑关系研究》. 设计，2019年(6)。

华美的珠宝点缀指间。作品共由8个子系列16枚独一无二的戒指组成,“华盖琼宇”成为举手投足间的“别处宝藏”。其中,“Qianlong”和“Lady Wei”主题篇章以北京紫禁城皇宫建筑为灵感,将“如鸟斯革,如翚斯飞”的宫殿屋宇用金银宝石雕琢成指间熠熠生辉的华美装饰。

作家刘心武先生曾在《美丽的巴黎屋顶》中写道:“古今中外,建筑物的‘收顶’,是一桩决定建筑物功能性与审美性能否和谐体现的大事。”从建筑单体来看,建筑“三停”中给人印象最为深刻直观的正是清逸俏丽、飞畅流韵的“反宇飞檐”。作为中国建筑中最富有艺术魅力的组成部分,屋顶在文明的发展中诸多变化,从汉代初具雏形至明清规格化形成了完整的体系,陶冶成为中国建筑最伟大的“艺术”。林徽因先生曾这样评价中国屋顶:“最庄严美丽,迥然殊异于他系建筑,为中国建筑博得最大荣誉的,自是屋顶部分。”[1]日本建筑学家伊东忠太在《中国建筑史》中盛赞中国古代建筑的屋顶是“盖世无比的奇异现象”[2]。中国建筑屋顶的塑造仿佛精心编织的华盖,将排泄雨雪、遮蔽烈日、收纳阳光、改善通风等功能与出檐深远、曲线昂扬、翘角凌空的艺术美感交织在一起,体现出理性与浪漫的交织。

在中国文化的体系中,屋顶样式深受礼制思想的影响,严格分为四个类型、九种形制。四种类型为:庑殿、歇山、悬山、硬山;九种形制为:重檐庑殿、重檐歇山、单檐庑殿、单檐尖山式歇山、单檐卷棚式歇山、尖山式悬山、卷棚式悬山、尖山式硬山、卷棚式硬山。哈尔滨工业大学建筑学院教授侯幼彬先生在《中国建筑美学》中将中国古代建筑屋顶的四个类型在美学特征上归纳为雄壮之美、壮丽之美、大方平和之美、质朴憨厚之美,[3]反映出伦理品格之外迥异的鲜明个性。

Trésors d'Ailleurs系列Lady Wei主题的命名致敬了中国历史上两位姓Wei的女性。一位是乾隆皇帝第三位皇后——孝仪纯皇后魏佳氏;另一位是晋代著名的大书法家卫铄卫夫人。戒指设计以庑殿顶为造型,其上覆盖着宝石镶嵌而成的琉璃瓦片,“屋顶”四角下坠的“惊鸟铃”栩栩如生。戒圈壁上玲珑的镂空雕饰仿佛宫殿漏窗的花纹,其间镶嵌的钻石犹如映射于窗棂上的点点碎光。(图243)

庑殿顶是中国建筑文化中品级最高、等级最贵的大屋顶形制,《周礼·考工记》将之称为“四阿”顶或“四注”顶。庑殿顶一条正脊高临横卧于顶部,四条垂脊缓缓下垂,至檐角处微微上扬,呈现出优美平滑的曲线。四角垂脊象征四方,正脊象征中央,五条屋

[1]梁思成:《清式营造则例》,中国建筑工业出版社,1981年版。

[2][日]伊东忠太:《中国建筑史》,商务印书馆,1998年版。

[3]侯幼彬:《中国建筑美学》,中国建筑工业出版社,2009年版。

图243　尚美巴黎　Trésors d'Ailleurs系列　Lady Wei主题系列戒指

图244　北京紫禁城太和殿

脊代表东西南北中五个方位，寓意"普天之下，莫非王土；率土之滨，莫非王臣"，天下万物汇聚中央。作为等级较高的建筑屋顶，正脊、垂脊、戗脊、出檐等处都有审美饰件。正脊两端鸱吻相对如龙腾出海，垂脊下部复续角脊罗列九大走兽与"仙人指路"等雕塑。屋面呈人字四坡式，构成檐角于檐口向上反翘的凹曲之势，将生动纯然隐藏于巍峨庄重之间。北京紫禁城太和殿（图244）的重檐庑殿顶正是此类建筑的典型代表。

也许是文化理解上的差异，同样以古代宫殿为造型灵感的Trésors d'Ailleurs系列Qianlong主题系列戒指（图245），对屋脊与飞檐的诠释更接近中国古典园林中八角攒尖亭（图246）的屋顶造型。

屋顶檐部上翘若飞的处理是中国古代建筑的神来之笔。唐代张萧远《兴善寺看雨》云："须臾满寺泉声合，百尺飞檐挂玉绳。"清代李斗在《扬州画舫录·草河录上》中说：

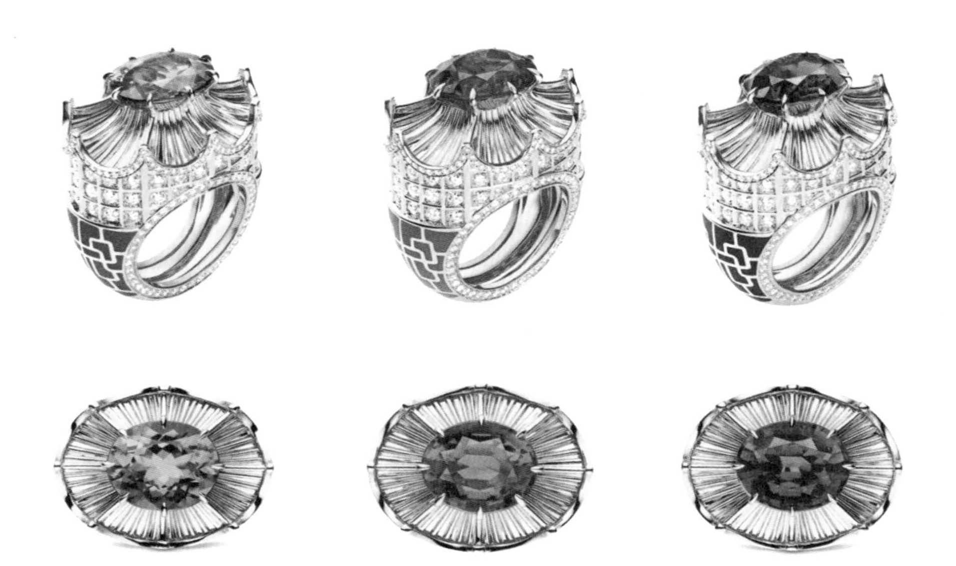

图245　尚美巴黎　Trésors d'Ailleurs系列　Qianlong主题系列戒指

图246　八角攒尖亭　苏州拙政园塔影楼

"香亭三间五座，三面飞檐，上铺各色琉璃竹瓦，龙沟凤滴。"伸出墙垣之外的屋檐与顶盖齐眉，距天空犹近，自成一道狭长轻灵的风景。对比来看，南方建筑更加重视飞檐的处理。屋角造型陡峭夸张，造就了建筑活泼轻快的形象。在雨水丰沛的季节，飞檐高挑的弧度可将雨水抛得尽量远一些，减轻对建筑基础的损害。北方建筑屋角起势和缓，营造出建筑庄重浑厚的气势。冬季落雪，平直的屋檐利于积雪滑落，不会对末端的瓦片造成压力。作为江南园林中常见的建筑小品，亭的形象均空间通透、造型清雅，三四根细

图247　中国古代建筑的飞檐翘角

劲修长的立柱支撑着反宇飞檐的尖顶，展现出不侍凡俗的飘逸与宁静。（图247）显然，Qianlong主题戒指的造型、色彩以及质感的组合违背了亭的文化形象。

建筑学家王振复教授说："中国古代建筑美，又是以台基平面和立柱墙体一般呈现的直线对称与大屋顶一般呈现的弧线反翘形象的完美结合，是由平面的'中轴'、立面的直线所传达的逻辑与形象颇为丰富生动的曲线所蕴含的欢愉情调的'共振和鸣'，是直与曲、静与动、刚与柔、庄严与活泼、壮美与优美的和谐统一。"[1]李泽厚先生在《美的历程》中亦指出："中国木结构建筑的屋顶形状和装饰占有重要地位，屋顶的曲线，向上微翘的飞檐（汉以后），使这个本应是异常沉重的往下压的大帽反而随着线的曲折显出向上挺举的飞动轻快，配以宽厚的正身和阔大的台基，使整个建筑安定踏实而毫无头重脚轻之感，体现出一种情理协调、舒适实用、有鲜明节奏感的效果，而不同于欧洲或伊斯兰以及印度建筑。"[2]

欧洲建筑美学标准的确定来自古希腊先贤亚里士多德（Aristotle）对"美"的解读——和谐，体现在建筑建造规律上则是对几何关系逻辑性的强调。建造于公元前447至公元前432年的帕特农神庙（Parthenon Temple）位于雅典卫城的最高处。作为希波战争胜利的纪念建筑，神庙内还供奉着雅典守护神雅典娜的黄金塑像。比例均衡、气宇轩昂的帕特农神庙建造风格高贵典雅，雄浑刚健之余全然没有笨拙厚重之感，代表着古希腊多立克柱式建筑的最高成就。根据美国建筑学家托伯特·哈姆林《建筑形式美的

[1]王振复：《建筑美学》，台湾地景企业股份有限公司，1993年。

[2]李泽厚：《美的历程》，安徽文艺出版社，1999年版。

原则》一书中的阐述，帕特农神庙的立面根据长、宽、高以及对角线等可构成数个几何形，均可以数值图解的方式确定其比例与尺度，成就了古典时代无懈可击的建筑造型之美。源于古代希腊与罗马的美学观念形成了西方建筑对于建筑体量形态的执着。完整统一、均衡对称的圆形、正方形、正三角形成为一系列几何形态建筑躯体的原型。

以古代希腊、罗马为代表的古典建筑美学经历了中世纪漫长的沉寂之后，终于在文艺复兴时期的欧洲大放异彩，再现了建筑艺术的辉煌以及建筑美学理论的重生。此时的建筑学家们对于继承于古典时代的建筑造型的赞美已经到了无以复加的地步。古希腊的柱式和山花、古罗马的拱券和穹隆，以及基于这些结构基础产生的一系列美学规则与装饰元素都已经成为"绝对美学"的化身。甚至意大利著名建筑学家安德烈亚·帕拉第奥（Andrea Palladio）还为这种"完美"下了一个经典的注脚："形式必须是这样一种类型，即我们哪怕改变或者移动其中任何最小的部分也会破坏形式的完整。"[1]正如卡尔·马克思（Karl Heinrich Marx）评论希腊艺术和史诗时说的那样，它们"仍然能够给我们以艺术享受，而且就某方面说还是一种规范和高不可及的范本"[2]。

古典时期是希腊文化的全盛时期。希波战争胜利之后，雅典成为各城邦的经济文化中心。圣地建筑群——雅典卫城以及神庙建筑——帕特农神庙的建成代表了古希腊建筑艺术的全面成熟。古风时代奠定的"柱式"形制也在这些伟大的作品中发挥了举足轻重的作用。在希腊建筑的发展过程中，所有的进步与变革都集中在大型庙宇的柱子、额枋和檐部的形式、比例以及细节的磨合关系上。至公元前6世纪，被古罗马人称为"柱式"（Order）的做法终于形成了稳定的套路，为后来使用希腊元素的建筑风格树立了结构和审美方面的示范。

流行于意大利西西里一带寡头制城邦的多立克柱式（Doric Order）与小亚细亚共和制城邦的爱奥尼亚柱式（Ionic Order）同时演进，在古典时代形成了刚健雄浑与清秀柔美两种鲜明强烈的特色。多立克柱式比例粗壮敦实（1∶5.5~1∶5.75），强壮的柱身从三层朴素的台阶基面上拔地而起，柱身凹槽相交成20个锋利的棱角，柱头呈简洁刚挺的倒立锥台外廓上举形式；爱奥尼亚柱式比例修长轻快（1∶9~1∶10），台基侧面壁立上下都有线脚，线脚多使用复合曲线并串有雕饰，柱础复杂且充满弹性，柱身满布24个纤细的圆头凹槽，精巧圆柔的柱头涡卷外廓下垂。两种柱式成熟地展示了古希腊文明的最高美学成就，下粗上细、下重上轻的形体特征犹如植物向上生长的蓬勃动势，仿佛具有生命一般柔韧刚强。古典时代产生了第三种柱式，即最具装饰性的柱式——科林斯柱

[1]［瑞士］H. 沃尔夫林、潘耀昌译：《艺术风格学》，辽宁人民出版社，1987年版。

[2]《马克思恩格斯选集》第二卷，人民出版社，1972年版。

图248　希腊　古典柱式

图249　宝诗龙　PARIS，VU DU 26 科林斯立柱项链、茛苕叶问号项链

式（Corinthian Order）。柱础柱身沿用爱奥尼式，柱头宛如一捧装满茛苕叶的花篮。生长于地中海沿岸的茛苕拥有卷曲的叶片和顽强的生命力，在草木凋零的冬季尤为茁壮浓绿，象征着万古长青的夙愿。茛苕叶的形象不仅在古代希腊罗马时期成为卷草装饰的典型题材，也是文艺复兴及18世纪晚期新古典主义艺术常用的典型元素。（图248）

从巴黎的建筑和文化中汲取灵感的宝诗龙（Boucheron）2019年PARIS，VU DU 26高级珠宝系列，从宏观至微观，从俯视到凝视，用珠宝的璀璨致敬了古典时代的光荣与伟大。林立的大理石科林斯柱式被演绎成皎洁如月光流泻的珍珠项链。柱头的铂金茛苕叶夸张延伸，升华为一对如胜利女神般展开的翅膀；将装点于外墙曲面的茛苕叶雕饰婉转成余味悠长的问号项链，在颈项间旖旎流转，顾盼生辉……（图249）

图250　希腊　帕特农神庙

图251　罗马　君士坦丁凯旋门

古典时代最伟大完美的建筑——帕特农神庙（图250）坐落于雅典卫城中央高处，为守护神雅典娜而建。作为卫城唯一的围廊式庙宇，东西两面各8根立柱，南北两侧则各17根，形制隆重宏大。白色大理石主体与镀金铜门、满布雕刻的陇间板、山花和外檐壁的组合华丽非凡。帕特农神庙正立面的高宽之比严格遵循着黄金比例的几何关系。台基、立柱、檐口等结构中则不断重复着4∶9的比例数值，使得建筑造型构图井然有序。为了获得更为庄重崇高的神性形象，设计上多处采用了“视觉矫正”的微妙处理，使本来笔直的线条略呈曲线或倾斜。由于这些细节的调整，神庙的每根柱子和每块石头几乎都不一样，工程技巧可谓完美。

古希腊建筑造型的经典样式被富有开拓和创造精神的古罗马继承者们发扬光大，成为影响世界的艺术范本。正如欧洲人的谚语：“光荣归于希腊，伟大归于罗马。”罗马建筑的伟大壮丽归功于混凝土券拱技术的发展。“罗马建筑典型的布局方法、空间组合、艺术形式和风格以及某些建筑的功能和规模等等都同券拱结构有关。”[1]经过拱券技术的改造，罗马人更新了继承于希腊的建筑遗产，将梁柱结构扩充为横梁上拱的全新形式，进一步拓宽了建筑的空间与规模。凯旋门、万神庙、斗兽场……古代世界的建筑纪录被一项项刷新，新的建筑形式将历史的篇章一页页填满。

为炫耀侵略战争胜利建造的凯旋门（图251）立面近乎方形，洞开1或3开间的券柱式结构，中央券洞高大宽阔可供军队车马穿过。券洞周围墙壁上饰设浮雕，比例优美，装饰富丽，所创造的样式成为经典不衰的建筑摹本。

兴起于共和末期的斗兽场遍布城市，其中最大最著名的一座是科洛西姆斗兽场（图252）。这座古罗马建筑的代表拥有椭圆形的巨大平面，可容纳5万余名观众同时观看角斗表演。建筑立面高48.5米，第四层为实墙，一至三层环绕重复排列着80间拱券廊柱。虽然立面结构不分主次，但券柱式的虚实对比、明暗变化以及水平线脚与栏杆、垂直倚

[1]陈志华：《外国建筑史》，中国建筑工业出版社，2009年版。

图252　罗马　科洛西姆斗兽场

图253　宝格丽　B.zero1　戒指、项链

柱与门洞的组合极其丰富，在和谐统一的基调中充分保持了几何形体的单纯性，犹如一篇旋律低沉、浑然无终的乐章，蕴含着随时爆发的昂扬激情。

“永恒之城”罗马是宝格丽（BVLGARI）的故乡，壮观堂皇的建筑文化为品牌美学风格塑造提供了源源不断的灵感。屹立千年的斗兽场成为B.zero1系列造型的来源，流畅且有力的环状线条呼应着古罗马文明经久不衰的高贵和威严。抽象于建筑语汇的几何形态将历史融入当代设计，在保留文明记忆的同时彰显出不凡的时尚品位。

2019年宝格丽推出B.zero1 ROCK系列，将“铆钉”元素加入古典美学的设计体系之中。相较于B.zero1系列之前的作品，这个新系列更加叛逆、自我、前卫、果敢，标示着这个青春洋溢、特立独行的时代。经典与创新交织、积淀与突破碰撞，堂皇磅礴的“交响乐”转换成尖锐高亢的“重金属”，天马行空的想象力突破了传统的桎梏，新时代美学的珠宝艺术基因在全新的视角和思维下重新延续。（图253）

图254　宝格丽　B.zero1 LABYRINTH迷宫系列　戒指

宝格丽B.zero1 LABYRINTH迷宫系列（图254）融合了古罗马斗兽场的几何轮廓和当代建筑师扎哈·哈迪德的解构主义设计理念。玫瑰金的流畅线条交错穿插形成经典的螺旋结构，在一枚小小的戒指中形成了古今建筑风格的碰撞与交流。

罗马最古老的建筑万神庙（图255）初建于公元前27年，为纪念奥古斯都（屋大维）取得了与安东尼和克里奥帕特拉战争的胜利。公元80年被焚毁后由哈德良皇帝（Publius Aelius Traianus Hadrianus）重建。万神庙是单一空间、集中式构图建筑的完美代表。直径达43.3米的庞大穹顶是罗马穹顶技术无与伦比的伟大呈现，米开朗琪罗曾经赞叹万神庙是"天使的设计"。象征浩瀚天宇的穹隆中央洞开直径8.9米的圆孔，阳光透过洞口在室内形成宏伟的光柱，仿佛天堂投射的圣光。空气中的微尘在漫射游弋的光线中盈盈浮动，宗教的肃然宁谧缓缓漾开，充盈了整个空间。万神庙用连续的承重墙开创了一个单一完整的建筑构图。不同于帕特农神庙被林立的柱子分割的狭小，万神庙的空间形式纯粹明确、和谐阔朗，它的魅力使大文豪也为之倾倒。法国著名作家司汤达在游记《罗马、那不勒斯和佛罗伦萨》中，把万神庙比作至高无上的化身。英国浪漫主义诗人珀西·雪莱（Percy Bysshe Shelley）更是毫不掩饰地表达了"景仰之情"："万神庙的效果正好与圣彼得大教堂相反，虽然它的规模不及圣彼得大教堂的1/4，但却展示了宇宙的形象。它的比例如此完美，在人们注视着那天际般的穹顶时，关于它的体量的概念不复存在。它向天空敞开着，它那宽广的穹顶由处于永恒变化之中的外部世界所照亮。正午的云彩掠过它的上空，晴朗的夜空星星在闪烁，静静地纹丝不动，或是在云层中随着月亮移动。”帕特农神庙定义了优雅，万神庙注解了崇高。由万神庙重新建立的审美逻辑使得一座座宏大的穹隆建筑延续着对神的崇拜和对人的敬仰。对于穹顶建筑的喜爱延续至今，起点在万神庙，而终点尚不可知。（图256）

图255　罗马　万神庙

图256　罗马　万神庙穹顶

当文艺复兴的曙光划破了中世纪的夜空，一个反对神权、尊重人权的人文主义时代来临了。经历了“黑暗时代”的严苛统治和人性压抑，人们开始用新的建筑造型表达对美好光明的向往。中世纪修长的尖顶、高耸的肋拱、繁复的飞扶壁和斑斓的花窗被抛弃，代之以古典柱式、穹顶等结构，表现出对神权的反叛和对人欲的尊重。

尚美巴黎（CHAUMET）Perspectives de CHAUMET系列LUX篇章以珍贵的珠宝工艺致敬了意大利文艺复兴时期辉煌绚烂的穹顶建筑，将一段波澜壮阔的美学变革和文明盛宴浓缩于色彩丰富的宝石镶嵌之中。作为古罗马荣光的延续，巨大的穹顶几乎贯穿了整段文艺复兴的发展历程。高耸于佛罗伦萨主教堂（圣母百花大教堂）（图257）顶端的圆形屋宇，外部由红色的砖瓦覆盖，白色的肋条勾勒出贴合的弧形线条与鼓座连在一起。巨大深圆的牛眼窗打破了几何实体的厚重形成虚实对比。这座灿烂如朝霞的伟大穹隆见证了文艺复兴建筑史的开端，仿佛一朵新时代的报春花以最骄傲的姿态绽放于15世纪欧洲的天空。

图257　意大利　佛罗伦萨圣母百花大教堂

LUX篇章戒指（图258）主石采用黑色欧泊及

粉红珊瑚，弧面切割模拟出穹顶造型。主石外圈镶嵌着钻石与彩宝的组合：黑欧泊周围点缀着钻石、蓝宝石、沙弗莱石和青金石，蓝绿彩宝与黑欧泊的绿色宝光相映成辉；粉色珊瑚、海蓝宝石、粉色蓝宝石、绿松石形成的“粉蓝”撞色设计，营造出文艺复兴时期多彩热烈的时代风格。

图258　尚美巴黎　Perspectives de CHAUMET系列LUX　戒指

对穹顶建筑的热爱如燎原之火点燃了16世纪最耀目的“火炬”——天主教的总教堂、教皇所在的宗座圣殿——圣彼得大教堂（Basilica Papale di San Pietro）。从公元1世纪中叶圣彼得殉教之后的坟墓始建，经过了罗马帝国、中世纪、文艺复兴和巴洛克近1700多年的兴建才具有今天的规模。从文艺复兴时期开始的100多年重修扩建过程中，多纳托·伯拉孟特（Donato Bramante）、拉斐尔·桑西（Raffaello Sanzio da Urbino）和米开朗琪罗·博那罗蒂（Michelangelo Buonarroti）都曾主持过这座庞大而宏伟的天主教建筑的设计与施工。卡洛·马代尔诺（Carlo Maderno）为它设计了宏大的门廊，乔凡尼·洛伦佐·贝尼尼（Gian lorenzo Bernini）为它设计了椭圆形柱廊广场，米开朗琪罗为它设计了高达137米的巨大穹顶……可以说圣彼得大教堂集合了文艺复兴极盛时期美学与技术的最高成就。

在追求“理想之美、普遍之美”观点的指引下，正圆形和正方形成为建造教堂的基本形制。达·芬奇（Leonardo da Vinci）根据古罗马建筑大师维特鲁威（Marcus Vitruvius Pollio）《建筑十书》中对于人体比例和黄金分割的盛赞绘制了画作《维特鲁威人》（图259）。画作中重叠着一个裸体男子伸展四肢后的两种不同姿态，手足顶端与头部的位置正好连接起最完美的两个几何形——正圆形和正方形。文艺复兴建筑大师阿尔伯蒂

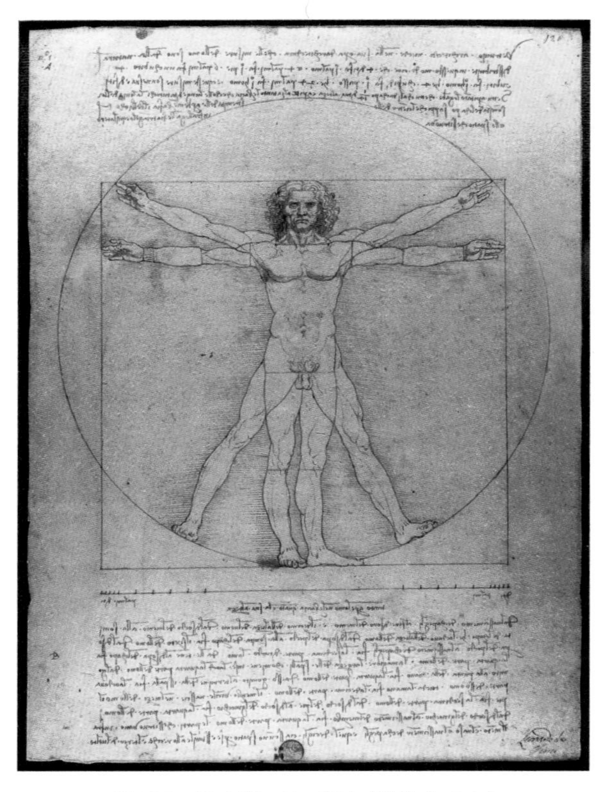
图259　意大利　达·芬奇《维特鲁威人》

秉持同样的观点，认为“自然本身喜爱圆形，它创造的地球、星辰、树干等等都是圆的”。古希腊哲学家柏拉图在他的名作《蒂迈欧》中用工匠神蒂迈欧创造宇宙的故事阐述了他对宇宙的理解：“宇宙是完美的”，“因为球形是最完美的形状，因此宇宙是球形的”。受此观念影响，16世纪颇为流行的新柏拉图学说也赞美圆形的完美无缺。于是“简洁、统一、一致、有力、宽敞”[1]的圆形空间成了圣彼得堡大教堂的造型基础。

16世纪初，罗马天主教廷选中了伯拉孟特的方案。在希腊十字式的平面正中升起一座穹顶作为核心，外侧四角再各增设一个稍小的十字式空间和外塔，鼓座由柱廊围合，形制十分新颖。虽然伯拉孟特的设计更倾向于建立一座时代纪念碑而非宗教意义的教堂，仍得到了期望宣扬统一雄图、表彰个人功业的教皇尤利亚二世的赞赏。1506年，圣彼得大教堂正式动工。然而随着尤利亚二世和伯拉孟特的相继离世，大教堂的建造经历了几番曲折，直至16世纪上半叶，米开朗琪罗接下了主持工程的重任。在这位骄傲孤高的大师要求下，教皇尤里乌斯二世“颁发了亲笔敕令，写明他有随意设计的权力，可以拆除已经建造的部分，也可以加以增补，既可以继承过去的方案，也可以改变它。要求全体建筑人员必须听命于他”[2]。

米开朗琪罗基本上恢复了伯拉孟特设计的平面，加大了支撑穹顶的4个墩柱，简化了四角布局，在正立面增加了9开间的柱廊，对原本穹顶的设计则大量修改。为了更好地展现穹顶的造型，米开朗琪罗专门收集了佛罗伦萨主教堂穹顶的资料进行参考，将大教堂的穹顶轮廓以极度饱满的姿态高举出来。经由米开朗琪罗重新修改的集中式大教堂形制比起拉斐尔和小桑迦洛设计的拉丁十字式在外形上更显完整与伟岸，体积构图

[1]帕拉第奥：《建筑四书》卷V，第二节。

[2]陈志华：《外国建筑史》，中国建筑工业出版社，2009年版。

的重要性远超立面构图，呈现出极强的纪念属性。[1]

米开朗琪罗对于大教堂建造的热情和坚持使得两位继任教皇在他逝世后仍然下令绝不修改他所规定的一切。最终，这座向万神庙致敬并登顶人类穹顶建筑巅峰的伟大工程在贾科莫·伯达（Giacomo della Parta）的主持设计下完成了。穹顶直径41.9米，内部顶点高123.4米，16瓣弧形组件构成的圆形拱面，比万神庙更宏大，比佛罗伦萨主教堂更完美。可惜，由于教会的强势干预，拉丁十字式的大教堂平面获得了最后的胜利，拉长的大厅和前厅以及立面上烦琐的装饰和杂乱的构图，掩盖了大穹顶无与伦比的惊世绝艳，需要距离建筑很远的位置才能欣赏它的全貌，留下了颇多遗憾。（图260）

站在文艺复兴开始与结束的历史节点上的两座建筑丰碑，佛罗伦萨主教堂与圣彼得大教堂遥相辉映，带着上一个时代的色彩与下一个时期的风格，见证了人类文明的演进和美学思考的坚守。

图260 意大利 圣彼得大教堂

[1]陈志华:《外国建筑史》，中国建筑工业出版社，2009年版。

17世纪初，巴洛克艺术诞生之初，随着罗马教廷统治的势力蔓延，以同心圆的方式迅速扩散至罗马以外的其他欧洲地区以及一些拉丁美洲国家，并在各国重构起一个兼容并蓄、辉煌且完整的艺术风格。在今天的欧洲与拉美，仍然可以见证巴洛克艺术对于建筑的巨大影响。虽然在不同的国家，这种艺术风格所呈现出来的风貌截然不同，但却有着一个共同的核心——“随意性、非逻辑性和夸张的趣味。”[1]文艺复兴安详平和的古典气质被巴洛克争奇斗艳的“魅惑”取代；简朴理性的建筑格式被繁复华丽的多变风格“征服”。以至于17世纪中叶之后的学者对“巴洛克”的评价充满了嘲讽与贬义，直至19世纪才得以正名。巴洛克艺术充满了对人性欲望的认同与释放，这种压抑不住的激情终于拉开了建筑史上波澜壮阔的时代大幕。

“建筑就像一件大型的雕塑作品”——雕塑与建筑的杂糅观念突破了古典时代以来的建造方式。建筑从数个单元几何体的组合模式过渡到“一体成形”的“塑造”方式，拥有了更为统一和谐的整体风格以及复杂多变的空间关系。遍布建筑内外的曲线、漏斗形和涡卷形装饰，以及无限延伸的空间暗示、虚实明暗的光影变化，标志着对古典与完美的叛逆和对创造与奇幻的追逐。

巴洛克建筑师们认为，建筑如雕塑般可以被任意塑造和发展，笔直平整的几何外形是禁锢建筑“生长”的牢笼。不规则的立面、波浪状的墙壁将巴洛克式建筑不朽的经典特征——“动感”引入了静态艺术之中。从巴洛克的波浪曲线和反曲线形式中获取灵感的宝格丽BVLGARI Barocko高级珠宝系列（图261），以红宝石、铂金和钻石的组合将“动态”之美融合于珠宝设计，展现出蕴含着坚定力量的“轻歌曼舞”以及矛盾却随心所欲的创新精神。如同波洛米尼（Borromini）和贝尼尼的建筑艺术一般，用厚重浓郁的不连续曲线装饰释放出奢丽与堂皇的“运动”感，仿佛一幅恣意燃烧的“画卷”，挥洒着热烈与激情。（图262）

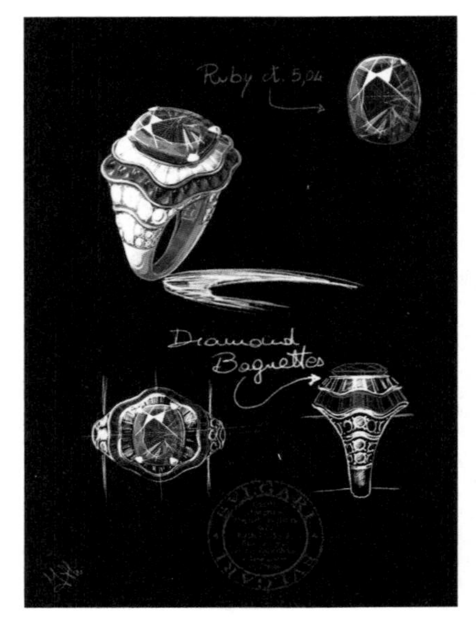


图261　宝格丽BVLGARI Barocko 高级珠宝　红宝石戒指

[1] 许汝纮：《图解欧洲建筑艺术风格》，北京时代华文书局，2018年版。

图262　波罗米尼　贝尼尼　巴洛克建筑

同系列彩宝戒指设计运用缤纷的色彩和戒面上繁复的几何图案，再现了恢宏富丽的巴洛克美学风格。4枚精巧的镶爪托起中心重达11ct的枕形绿碧玺，多角度的利落切工使得光线折射出典型的“重影”特征，创造出巴洛克艺术如梦似幻的视觉体验。玫瑰金戒托两侧由红碧玺、绿松石、紫水晶和钻石层叠镶嵌成V形，晶莹的钻石置于各色宝石之间密镶排布设计，既烘托了彩宝间的色彩对比，又营造出丰富的视觉层次。（图263）

在世界各地不同典型的巴洛克风格中，法国的巴洛克建筑显然存在着更为朴素且谨守分寸的特征，倾向于“一种单独的、规范更严格、酷似古典主义的建筑风格”[1]。相比于意大利巴洛克建筑对古典元素富有想象力和主观性的改变，与社会历史、地缘文化紧密结合的法国建筑在18世纪的欧洲表现出了简洁严肃的帝国风格。在“太阳王”路易十四的宫廷中，丰富多变的建筑平面被简洁的几何构图取代，夸张繁杂的矫饰被严肃的立面要求摒弃，强烈动感的视觉效果转变为庄严雄伟的艺术风格。风行于欧洲的“巴洛克”在政权强大的法国演变为对传统建筑格式更为尊重、与古希腊古罗马以及文艺复兴一脉相承的新古典主义。（图264）

[1]许汝纮:《图解欧洲建筑艺术风格》，北京时代华文书局，2018年版。

图263　宝格丽BVLGARI Barocko高级珠宝　彩宝戒指

图264　巴洛克建筑与色彩

法国古典主义的最大成就集中于巴黎郊外的凡尔赛宫（图265）。建筑为一个向东敞开的U形三合院，南北两侧展开的侧翼长达575米，形成一个向四面扩展的阶梯状连续庭院。宫殿正面的三排连续拱廊所演奏出的一组节奏整齐的“动感”旋律，被组织进安德烈·勒·诺特尔（Andre Le Notre）设计的巨大花园背景中，和宽敞笔直的宫苑大道、充满戏剧张力的神话雕塑、造型独特的修建植物以及动静相宜的水景喷泉一起，成为构成法国城市空间不可或缺的一部分。

图265　法国巴黎　凡尔赛宫

从宏观的角度审视18世纪的法国，堂皇威严的广场规划同样展现出新古典主义的壮丽与雄伟。作为法国古典主义城市规划的典型代表，位于巴黎歌剧院与卢浮宫之间的旺多姆广场（Place Vendome）（图266）聚集了巴黎最豪华的酒店、珠宝店和高级时装屋，19世纪初就成为闻名世界的时尚地标。广场于1702年奠基，几经易名重建，历经18年终于建造完成。路易十四的首席建筑师于勒·阿尔端·芒萨尔（Jules Hardouin-Mansard）为广场独创的八角形空间以及整齐划一的新古典主义建筑风格，使得这个长224米、宽213米的广场犹如一块熠熠生辉的巨大宝石优雅闪耀。宝诗龙（Boucheron）全新推出的Vendome Lisere系列（图267），以鸟瞰视角下的旺多姆广场为灵感，通过对宝石的切割方式重塑广场的切角长方形轮廓。清澈明丽的蓝宝石、柔美温暖的摩根石、生机勃发的绿碧玺在黑色珐琅漆线的勾勒下，抽象提炼出全新的古典主义建筑美学，呈现出英姿飒爽的几何美感。主石周围环绕的镶嵌钻石，构筑出的正是俯视视角之下，华灯初上之时，灯红酒绿、衣香鬓影的旺多姆广场的。

1867年，巴黎博览会举办之时，这座古老的城市已经脱去了中世纪城市的旧衣，换上了"现代城市"的新装。在塞纳省长官奥斯曼男爵（George Eugene Haussmann）作为总设计师的近二十年改造过程中，巴黎从"卡西莫多的巴黎"转变为"奥斯曼的巴黎"，造就了一个超越传统的现代都市。由天才建筑师查尔斯·加尼叶（Jean-Louis Charles Garnier）设计的巴洛克风格的加尼叶歌剧院（Opera Garnier，又被称为巴黎歌剧院）（图268），是奥斯曼时期最令人惊叹的建筑之一，著名音乐剧《歌剧魅影》的故事背景就发生在这里。作为19世纪末世界上最大最豪华的歌剧院，完全呈现出了拿破仑三世时期

图266　法国巴黎　旺多姆广场

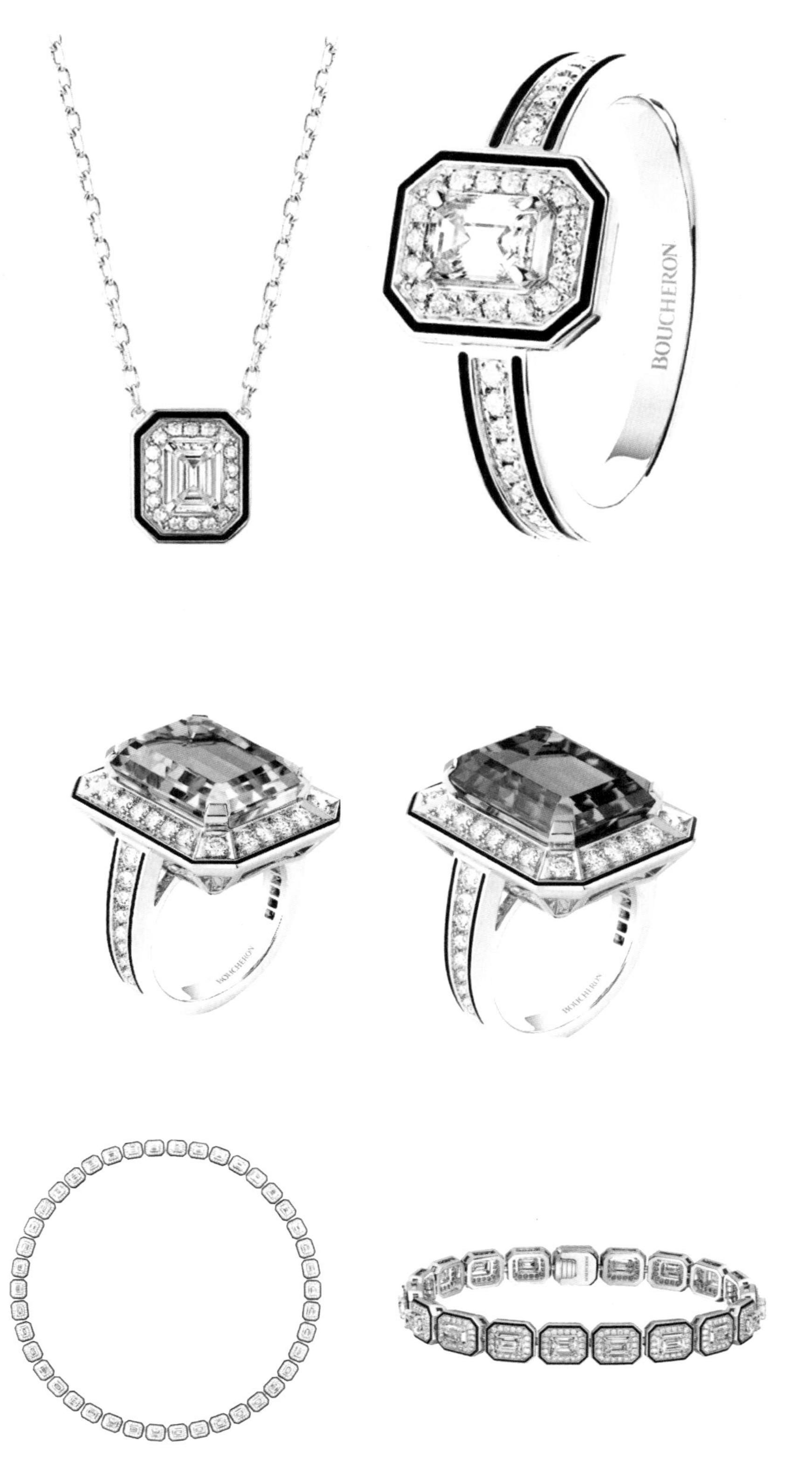


图267　宝诗龙　Vendome Lisere系列

图268　法国巴黎　加尼叶歌剧院

巅峰的华丽风格。

作为晚期巴洛克折中主义建筑的登峰之作，加尼叶歌剧院集古典主义、巴洛克与洛可可艺术为一体，比例均衡、构图严整、细节精致，立面布局采用上、中、下三段式结构。最上段左右对称着古罗马神庙的拱形山花；中段双柱和小壁柱构成的柱廊成为建筑立面最为奢华的视觉核心，与最下部的连续券洞相互呼应。尚美巴黎（CHAUMET）Trésors d'Ailleurs高定系列Isadora主题戒指（图269），以镶嵌于顶部的哥伦比亚祖母绿、马达加斯加蓝宝石和金银镶边，巧妙地将歌剧院繁复奢丽的雕饰、晶莹通透的"牛眼窗"、波浪起伏的漆面屋顶以及金碧辉煌的卷边纹饰，通过曲直相间的线条与空间组合浓缩于珠宝方寸之间，淋漓尽致地展示出这座致敬现代舞艺术家伊莎多拉·邓肯（Isadora Duncan）的建筑瑰宝绚烂夺目的人间繁华。

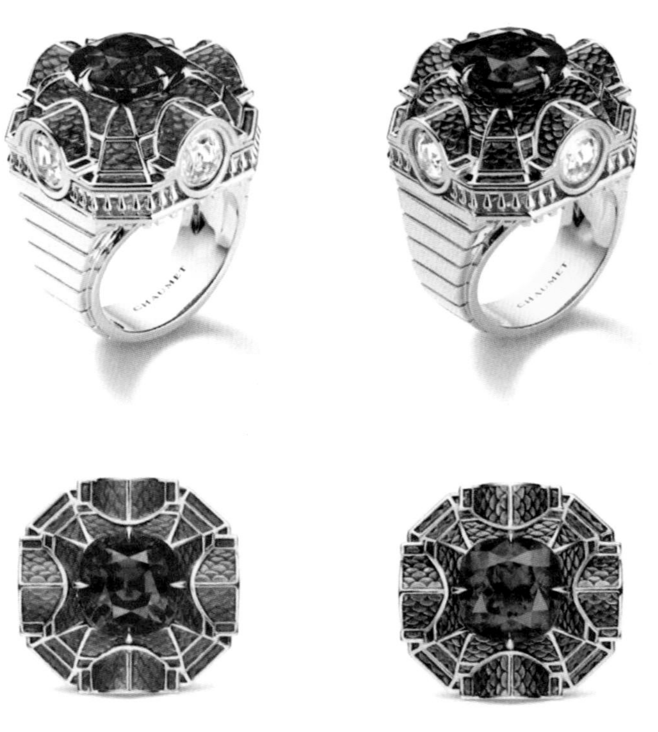

图269　尚美巴黎　Trésors d'Ailleurs高企系列　Isadora主题戒指

当古典建筑艺术经过世代的修饰变得"至美至善""至高无上"的时候，一场世界性的挑战拉开了序幕。19世纪中叶，随着工业革命在欧洲、北美诸国的风起云涌，手工业生产逐渐被大机器取代。钢铁、玻璃、水泥、钢筋混凝土等新型材料相继问世，建筑文化与美学的发展已经站在了破旧立新的世纪之交。当新结构与新技术在短期内创造出亘古未有的跨度空间和前无古人的艺术样式之时，琳琅满目、眼花缭乱的风格"复兴"，也只能转变为"夕阳无限好，只是近黄昏"的时代叹息。

尚美巴黎Trésors d'Ailleurs系列Oriane主题，借法国作家马塞尔·普鲁斯特（Marcel Proust）的小说《追忆似水年华》中公爵夫人奥里安·盖尔芒特之名，致敬历史蜕变背景中的巴黎大皇宫（Grand Palais）。

《追忆似水年华》中的巴黎正处于物质生活极大繁荣的帝国主义时期。1900年，巴黎世界博览会的举办如烈火烹油、鲜花着锦般将法国推向了煊赫的巅峰。为举办这届博览会，结合钢铁、玻璃等新型材料建造的巴黎大皇宫（图270）仅用三年时间便拔地而起。约40位艺术家用雕像、马赛克陶瓷饰带等细节装饰完成了建筑立面的装点，将现代主义元素与古典主义、巴洛克风格、新艺术风格完美融合，使工业革命背景下的巴黎多了几分恢宏与壮美。大皇宫的天穹式玻璃顶棚至今仍是欧洲最大的玻璃屋顶建筑。铜绿色的结构骨架拼接起无数透明澄澈的玻璃幕窗，让天光倾泻下的庞大建筑轻盈如天宫圣境，激发了无数设计师的创作激情。Oriane主题戒指（图271）用黄金打造出整个玻璃穹顶的结构，顶部镶嵌的圆钻主石和弧面赞比亚祖母绿凝练了穹顶的色彩。镶嵌于黄金框架之中的切割水晶凸显了"光"的存在，轻盈通透。

如果说19 世纪末的建筑美学还在古典与现代的边界犹疑不决，那么到了20世纪上半叶，现代建筑的造型格式已经在世界范围内快速成长为坚定而成熟的模样。作为现代建筑的里程碑，美国现代建筑巨匠弗兰克·劳埃德·赖特（Frank Lloyd Wright）设计的考夫曼住宅——"流水别墅"（图272）成为解读现代技术之于建筑美学最恰当的诠释。别墅坐落于宾夕法尼亚州西南部匹兹堡远郊的茂林溪谷间，山石嶙峋，佳木葱茏，山势跌宕形成的瀑布成为建筑的栖身之所，得天独厚的环境仿佛是与大自然的约会胜地。在赖特的畅想中，这座别墅将成为"在山溪旁的一个峭壁的延伸，生存空间靠着几层平台而凌空在溪水之上——一位珍爱着这个地方的人就在这平台上，他沉浸于瀑布的响声，享受着生活的乐趣"。流水别墅共三层，围绕着二层的中央起居室，前后左右空间铺展流转。烟囱、墙体和挑台所形成的矩形体块纵横交错，犹如交响乐般演奏出浑厚铿锵的节奏，在与自然的互动中展示出生动悦目的造型之美。与古典建筑的造型语言与装饰技法相比，流水别墅用简洁单一的矩形元素错落穿插间构筑出建筑灵活自由的基本轮廓。混凝土、粗石、玻璃等现代材料的混用以及刻意弱化的装饰语言都彰显出这座现代建筑率真无华的质朴天性。

图270　法国　巴黎大皇宫

图271 尚美巴黎 Trésors d'Ailleurs系列 Oriane主题戒指

图272 美国 弗兰克·劳埃德·赖特 流水别墅

对于丰厚浓郁的古典建筑而言，现代建筑在情感氛围和造型营建上似乎显得异常冷漠，以至于无法感受到传统视角中所能展现出的建筑立面之美。然而，当真正面对它时，变化多端的形体、挺拔峭立的墙体、舒展自由的挑台都让人无法不被折服。所有没有依照古典美学规则“拼凑”在一起的几何体有机地彼此融合，“如此这般地显示了明暗变化和虚实对比，以至离开了三度空间中的任何一‘度’，离开了矩形体量中三向棱线的任何一‘棱’，离开了各层挑台的正、侧、底（顶）三个面中的任何一‘面’，你都感受不到它的形态美。当然，离开了建筑形体和自然环境的交融结合，你也同样感受不到它的形态美。可以说，流水别墅的美，是建筑体形和环境体形之间有机而巧妙的契合”[1]。与古典主义对于平面均衡、立面丰美的强化与精心不同，现代建筑艺术更倾向于增强建筑的体积效果，用巨大的几何体量去主宰建筑的造型之美；借助大片的玻璃幕墙和洞开的各式门窗创造通透的空间延伸；通过“分离”“断裂”“减法”等切割手段塑造多变的建筑轮廓和莫测的光影虚实；以化整为零的叠加构成，强调建筑的体量结构和平面图式；利用“扭曲”“变形”等方式改变建筑的平直线条，拓展出起伏有致的曲面空间……现代建筑的造型语言从20世纪六七十年代后现实主义开始，成为众多“主义”的试验田，在材料与技术的背书下，盛放出一朵朵风采多姿的花。

在不断涌现的风格流派中，缘起于20世纪60年代法国的解构主义（Deconstructionism）用“反中心、反权威、反二元对立、反非黑即白的理论”[2]旗帜鲜明地宣告与贯穿西方数千年的哲学信念分道扬镳。作为一种设计风格的探索，解构主义从逻辑上否定了传统的设计原则，颠倒、重构现代主义语汇，用分解的观念将既有设计要素打碎、叠加、重组，创造出一种支离破碎的不确定感。20世纪80年代晚期，解构主义建筑“颠覆了人们过去追求和谐、比例、韵律的审美理想”，通过非线性的变形与移位，“力图营造一种怪诞、荒谬、不安、错乱、动态的陌生感觉”。[3]在20世纪90年代人类建筑灿若星河的创造中，毕尔巴鄂古根海姆博物馆（图273）无疑属于最伟大之列。这座由美国建筑师弗兰克·盖里（Frank O. Gehry）设计的奇特建筑于1997年正式落成，立刻成为解构主义建筑的扛鼎之作。整座建筑由一组外覆钛合金板的不规则双曲面体组合而成，破碎动态的造型彻底颠覆了传统设计风格。扭曲的线条、倾斜的结构、断裂的几何图形成为弗兰克·盖里的风格标签。（图274）作为“建筑界的毕加索”，他的作品虽然饱受争议，但完全不妨碍他成为20世纪最伟大的建筑大师之一。

[1] 汪正章:《建筑美学——跨时空的再对话》，东南大学出版社，2014年版。

[2] 唐孝祥:《建筑美学十五讲》，中国建筑工业出版社，2017年版。

[3] 唐孝祥:《建筑美学十五讲》，中国建筑工业出版社，2017年版。

图273 西班牙 毕尔巴鄂古根海姆博物馆 弗兰克·盖里

图274 解构主义建筑作品 弗兰克·盖里

当解构主义为建筑美学与珠宝艺术的沟通架起桥梁时，打造出了颠覆传统的尚美巴黎（CHAUMET）Perspectives de CHAUMET筑艺万象高定系列，通过六个主题篇章呈现出对城市空间与光影印象的全新解读。

“天际线”是由城市建筑构成的全景轮廓。在“天际探寻”（Skyline）篇章的诠释中，这条完整的二维轮廓线被切割成零落的金属“碎片”，仿佛城市中散漫游走的光影和支离破碎的建筑。设计用解构的方式将这些二维的“碎片”镂空、雕刻、锤击、抛光，重新组装构成了一个个全新的三维“结构”。凝结在金属表面的独特肌理宛如被定格的城市记忆，在宝石的点缀中流动着轻盈曼妙的浮光。不仅如此，可分解拆卸的独特设计重申了解构主义中的“分解”特质，以一种新思路、新形式传承了高级珠宝多种佩戴方式的传统。（图275）

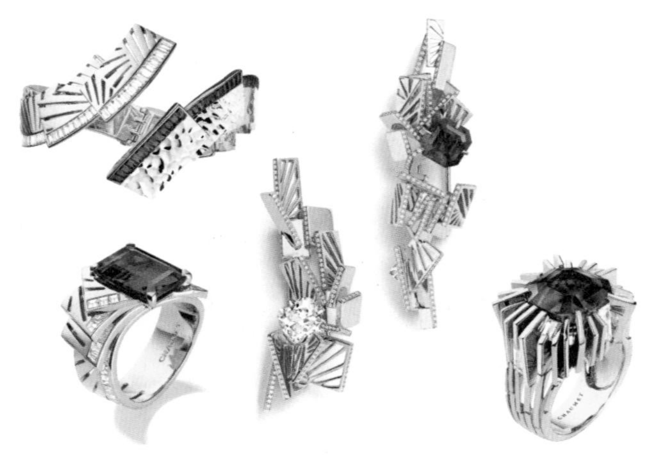

图275　尚美巴黎　Perspectives de CHAUMET系列　Skyline

对解构主义的理解可以看作是对固有伦理道德秩序的打破、对意识形态和行为习惯的颠覆。另一种以抽象构成为理念的建构主义（Constructivist）则在建筑造型上体现出文化与诗意，期望通过几何构造的手法呼吁建筑美学的回归——这一理念也成为尚美巴黎（CHAUMET）Perspectives de CHAUMET系列“建构几何”（Labyrinthe）篇章的灵感来源。（图276）现代建筑大师密斯·凡·德罗（Ludwig Mies Van der Rohe）曾对他的学生说：“我希望你们能明白，建筑与形式的创造无关。”在他眼中，建筑应是艺术与技术的结合，结构简明、意义清晰、材料纯粹才是形成完美建筑的根本要义。尚美巴黎将建构主义概念应用于珠宝艺术，打造出了“建构几何”篇章直接而纯粹的构成形式，摆脱了潮流的影响和传统的桎梏，干脆利落地回归到珠宝价值本身。

图276　尚美巴黎　Perspectives de CHAUMET系列　Labyrinthe

# 意境之美

意境之美是中国古典美学独有的文化范畴和至高境界，几乎贯穿了中国艺术发展的整个历史。从先秦时期的老庄哲学中初现端倪，到魏晋南北朝自然审美意识的觉醒和山水诗画的诞生，再至唐代在王昌龄的《诗格》中形成“三境”概念：“一曰物境：欲为山水诗，则张泉石云峰之境，极丽绝秀者，神之于心；处身于境，视境于心，莹然掌中，然后用思，了然境象，故得形似。二曰情境：娱乐愁怨，皆张于意而处于身，然后驰思，深得其情。三曰意境：亦张之于意而思之于心，则得其真矣。”两宋时期，作为衡量艺术作品的最高评判标准，意境之论已在诗词、书画包括建筑与园林等美学领域占据了重要地位。宋人将诗画融为一体，苏轼赞王维“诗中有画”“画中有诗”[1]，造园之时兼“诗扬心造化，笔发性园林”。明清文人更是将山水自然当作“地上文章”，精心雕琢起承转合，谋篇布局。古今文人墨客多借建筑或园林物象的体验抒发自己对人生意义、宇宙万物的感怀。王羲之在《兰亭集序》中观山河美景，开畅胸怀：“仰观宇宙之大，俯察品类之盛。所以游目骋怀，极视听之娱，信可乐也。”王勃在《滕王阁序》中由“落霞与孤鹜齐飞，秋水共长天一色”的意象比兴引发“天高地迥，绝宇宙之无穷；兴尽悲来，识盈虚之有数”的哲学思考。美学家叶朗先生曾对“意境”概念进行了这样的解读：“中国古代哲学家不太重视‘美’。他们受老子哲学的影响，追求的是‘妙’。……‘美’的着眼点是一个具体的有限的对象，就是要把一个有限的对象刻画得很完美。而‘妙’的着眼点是整个人生，是整个造化自然。……他们追求一种‘象外之象’‘景外之景’，在这种‘象外之象’‘景外之景’中，抒发他们对于整个人生的感受。”意境就是这个景象之外的“妙”之所在。中国所有的艺术门类的共同追求，无论是空间艺术——绘画，还是时间艺术——文学，都在以不同的表现手法和构成方式追求意境的达成，诗画如此，建筑亦如此，建筑与自然融糅而成的园林更是如此。

[1]（宋）苏轼：《经进东坡文集事略·书摩诘蓝田烟雨图》。

中国园林不是一座孤立的建筑，也不是一片落单的风景，而是情与景交融的诗画意蕴。明末清初思想家王夫之先生评唐代诗人杨巨源《长安春游》诗曰："只平叙去，可以广通诸情，故曰诗无达志。"说明诗歌审美意象的多义性造就了欣赏时的体悟差异，给予思想上的感受与启示也各不相同。因此，诗的魅力就在于以有限的篇幅空间以及语言词汇能够创造出无穷的意蕴联想与共鸣，这就是诗歌意境的达成，同样也是寄情于物、突破有限对象进入无限时空的中国古典园林艺术所追求的最高境界。

中国古典园林是一处诗情弥漫的憧憬，不仅诗文中的境界、场景在园林景观营造中得以复现，更以景名、匾额、楹联等点题升华诗境，甚至在布景构景之时借鉴文学章法，欲扬先抑、循序渐进，形成连续且高潮迭起的系列空间，最后统一在和谐有度的章法之内。正如清代书画家钱泳所说："造园如作诗文，必使曲折有法，前后呼应。最忌堆砌，最忌错杂，方称佳构。"[1]

明正德年间，御史王献臣两次被诬陷降职，罢官回乡后在苏州城内建私家宅园拙政园，由著名书画名家文徵明亲自设计，园名取自西晋文学家潘岳《闲居赋》，以"拙政"之意"自嘲"不善官场钻营和曲意奉承之能。拙政园几易其主，后在不断的兴废改建过程中分为西、中、东三部分。作为全园精华所在的中部以大水池为核心，水面聚散之处阔朗曲折各有妙景。建筑大多环水而建，借水赏景，因水成景。池中垒土石筑东西岛山，水面划为南北两块。岛山西部较大，山顶建长方形亭名为"雪香云蔚"，结合周围大片梅林取意于苏州城郊赏梅胜景"香雪海"。东山藏而不露的六角"待霜亭"与"雪香云蔚亭"（图277）前后呼应，明暗显隐之间形成对比。两山之间以小桥溪谷相连，扶疏花木中遍植柑橘、梅花以点园亭之名。"待霜亭"取唐代诗人韦应物《答郑骑曹青橘绝句》："书后欲题三百颗，洞庭须待满林霜"诗意，仿太湖洞庭东西山栽植枫树，待霜降始红之景。亭外原有清末大儒翁同龢为亭撰写的楹联："葛巾羽扇红尘静，紫李黄瓜村路香。"戊戌变法之后，两代帝师、三朝元老的翁同龢被他的学生光绪帝以"渐露揽权狂悖情状，断难胜枢机之任"为由勒令罢官回乡，过起了"葛巾羽扇"的平民生活。远离清末乱象丛生的官场，翁同龢却没有失落寂寥，相反在"紫李黄瓜"的田园生活中体味宁静致远。楹联之意正应和了"待霜"之志，安于淡泊、不畏风霜。西山西南角的"荷风四面亭"正居水池中央，西、南两侧各延伸出一座曲桥，西连"柳荫曲路"，南接"倚玉轩"，将水面划分为三个彼此通透的水域并贯通全园交通。

[1]（清）钱泳：《履园丛话》。

图277　拙政园　雪香云蔚亭与待霜亭

图278　拙政园　远香堂

图279　拙政园　小沧浪水院与小飞虹桥

拙政园拥有丰富多变的园林空间，在既分隔又联系的组合序列中形成了诗一般的韵律。从小巧简素的巷门进园便经过一段狭长的夹道入腰门，迎面一座黄石假山犹如一架屏风遮掩住园内景观。绕过假山后的一泓小池，园内之景扑面而来，空间自如转换开合之间、大小明暗对比之际就调动起了游园的情绪，仿佛诗词开篇看似平平无奇，却蕴含着出人意料的节奏铺陈。

小池北边的远香堂（图278）是园中部主体建筑，面阔三间，长窗落地，在室内观赏四时之景犹如在欣赏一幅幅妙不可言的山水立轴画卷。远香堂临水而建，夏日闲立北面月台之上，可见满池荷蕖摇曳，故取宋代理学家周敦颐《爱莲说》中"香远益清，亭亭净植"之意定名"远香堂"。向北远眺可望水中岛屿之上山石层叠，佳木葱茏，与西山雪香云蔚亭隔水而成对望之景。

穿过远香堂西侧倚玉轩沿曲廊南回是一湾大池收束的水尾。一道形如彩虹的拱形廊桥"小飞虹"轻灵地横跨在窄窄的水面之上，将游览路线继续向南引领过得真亭直至横架水面之上的三间水阁"小沧浪"。得真亭北面栽圆柏为主景，以柏树之性拟人之品行，取意于西晋文学家左思《招隐》诗句"峭茜青葱间，竹柏得其真"，更兼《荀子》中对松柏常青，经霜雪而不凋敝的赞美"桃李倩粲于一时，时至而后杀。至于松柏，经隆冬而不调，蒙霜雪而不变，可谓得其真矣"，故以"得真"命之。"小沧浪"之名取意于《楚辞》："沧浪之水清兮，可以濯我缨；沧浪之水浊兮，可以濯我足"之句，文人风骨可见一斑。小沧浪与小飞虹南北呼应，在四周亭廊建筑的围合环绕之下形成一个半围合的内向空间。于小沧浪中凭栏北望，当视线越过这个独立幽静的小小水院，穿过小飞虹上微微隆起的廊顶与镂刻雕花的栏杆，抵达园中最北端的见山楼时，这段纵深的视线便串起了阁、亭、廊、桥、楼，几经波折回转又延绵勾连，终于获得一段深远且悠长的诗画况味。（图279）

得真亭北折的黄石假山以西是一处清静院落玉兰堂，

图280 拙政园 香洲

厅堂四方阔朗，坐北朝南，名称取意于李白《别鲁颂》中“独立天地间，清风洒兰雪”之句，寓意园主品行高洁如兰胜雪，独立天地不染尘霜。假山北面为临水石舫香洲（图280），与倚玉轩隔水相望，这片较窄的水面形成的视线纵深较短，所以在香洲舫厅之内竖起一面玻璃镜面，利用镜中映射获得延长对景轴线的视觉效果。旱船石舫在皇家宫苑中的政治意义到了文人园林中则成为“不系舟”的含义。《庄子·列御寇》：“巧者劳而智者忧，无能者无所求，饱食而遨游，泛若不系舟。”在写满诗意怅然诗词的园林中，不系舟成为士大夫们追求自由、寻找自我的起点，是乘风破浪、处世济危的向往，也是快意人生、相忘江湖的归宿。拙政园的“香洲”取意于屈原《九歌·湘君》“采芳洲兮杜若，将以遗兮下女”，将这一临水的建筑小品升华为人格高洁的象征。

过玉兰堂往北可至水池最西端的“别有洞天”，与水池最东端的梧竹幽居亭遥遥相对，形成园内中部东西向的次轴线。梧竹幽居亭四面均开月洞门，可将周围景色纳入洞门“框景”之中。亭名取意于唐代诗人羊士谔《永宁小园即事》“萧条梧竹月，秋物映园庐”，梧桐修竹掩映之下，这处小亭古雅幽静。

见山楼（图281）位于水池西北岸，三面环水，两侧傍山，是一座重檐卷棚歇山顶的民居式楼阁建筑，色彩雅丽，风姿古朴。楼阁底层为藕香榭，上层为见山楼，高而不危，耸而平稳，由西侧爬山廊登临此楼，可尽览城外山色，亦可遥望对岸雪香云蔚亭、倚玉轩、香洲风景。见山楼原名“梦隐楼”，其中一个“隐”字更是点出了拙政园的隐逸主题。楼阁建成之后，文徵明写诗曰：“林泉入梦意茫茫，旋起高楼拟退藏。鲁望五湖原有宅，渊明三径未全荒。枕中已悟功名幻，壶里谁知日月长。回首帝京何处是，倚栏惟见暮色苍。”以梦中所悟尽诉王献臣的罢官贬斥、报国无望的失意与无奈。

见山楼爬山廊另一侧与曲廊相接，形成了两个隔而不断的不规则廊院。院中遍植垂柳，名曰“柳荫曲路”。垂柳姿态婀娜，文化意蕴丰富，是文人园林中最常见的植物之一，可以营造出丰富的视觉景观和空间意境。隆冬刚过，万物乍醒之时，丝绦万缕的垂

图281　拙政园　见山楼

柳摇曳于疏云雾雨之间，仿佛春之使者，正是“依依袅袅复青青，勾引春风无限情”[1]。垂柳细叶如裁，长枝如丝，唐代诗人贺知章的《咏柳》就用拟人的手法，生动地描画出春风吹拂柳枝时翩翩起舞的风流可人：“碧玉妆成一树高，万条垂下绿丝绦。不知细叶谁裁出，二月春风似剪刀。”垂柳既是《诗经·采薇》中与家人朋友分离时的依依不舍，也是《诗经·东方未明》中折柳樊圃的家园与故乡；既是勤于公事的“武昌官柳”，也是情致高雅的“陶潜家柳”……穿廊而来立于池岸堤畔，风动长波，拂来了柳香，怎样的言语才能形容这满目的画景诗情、满心的风烟俱寂呢？

园内东南角有一处云墙和假山隔障而成的园中园——枇杷园（图282），园中建“玲珑馆”与“嘉实亭”。立于北面云墙的园门处展目南望，可赏园内枇杷树华庭如盖掩映着亭馆俏丽剔透；回首北眺，又见雪香云蔚亭如天界一角氤氲着凡尘禅境，所有一切都被框进一扇小小的月洞门，宛如一方小品册页。拙政园的“玲珑馆”与沧浪亭的“翠玲珑”同取自沧浪亭原主人北宋诗书大家苏舜钦《沧浪亭怀贯之》中的诗句：“秋色入林

[1]（唐）白居易：《杨柳枝》。

图282　拙政园　枇杷园

红黯淡，日光穿竹翠玲珑。”虽全诗立足描写秋日景色，却将深沉的慨叹愁怀融于诗境，立意高远，格调大气。玲珑馆周围遍植翠竹，呼应了诗中景致。馆内高悬“玉壶冰”匾额，取意于南朝文学家鲍照《代白头吟》：“直如朱丝绳，清如玉壶冰。”借诗文中高洁女子的不平之声，抒正直之意，表清如玉壶却难容于世的怅然之情，升华了玲珑馆的建造之旨，也点明了庭院修竹的象征意涵。

拙政园中部园区的游览路线起伏有致、动静相宜，在“前奏、承转、高潮、过渡、收束”[1]中环环相扣，“构成了诗一般的组景旋律”[2]和情韵多姿的园林意境。殊容珠宝“园林”系列（图283）以江南园林意境为灵感，将对景、框景等空间组织手法运用于珠宝设计之中，创造出以小见大、见微知著的艺术效果。耳饰以波折的线条勾画出园林中曲折的水岸，古木掩映下的亭台楼阁在水岸转折与对角处彼此呼应。这是一幅夕阳余晖下，倚坐美人靠，品茗观花鱼的动人画卷。起伏蜿蜒的曲廊和粼粼回波的倒影，黑白钻石将所有令人迷醉的画境都幻化成流光闪烁间的一抹无以言诉的诗意，却已分不清是镜中花，还是水中月。

[1] 周维权：《中国古典园林史》，清华大学出版社，2011年版。

[2] 周维权：《中国古典园林史》，清华大学出版社，2011年版。

拙政园西部的补园水面较小，呈曲尺形，景观分布“以散为主、聚为辅”[1]。筑于西园水中小岛东南角的扇形亭“与谁同坐轩”（图284）正对景界开阔的水面转折处，取意于苏轼《点绛唇·闲倚胡床》：“闲倚胡床，庾公楼外峰千朵。与谁同坐，明月清风我。”孤高淡漠之情只有皎皎明月、袅袅清风可与之相和。与谁同坐轩造型别致，凭栏可见三面风景，回首可与西北岛山之上的浮翠阁遥遥相对。

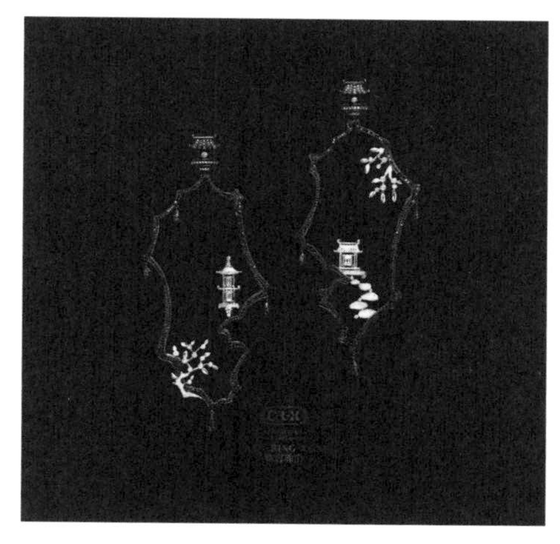

图283　殊容珠宝　“园林”系列

图284　拙政园　与谁同坐轩

[1]周维权:《中国古典园林史》，清华大学出版社，2011年版。

西园最北端的倒影楼临池而筑，收束起北向延伸的一段狭长水域。楼阁底部入水成影，名称取意于晚唐诗人温庭筠的诗句："鸟飞天外斜阳尽，人过桥心倒影来。"倚栏南望，楼阁左侧西岸是山石林木的自然野趣，右侧东岸是沿着东西园界墙构筑的一道体态盈盈的蜿蜒水廊。四周景物悉数映于清波微漾的澄澈水面之中，随波韵动，洵美且异。同样以倒影丰富景观层次，创造虚实空间的点景建筑是西园最南端的塔影楼。不仅与体量过大的"留听阁"构成了一道南北呼应的对景线，也增强了纵向水系的纵深感。塔影亭以石为基，八角攒尖，形体精巧玲珑，夸张的飞檐倒映在水波潋滟间宛如一只栖于水面的雀鸟，随时准备展翅凌空。

园林倒影赏不尽，水中景色亦如诗。殊容珠宝以宝石的璀璨晶莹、珍珠的宝光耀华描摹出清晨时分园林水面缥缈灵动的倒影意象。洒落人间的第一缕晨光，为园林披上玫瑰色的薄纱。微风拂过水面，唤醒了一夜沉醉的池水和盛放的夕颜。红宝石折射的华光，仿佛是风动长波之际，摇碎的水中楼阁和镜中花影，被清灵悦耳的虫鸣和沾满晨露的芬芳惊醒了沉酣——"画"中的园林又将开始上演一幕幕红妆春骑，楼台歌舞。（图285）

水廊南端尽头的宜两亭建于假山之上，既可俯瞰西园景致，又能借中园景观与倒影楼遥遥相对，互为对景。亭西侧为西部主体建筑鸳鸯厅。厅中以隔扇分为南北两半。北厅为三十六鸳鸯馆，挑于水池之上；南厅为十八曼陀罗馆，厅前种植十八株茶花以点厅名，花时巨丽鲜妍，纷披照瞩，为江南仅见。晚明清初，大诗人吴伟业探访十八曼陀罗

图285　殊容珠宝　"园林"系列

馆时赋诗赞曰："拙政园内山茶花，一株两株枝交加。艳如天孙织云锦，赪如姹女烧丹砂。吐如珊瑚缀火齐，映如蟒蛛凌朝霞。"[1]

鸳鸯厅向西渡曲桥便是临水留听阁，此处原遍植荷花，取意于唐代诗人李商隐"留得残荷听雨声"诗句。留听阁与水尾尽头的塔影楼相映成趣，以这条妙趣横生的对景构图化解了水体本身的僵硬呆板。留听阁向北可一路循石矶登上全园制高点——浮翠阁。浮翠阁为八角形双层建筑，由于枝叶繁茂，建筑仿佛浮动于一片翠绿浓荫之上而得名。

中国园林意境的达成往往遵循画理诗韵，借助叠山理水、花木建筑将自然山水风景缩移模拟于咫尺之间，所谓"一拳则太华千寻，一勺则江湖万顷"，在园林空间的章法布局之中将有限物境衍生出意蕴无垠。

中国古典园林建筑空间更是把空间的流动之美刻进了基因里。园林的出现本就是供人游赏的所在，空间形式更为复杂多变，常常将动静空间交织融合在整个园林之中，令人产生柳暗花明、流连忘返之感。中国园林不仅有亭台轩馆的"静态"建筑，更有廊、桥等"动态"建筑，更兼山水花木、虫鸣鸟啼，这些景物所复合而成的空间形态层次之丰富、变幻之曼妙令人身处其间常感到目不暇接、心旷神怡。古建筑学者陈从周认为："园有静观、动观之分……所谓静观，就是园中予游者多驻足的观赏点；动观就是要有较长的游览线。二者说来，小园应以静观为主，动观为辅。庭院专主静观。大园则以动观为主，静观为辅。"[2]布局紧凑、尺度玲珑如网师园"有槛前细数游鱼，有亭中待月迎风，而轩外花影移墙，峰峦当窗，宛然如画，静中生趣"[3]。山环水绕、开朗疏阔如拙政园"径缘池转，廊引人随……妙在移步换影，这是动观"[4]。"对中国园林建筑来说，与其说它表现了空间形态的'动态美'，毋宁说它表现了空间形态的'变幻美'"[5]。"变幻"的特殊性体现在对单一空间及复合空间的综合塑造之中，动静相宜之间形成了中国园林"园亭楼阁，套室回廊，叠石成山，栽花取势，又在大中见小，小中见大，虚中有实，实中有虚"[6]的美妙胜景。

英国建筑理论家查尔斯·詹克斯（Charles Jencks）在《中国园林之意义》中这样评述中国园林的美学特性："中国园林是作为一种线性序列而被体验的，使人仿佛进入幻境的画卷，趣味无穷。……内部的边界做成不确定和模糊，使时间凝固，而空间变成无

[1]（清）吴伟业：《咏拙政园山茶花》。

[2] 陈从周：《说园》，同济大学出版社，2007年版。

[3] 陈从周：《说园》，同济大学出版社，2007年版。

[4] 陈从周：《说园》，同济大学出版社，2007年版。

[5] 汪正章：《建筑美学——跨时空的再对话》，东南大学出版社，2014年版。

[6]（清）沈复：《浮生六记》卷二《闲情记趣》。

限。显而易见，它远非是复杂性和矛盾性的美学花招，而是取代仕宦生活，有其特殊意义的令人喜爱的别有天地——它是一个神秘自在、隐匿绝俗的场所。”[1]

不过，在德国哲学家黑格尔（G.W.F.Hegel）却在《美学》中提出了对中国园林艺术的批评：“当然也还有一种园林艺术，以复杂和不规则为原则。……因为错综复杂的迷径，变来变去的蜿蜒形的花架，架在死水上面的桥，安排得出人意料的高惕式小教堂、庙宇、中国式的亭院、隐士的茅庐、装骨灰的瓶子、小土墩子以及雕像之类都只能使人看了一眼就够了，看第二眼就会讨厌。真正乡村景致的美就不像这样，……园林的整齐一律却不应使人感到意外或突然，它应该如我们所要求的，能显出人是外在自然环境中的主体。”翻译者朱光潜先生在这段文字页下进行了礼貌而有力的注释回击：“黑格尔在园林方面的趣味还是18世纪的，要求整齐有规则，像凡尔赛王宫所代表的。正在这时期中国园林艺术传到欧洲，产生了很大的影响。黑格尔在这里所描绘的正是在中国影响之下的新式的园林艺术的风格。”虽然黑格尔的审美受到时代局限对于中国园林颇有微词，但不可否认他敏锐的洞察力，他认为：“讨论到真正的园林艺术，我们必须把其中绘画的因素和建筑的因素分别清楚。”他认为中国园林“并不是一种正式的建筑，不是运用自由的自然事物而建造成的作品，而是一种绘画，让自然事物保持自然形状，力图模仿自由的大自然”。“最彻底地运用建筑原则于园林艺术的是法国的园子”。

法国园林艺术是以17世纪风靡欧洲的古典宫苑园林凡尔赛宫为代表。在这座以凡尔赛宫殿建筑为构图重心展开的宫苑（图286）中，“建筑原则”通过纵横的轴线、规则的区域划分以及几何形的修剪植物以最为辉煌、古典的方式展示出人作为自然主体的崇高地位。这是一种将园林看作建筑延伸的思维方式，其审美标准就如当代建筑一样依循着古希腊和古罗马时期对几何模式和数学原则的崇拜与信仰。“在这里，园林是陪衬，是背景，是建筑的附属物，确实不是独立完备的艺术”[2]。

中国园林走的是完全不同的道路。五千年文明的美学陶冶，又在成长过程中与多种艺术形式共融共生的中国园林完全是一个独立而完备的艺术类别。黑格尔说中国园林是一种绘画，虽然含着贬义，但很准确，只不过他不了解的是：中国的绘画不仅仅是一幅构图式的写实风景，而是充满诗意的写意语言；中国的园林也不单单是一幢建筑的附庸，而是融糅了建筑美与自然美的最高级的建筑艺术。

中国传统建筑尤其是园林与绘画艺术的审美共振体现在“境”的营造之上。古人造园的最高理想是“天人合一”——在师法自然的基础上体现人与自然的契合。中国

[1]［英］查尔斯·詹克斯，中国园林之意义［J］. 赵冰、夏阳译.《建筑师》，1987（27）。
[2] 王世仁：《理性与浪漫的交织：中国建筑美学论文集》，中国建筑工业出版社，2015年版。

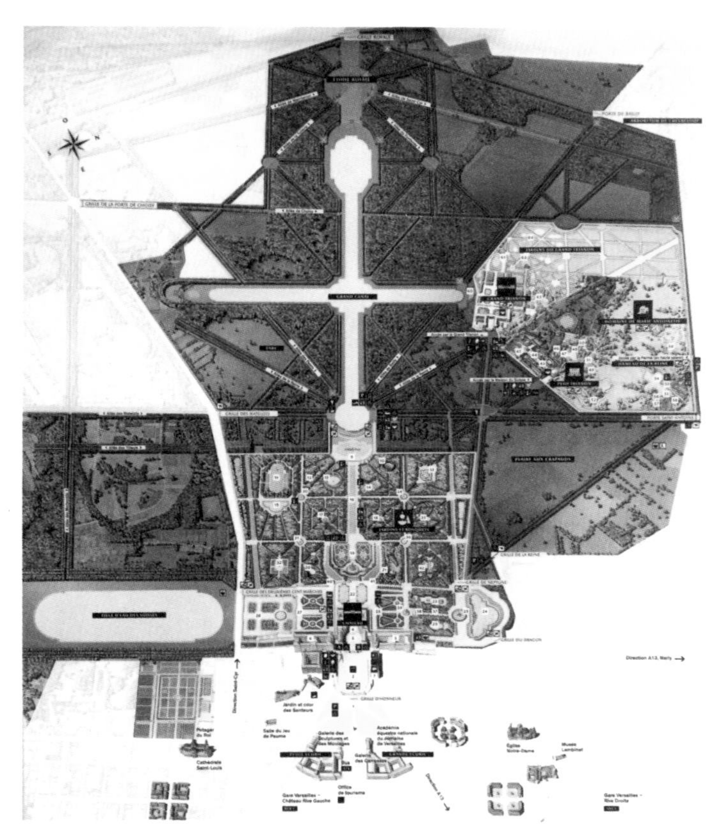

图286　法国　凡尔赛宫苑平面图

绘画讲求“外师造化，中得心源”[1]，同样强调绘画创作应取法自然，并通过画家的情思与构设获得艺术美感。两种艺术形式都离不开对客观自然物象的揣摩以及主观美学意象的理解，并以“写意”真趣将艺术境界发挥到极致。

英国乔治时期最负盛名的建筑师威廉·钱伯斯（William Chambers）爵士曾称赞中国的造园家“是画家和哲学家”，而非意大利、法国的那样“任何一个不学无术的建筑师都可以造园”[2]。中国古典园林的营造大多出自文人、画家与匠师的合作。南朝宗炳的《画山水序》对后世绘画和风景观念影响极深：“竖画三寸，当千仞之高，横墨数尺，体百里之迥。”尺幅之间纳万千山水，是绘画的透视技法，也是景观营造以小见大的设想，画论与山水清晰地联系在了一起。南朝齐谢赫在《古画品录》中提出“气韵生动、骨法用笔、应物象形、随类赋彩、经营位置、传移摹写”，此“六法”虽是针对绘画构图、技法、画境等方面提出的指导，但也影响了后世文人园林在位置布局与意境营造上的建造手法。

园林是空间的艺术，掇山理水、花木建筑构成园林虚实相生、明暗开合的空间形态，以小中见大、大中观小的巧妙手法突破局限，创造意境。因此从中国园

[1] 唐代画家张璪提出的艺术创作理论。

[2] 杨存田：《中国风俗概观》，北京大学出版社，1994年版。

林的发展历程来看，能够创造出“多方胜景，咫尺山林”境界的造园家往往具备极好的绘画修养，能够从空间布局及美学高度上借鉴绘画艺术的规律，丰富审美体验与联想，使园林创作臻于“如画”妙境，实现审美上的超越。正如山水画论中以“三远”法扩充绘画的审美感受，使人在不同视点的切换之中体悟身临其境的“高远”迫人、山重水复的“深远”莫测、心旷神怡的“平远”开阔。园林也用地形高处建楼宇景亭、山水花木分隔借景、空间大小序列对比等手法用不同视点角度、不同视线长短来“描绘”园中景物的构成。中国园林始终没有被科学驯服，而是按照“绘画”的思路走入了画中世界，忽而曲径通幽，忽而豁然开朗，远近高下之时、仰俯顾盼之间，身随心动，已忘来路。

近代建筑学家梁思成先生曾将中国园林（包括园林建筑）喻为立体的山水画；建筑学家童寯先生在《东南园墅》开篇也对中国园林与山水画做了一番比较：“旧派论园者，以为绝妙佳园，必由丹青高手施以妙计。”[1]正如陈从周先生在《说园》中所言：“远山无脚，远树无根，远舟无身（只见帆），这是画理，亦造园之理。”[2]依循画理成长起来的中国园林甚至在17世纪的欧洲成为“绘画”式风景园林的建造蓝本，为当时的欧洲建筑与造园界带去了新颖与惊奇。无论是英国对“如画景致”园林的追求还是日本“枯山水”平庭的创作，但凡以风景范式为指导原则的园林建造都多少受到中国水墨山水的影响。

出于对画理的重视和对画境的追求，中国古代造园家往往身兼画家的身份与修养，在三维空间中以山石草木为皴擦笔意挥洒胸中丘壑。从王维建辋川别业到白居易修履道坊宅园，从赵佶造艮岳到叶洮构畅春园，从米万钟修勺园到倪瓒绘狮子林……这些书画史上灿若星辰的艺术大师将诗画中的“桃花源”带到人间，建成了人类心灵的栖居地。仕途失意的王维买下了宋之问位于辋川山谷[3]的蓝田山庄，改建为一处“可耕、可牧、可樵、可渔”的神仙隐居之地辋川别业。辋川拥有林泉之胜、天然之景，王维根据这里的山貌水姿营造出华子冈、歌湖、竹里馆、茱萸沜、辛夷坞等20多处景观，又在景点之间修筑亭榭轩馆等建筑，将天然景致与人工景趣有机相连，以点概面，构成一派富有诗意画境的自然山水园林。据传，王维在辋川山庄的清源寺墙壁上绘制《辋川图》，张彦远评之：“笔力雄壮”，朱景玄评之：“山谷郁郁盘盘，云水飞动，意出尘外，怪生笔端。”可惜这幅气象非常的王维亲笔已经不复，但“辋川图”却成为中国山水画的经典图式被历代画家争相模仿演绎，氤氲成隐逸文化中的一道白月光。（图287）

[1] 童寯著，童明译：《东南园墅》，湖南美术出版社，2018年版。

[2] 陈从周：《说园》，同济大学出版社，2007年版。

[3] 今陕西省蓝田县西南10余公里处。

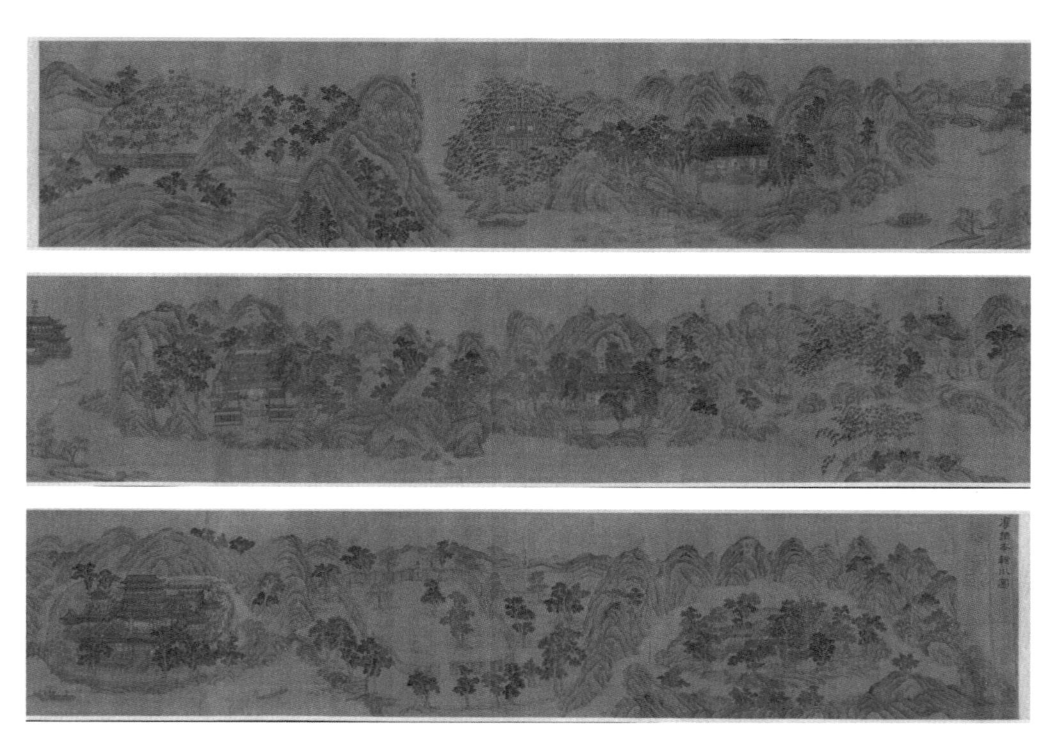

图287　宋　郭忠恕《临王维辋川图》

文人画自元代成为画坛主流的同时，画家造园亦蔚然成风。尤其是明代中叶的画坛领袖“吴门画派”更是将“文人画的意境构思、美学意念、意态风格乃至线条色彩、技法手段等都运用到文人园的构成设计、写意造景中来，体现了‘师造化夺天工’的空间写意性格”[1]。“沈周在相城筑‘有竹居’，‘风流文采，照映一时’，文徵明在苏州高师巷筑停云馆、唐伯虎在桃花坞筑唐家园……”中国园林在画家文人的书砚笔墨间从梦想走向现实，营造起一片意境旷远、余味悠长的精神图卷。

中国山水画着重写意，画家笔下的山川草木是真实自然中万千山河的概括与提炼，跨越时空界限的山水风景能够以最主观的笔墨呈现画家最丰富的内心剖白。绘画以线造型、以形写神，通过设色晕染、散点透视、虚实相生等手法追求画面的“象外之象”。这样的绘画过程与园林艺术对大自然的抽象方式不谋而合：通过以小见大、移步换景、虚实相映、透漏因借等手法布置花木、山石、建筑、水体等造境元素，获得“虽由人作，宛自天开”的艺术境界。相同的创作路径造就了绘画与园林相互借鉴的提升方式，或者可以这样认为：“中国园林是把作为大自然的概括和升华的山水画又以三度空间的形式复现

[1]曹林娣:《中国园林文化》，中国建筑工业出版社，2005年版。

到人们的现实生活中来。”[1]

从绘画与园林在表现技法与营造方式上的关系来看，绘画艺术中对“留白”的强调也是营造园林意境的文化底色。根据李霖灿先生对中国绘画的构图研究，留白在南宋的山水画中就出现了。“北方干燥，江南水分充沛，山在烟雨空蒙之中，自然影响到画面上‘虚’的产生……”[2]在米友仁、马远的“残山剩水”中，留白是云天水雾的延伸，是实体的空白；到了元代“四大家”的作品中，留白成为题款与印章的背景，是抽象的虚空。元代正式成立的文人画，将中国绘画的空白引向了一方纯粹的时空。在色彩褪散的渺茫和孤寂中，以“反装饰”“反写实”甚至“反绘画”的方式[3]，用饱满冲融的空白将绘画上升为哲学，荡涤出一种心境的沉思。

中国哲学通过无限的、未完成的空白体现在一切内敛含蓄、不饰技巧的艺术形式中，正如文人园林的粉墙漏窗，透露着“风生林樾，境入羲皇。幽人即韵于松寮；逸士弹琴于篁里”[4]的情韵雅趣。

园林对于意境之美的塑造超越了其中亭台楼阁等建筑物本身的审美价值，让身临其境的游览者虽身处馆轩厅宇之中，辗转门窗楹柱之间，却能感受到空间的虚实互动、流转回环，体悟景象之外的无穷深意和无限情思。明代造园学家计成在《园冶》中说：“轩楹高爽，窗户虚邻，纳千顷之汪洋，收四时之烂漫。”在扩展时空感受的过程中，园林建筑的窗起到了很大的作用。建筑大师贝聿铭说：“在西方，窗户就是窗户，它放进光线和新鲜空气；但对中国人来说，它是一个画框，花园永远在它外头。”在中国的建筑意匠中，窗不仅仅是景致的画框，更是情感的出口。在中国的诗词中有：“小槛临窗，点点残花坠”[5]，窗是思妇对远行情郎的惦念；“风窗疏竹响，露井寒松滴”[6]，窗是禅宗静默世界中轮回的入口；“碧窗纷纷下落花，青楼寂寂空明月”[7]，窗是不复相见的恋人深深的思恋……窗就是建筑的眼，透过它看到的是更广大的世界，能展示出建筑自身的风韵；窗是连接建筑内外世界的渠道，通过窗棂纹样的遮蔽形成犹抱琵琶半遮面的情趣。中国美学讲求含蓄，传统建筑的窗牖常采用花窗形式，让所见景物被窗棂分割，更添美态。当阳光照射时，棂条形成的图案会洒落在室内的地面上形成光影，窗与影、虚与实，相映成趣，这是一段用艺术雕刻的诗意时光。（图288）

---

[1]周维权：《中国古典园林史》，清华大学出版社，2011年版。

[2]李霖灿：《中国画的构图研究》，《故宫季刊》第5卷第4期，1971年。

[3]高居翰James Cahill著，颜娟译：《钱选与赵孟頫》，《故宫季刊》第12卷第4期，1978年。

[4]（明）计成：《园冶》。

[5]（宋）欧阳修：《蝶恋花·欲过清明烟雨细》。

[6]（唐）柳宗元：《赠江华长老》。

[7]（唐）李白：《寄远》（其八）。

图288　中国传统建筑花窗

香港设计师翁狄森（Dickson Yewn）推出的Lattice Florale戒指系列（图289）正是以中国古典园林的“窗”为灵感，用正方形的轮廓比喻建筑的体量，四壁侧面镂刻成一扇装饰着丰富纹样的“花窗”。透过交织密布的窗棂缝隙可以窥见其上细腻的拉丝纹理，犹如窗牖天然的木纹肌理。戒指内壁的边缘设计成柔和的圆角，不仅适合日常佩戴，更仿佛一扇洞开的圆窗，将园中景趣纳入室内。窗的设置是为了能够让身处室内的人望出去，望见一个新的境界；也是为了能够让身处室外的人看进来，体味一方深情的挽留。

匍匐于戒面之上的动植物造型仿佛推开花窗看到窗台外的一方景致，黑钻和黄钻交错点缀的蜜蜂栖息在红珊瑚牡丹上吮着甜香的花蜜；黑白镶点的甲虫依偎在一起，仿佛一对无法分割的爱侣；甚至有两只刚刚落脚的蝇虫，蓝宝石的眼睛闪着不安的幽光。最特别的是一只缀满钻石和沙弗莱石的蝾螈，前爪轻抚上翡翠打造的纤纤莲叶，细长的尾巴沿着戒壁挂在“窗”边。

图289　翁狄森　Lattice Florale戒指系列

花窗将风景引入室内，它本身也是一道可以随时欣赏的景致。清代文学家李渔在《闲情偶寄》中强调“窗棂以明透为先，栏杆以玲珑为主”，还亲自设计了各种装饰考究的花窗样式，以求达到“移天换日之法，变昨为今，化板成活，俾耳目之前，刻刻似有生机飞舞”的美学境界。在李渔这位生活美学家看来，窗本身就是一幅画，将人工雕造的花

图290　网师园　“琴室”峭壁山

鸟草虫做成窗棂纹饰，可“居移气，养移德”，足不出户也可以置身于丹崖碧水、茂林修竹之中，达到从“卧游”到“居游”的理想境界。这样逍遥的生活艺术就在“棂不取直，而作欹斜之势；又使上宽下窄者，欲肖扇面之折纹”的花窗疏影中“活树生花”，真正享受“会心之处不在远，过目之物尽是画图”的人生自在。窗是一双眼，洞开建筑的心灵；窗也是一首诗，让人领略四季轮回。

园林的粉墙是一幅雪白的绢，拓印下浓妆淡抹的光与影，“这是人间的第一幅画”[1]。网师园“琴室”的峭壁山（图290）正是这样一幅以白墙为纸，竹石为图的动人画卷：“藉以粉壁为纸，以石为绘也。理者相石皴纹，仿古人笔意，植黄山松柏、古梅、美竹，收之园窗，宛然镜游也。”[2]

光影是粉墙成画的媒介，也是园林空间“留白”的要素。变幻莫测的光造就了园林景观的摇曳多姿。明代文学家萧士玮《春浮园记》：“台南古树百章，孙枝旁柯，咸可蔽牛，日月至此，辄相隐蔽，光如雨点，自枝间堕，微风粼粼，时碧时白，如千尺雾縠布地上也。”从枝叶缝隙间洒落的点点碎光如雨丝入画焕发了空间的生机，让色彩有了着落。陈从周先生曾这样描述园林中的色彩：“园林中求色，不能以实求之。北国园林，以翠松朱廊衬以蓝天白云，以有色胜。江南园林，小阁临流，粉墙低压，得万千形象之变。白本

[1] 达·芬奇：《笔记》，麦克兑英文译本，1906年。

[2]（明）计成：《园冶》卷3《峭壁山》。

非色，而色自生；池水无色，得色最丰。色中求色，不如无色中求色。故园林当于无景处求景，无声处求声，动中求动，不如静中求动。景中有景，园林之大镜、大池也，皆于无景中得之。”无形无状的日月光华将园林升华为哲学，让景物的呈现和构思回归对本质的思考，臻于“无中生有”“大象无形”的大道之境。苏州留园十八景之一的“古木交柯”（图291），在墙移花影间、粉墙素瓦上，落影斑驳，由静生动，形成一角疏朗淡雅的画意。空间在此时由暗转明，由窄渐宽，北墙上一排并置的花窗透漏着园中花木楼阁、山容水姿。蓦然回望间，古树苍劲、雪墙粉白，扶疏的光影掩住了一片明暗过渡间的绿荫婆娑。

图291　留园　“古木交柯”

宗白华说：“最高的文艺表现，宁空毋实，宁醉毋醒。”意境就是这“空”和“醉”酝酿出的一域天水，满船星河。甘露珠宝2018铂艺述“界”系列（图292），线条宛转成一个画框，放进亭轩、花鸟、山水和涟漪，波动出园林意境中一痕相思和期待，在光影流淌间，沉淀出一湾温柔的清梦。

图292　甘露珠宝　2018铂艺述“界”系列

# 文心之美

陈从周先生说："中国园林，名之为'文人园'，它是饶有书卷气的园林艺术。"[1]关于诗文之于园林的重要意义，他认为："研究中国园林，似应先从中国诗文入手，则求其本，先究其源，然后有许多问题可迎刃而解。如果就园论园，则所解不深。"[2]

中国园林的营造，皆是在景观主题确定之后，用诗文形式概括推敲而来，正是清代书画家陈继儒所谓"筑圃见文心者"。探寻园林的"文心"轨迹，可领略《庄子》"极天之荒，穷人之伪"的驰骋和"汪洋恣肆，仪态万方"的浪漫；领悟王维"行到水穷处，坐看云起时"的禅意和杜甫"南雪不到地，青崖粘未消"的诗情；醉心姜白石"意象幽闲，不类人境"的邈然和王羲之"向之所欣，俯仰之间，已为陈迹"的怅惘；亦可品味陶渊明"归去来兮"的恬适和"采菊东篱下"的真趣……庄子强调的人格超然和心志高远是中国文人的心魂所系。从"濠梁观鱼"的"知鱼之乐"到"濮水钓鱼"的闲雅超逸，"濠濮"之情是琴画诗赋里的餐云卧石；从"泛若不系之舟"的人生至美到"余舟一芥"的知足常乐，"返璞归真"是风扫花径间的闲游云天。

如果说《庄子》为中国园林提供了艺术范式，那陶渊明则"为后世士大夫筑了一个'巢'，一个精神家园"[3]。他的田园诗被中国文人用自己营构的园子"解读"出一种至美的人生境界。诗中的风景至纯至净，令人沉醉，是南山种豆、带月荷锄，是夕露沾衣、把酒斟酌，陶渊明将人间"善美"归于一体，创作出中国文化的"伊甸园"《桃花源记》："土地平旷，屋舍俨然，有良田、美池、桑竹之属。阡陌交通，鸡犬相闻。其中往来种作，男女衣着，悉如外人。黄发垂髫，并怡然自乐……"这是身处乱世泥沼中的陶渊明构建出的理想国度，也成为隐逸文化的巅峰。"桃花源"是一片精神的海市蜃楼，这个世界里有屋舍良田、美池桑竹、阡陌交通，鸡犬相闻。炊烟袅袅，怡人芬芳，春耕秋收，富在知足，令

[1] 陈从周：《中国诗文与中国园林艺术》，收录于《中国园林》，广东旅游出版社，1996年版。

[2] 陈从周：《中国诗文与中国园林艺术》，收录于《中国园林》，广东旅游出版社，1996年版。

[3] 袁行霈：《中国文学史》，高等教育出版社，1999年版。

人向之往之。“每一个幻想都是一个愿望的满足，都是一次对令人不能满足的现实的校正”[1]，都是宁静、平等、淳朴生活在理想中的折光。陶渊明是超前的，他构建的世界是中国文化史上的“早产儿”，并没有被完全接纳。毁誉参半的态度直至宋代才被士大夫们真正“解读”，或追加神话传说，或附会古迹遗址，或咏叹感赋，或付诸笔墨，升华为文学艺术中的“世外仙境”。

与其说“桃花源”是一个理想世界，不如说它是一个精神象征。时代更替，审美轮转，“桃花源”成为每个人寄放梦想最适合的地方。苏轼在《和桃源》诗序中将“南阳菊水”“武都仇池”比作避世立身的桃源仙境。唐寅而立之年从云端跌落，将余生诗酒放浪的自己寄托于“桃花坞”。九五之尊的皇帝对“桃花源”同样情有独钟。圆明园“武陵春色”和颐和园“湖山真意”承载着三代帝王对世外之境的向往。中国现代文学史上国民度最高的“桃花源”是金庸先生在《射雕英雄传》中建造的“桃花岛”，岛主黄药师是江湖世界最完美的侠士……

如果细看《桃花源记》原文会发现，文中描述的山中世界并没有桃花。桃花的意象只出现在缘溪而行的夹岸“缘溪行，忘路之远近。忽逢桃花林，夹岸数百步，中无杂树，芳草鲜美，落英缤纷”。“桃花”是引子，是每个人走进自己梦想的“引路人”，看到桃花，就仿佛看到了希望的微光。就如仇英的《桃花源仙境图》，画中有山峦叠嶂、雾霭迷蒙，有清泉潺潺、松柏婆娑，有仙者抚琴、童子送茶，在这个神仙世界，有没有桃花的存在根本不重要，“桃花源”变成了一个“符号”，它代表着最美好的时光、最自在的生活、最贴心的爱人、最深沉的相思、最繁茂丰足的祈愿、最明媚悠长的岁月、最纯真温暖的心灵……它是希望的象征、美好的基调，是一个中国文化的乌托邦。

甘露珠宝2022年春夏发布的“桃花源理想世界”里，悠游着奇幻神秘、古灵精怪、浪漫可爱、憧憬期许……将陶渊明笔下的“桃花源”延展出了丰富且诗意的想象。甘露珠宝将这些抽象的联想打造成当代年轻人的“桃花世界”，这里有照亮前路的“萤火虫”、闪烁夜空的“星星”、弯起笑眼的“长颈鹿”、舞衣蹁跹的“天鹅”、活泼俏皮的“小兔子”、羞涩腼腆的“大象”；也有滚动在花瓣上的晶莹“露珠”、绽开在枝头的粉妆“笑颜”、落入花心的灿丽“云霞”……（图293）

园林的诗画美境不仅是诗赋的催化剂，其中的文学因子也激发了小说、戏曲的创作。园林与文学的互动，拓展了文学的时空舞台，也增添了园林的人文魅力。

中国文学史上最完美的一座园林是曹雪芹在《红楼梦》中用笔墨意象建构的大观

[1]［奥］弗洛伊德：《作家与白日梦》。

图293　甘露珠宝　桃花源

园。这座“天上人间诸景备”的园林汲取江南文人宅园与北方皇家宫苑之精华，是红楼女儿们的栖止之所，也是红尘中的“警幻仙境”。从第十七回开始，随着贾政、宝玉一行人的走走停停，这座衔山抱水、繁花胜景的旷世奇园在烟云笔墨中一点点构筑起来，铺展成一卷最美的长轴。

园子正门五间，进门“只见迎面一带翠嶂挡在面前”，其上苔藓成斑，藤萝掩映，一条羊肠小道微露于山石崚嶒、纵横拱立之中。园中的第一道屏障，遮挡住即将呈现的景象，仿佛缓慢且平和的序曲，是高潮迭起的前奏，也是“林尽水源”后的山中小口，透露着若有似无的光，预示着之后的“豁然开朗”。与西方花园一览无余的“伟大”不同，中国园林的空间安排喜欢从欲说还休的“遮掩”开始，以激发人们的好奇心为目的，像一本“且听下回分解”的章回小说，它的结构和布局都在后面。作为“探景一进步耳”，这处非主山正景之处被宝玉题名为“曲径通幽处”，出自唐代诗人常建的名句“曲径通幽处，禅房花木深”[1]。意境幽古，禅意通透，蕴含着中国古典审美意趣中很特殊的情境——含蓄之美，在建筑空间上则表现为欲扬先抑、先狭后旷的序列安排。园林的花团锦簇、气象万千就从这“曲径通幽”的山石之后拉开序幕。

关于大观园的全貌，曹雪芹安排了第十七回“大观园试才题对额”和第四十二回“史太君两宴大观园”两个章回进行了全景式的展示。此外还有三次局部性呈现，分别是在第十八回“荣国府归省庆元宵”、第四十九回“琉璃世界白雪红梅”以及第七十四回“惑奸谗抄检大观园”，加上散落于全书中的景致细节描写，已经相对完整地展现出了大观园景观空间的整体布局。

大观园既有文人园林的清雅，又有皇家宫苑的富丽，山水草木，参乎造化，亭阁廊榭，妙合自然，是“既雕既琢”之后的素朴，也是枕石漱流的意趣。潇湘馆“一带粉垣”，“数楹修舍，有千百竿翠竹遮映”，微风拂过，“只见凤尾森森、龙吟细细”，在一片翡翠质感的绿意中安谧孤迥，遗世独立；“一所清凉瓦舍，一色水磨砖墙，清瓦花堵，那大主山所分之脉，皆穿墙而过”的蘅芜苑是一块清透润泽的美玉，素洁浑朴，不事雕琢，看似“无味的很”，然而院墙之后的玲珑山石、异草芬芳，却陡增峥嵘奇崛之气。

琳宫绰约、桂殿巍峨的省亲别墅和锦簇团花、金彩珠光的怡红院则是人间仙境、富贵温柔乡。扼守大观园中轴线的省亲别墅“仿宫殿形制，前有玉石牌坊开局，再有大观楼和左右两侧楼垫步，中间则是富丽堂皇的正殿与东西侧殿，最后有嘉荫堂压阵，规模宏阔，秩序谨严，有不可侵辱之皇家风范”[2]。仿佛藏在园子最深处的怡红院其实与潇湘

[1]（唐）常建：《题破山寺后禅院》。

[2] 刘黎琼、黄云皓：《移步红楼》，生活·读书·新知三联书店，2018年版。

馆隔水相望，过桥可达。作为大观园的核心，怡红院四周“粉墙环护，绿柳周垂”，院中游廊宛转，山石点衬，“一边种着数本芭蕉”，叶阔肥厚、鲜绿如玉，另一边“是一棵西府海棠”，丝垂翠缕，葩吐丹砂。再远几棵松树下两只仙鹤闲羽剔翎，令人有萧然出尘之想。

潇湘馆格局娇小。曲折游廊构成前院，石子甬路从院门引至三间小小房舍，后院也只有两间小小退步。前院漫植翠竹，后院兼种芭蕉、梨花，一泓清泉自院外引入灌入墙内，“绕阶缘屋至前院，盘旋竹下而出”，一派清幽古雅之意，不禁引得贾政感叹：“若能月夜坐此窗下读书，不枉虚生一世。”《诗经·淇奥》用竹子的风姿俊秀比喻学识渊博、品德高洁的翩翩君子，描绘了一个水岸蜿蜒、竹林丰美的景象：“瞻彼淇奥，绿竹猗猗。有匪君子，如切如磋，如琢如磨，瑟兮僩兮，赫兮咺兮。”不知曹公在“建构”这座翠意玲珑的小小轩馆时是否参考了其中的美学意象，将性情淡泊、风骨傲然的黛玉守护在这方被竹林包围的小小世界之中。

中国文化给予竹十分崇高的地位。在南朝梁诗人刘孝先的诗中，竹是凌云世外的高士：“竹生空野外，梢云耸百寻。无人赏高节，徒自抱贞心。”在文学大家苏轼的笔下，竹是远离尘俗的雅士：“宁可食无肉，不可居无竹。无肉令人瘦，无竹令人俗。”在元诗四大家杨载的题诗中，竹是孤高独行的隐士：“风味既淡泊，颜色不妩媚。孤生崖谷间，有此凌云气。”在大画家郑燮的画中，竹是强顶风雪的勇士：“咬定青山不放松，立根原在破岩中。千磨万击还坚劲，任尔东西南北风。”在中国哲学中破土而出的竹，用修美的形象契合着中国文人的审美意趣和道德理想，在日出月照的时光中，在风来雨歇的声韵里，在露凝雪停的气息间，图解“青青翠竹，尽是法身”的自在随性，观照“独坐幽篁、弹琴长啸”的畅游天地。

竹的审美意匠成为西班牙知名品牌卡瑞拉珠宝Carrera y Carrera“吉祥竹”系列（图294）的灵感来源。以写实手法将竹之意蕴融于珠宝的每一处精致细节和错综结构中。竹叶纤细灵动，点点钻石如凝结的晨露，光华闪耀间仿佛凤尾颤动时反射的粼粼微光。竹枝婉转婀娜，逼真的节干强调着竹的坚贞与柔韧，传递出熠熠生辉的高洁静美、独立自由。

与潇湘馆比邻的秋爽斋是探春的居所。在序列上，秋爽斋与一侧的晓翠堂构成了一开一合的建筑布局。计成在《园冶》中描述了“堂”与“斋”的关系：“堂者，当也。谓当正向阳之屋，以取堂堂高显之义。斋较堂，惟气藏而致敛，有使人肃然斋敬之义。盖藏修密处之地，不宜敞显。”中国园林中的堂是较为重要的主体建筑和景观。晓翠堂临沁芳溪而建，四面出廊，不设围墙，空间开敞，屋顶形制既不用过于奢华崇高的庑殿顶，也不用轻俏秀美的攒尖顶，而是采用江南民居常用的歇山顶或硬山顶，体现出园林审美

图294　西班牙　卡瑞拉珠宝"吉祥竹"系列

中稳重、严肃的性格偏向。泱泱大气的晓翠堂与独善其身的秋爽斋仿佛君子风范的两面，形成了很好的互补。与堂的外向相比，斋是园林中较为私密内向的存在，“更多指向人的精神一极”[1]，是卸下了一天的应酬疲惫之后，内省静修的颐养之所。

在这座内向的小院之中是三间不曾隔断的阔朗房屋和芭蕉梧桐。探春最爱芭蕉，建诗社时自号“蕉下客”。芭蕉叶阔好比“雨障半旗”，色彩浓绿犹似“凤羽彩凰”，质地光洁宛若“绿绮翠袖”。蕉叶初生之时，展而未展之际是最有情味的妙赏，仿佛翠脂凝成一段冷却的烛芯，清逸出尘；又如寄托少女芳心的一卷书札，情意缱绻。芭蕉随着佛教的兴起走入了中国文人的视线，凭借着形色俱美的特质成为文学史上的一抹鲜亮的绿痕。唐宋文人将芭蕉的审美维度从外在拓展到内涵，无论是“梅子留酸软齿牙，芭蕉分绿与窗纱”的轻快明媚，还是“绿芜墙绕青苔院，中庭日淡芭蕉卷”的闲适悠然，抑或是“芭蕉不展丁香结，同向春风各自愁”的异地同心，以及“觉后始知身是梦，更闻寒雨滴芭蕉”的明心鉴性，都寄托着中国文学的一痕娴雅、数点孤愁。

金伯利钻石Kimberlite“时节·新生”高级珠宝系列“夏梦”手镯（图295），以18K白金和18K黄金分色处理工艺打造出了夏日里意趣盎然、茎舒叶展的芭蕉形象。这是庭院里的一株白日鲜活热辣、夜晚宁谧静美的芭蕉，叶片上点缀的钻石宛如反射着仲夏之夜满天星斗的璀璨光华，将落入凡间的星辉缠绕于芭蕉的茎脉纹理之中，圈圈漾开，如一团不散的酣甜清梦。

秋爽斋的命名以梧桐点题，元妃为其赐匾“桐剪秋风”。“广叶青阴、繁花素色”的梧桐高大美观，从先秦时代开始就成为中国文化中圣雅吉祥的象征，被赋予了许多美好的象征意义。最早出现于《诗经》中的梧桐意象引发了后世无数文学联想。《诗经·大雅·卷阿》：“凤凰鸣矣，于彼高冈。梧桐生矣，于彼朝阳。”《庄子·秋水》：“夫鹓鸰发于南海而飞于北海，非梧桐不止，非练实不食，非醴泉不饮。”文学价值的提升奠定了梧桐的神圣地位，使得凤凰与梧桐的组合成为中国文化史上最美好的固定搭配，千年不变。“凤栖梧桐”的文学意象则在潜移默化中成为华夏民族的美学共识。

梧桐与凤凰的组合还演绎出了跨越千年的爱情意蕴。传说梧桐与凤凰同为雌雄异体，梧为雄，桐为雌，双桐枝叶相交，同生共死。在汉代乐府诗《孔雀东南飞》中，焦仲卿、刘兰芝双双殉情，“两家求合葬，合葬华山傍。东西植松柏，左右种梧桐。枝枝相覆盖，叶叶相交通。中有双飞鸟，自名为鸳鸯”。唐代诗人陈子昂在《鸳鸯篇》中首次将梧桐与凤凰作为忠贞爱情的直接表征：“凤凰起丹穴，独向梧桐枝。”从此，“凤栖梧桐”被

[1] 刘黎琼、黄云皓：《移步红楼》，生活·读书·新知三联书店，2018年版。

图295　金伯利钻石　“时节·新生”高级珠宝系列“夏梦”手镯

赋予了情感含义，广泛出现于历代诗文之中，是“梧桐台下弄瑶弦，云外凤凰独倾心”的心意难平，是“人传郎在梧桐树，妾愿将身化凤凰”的情比金坚，是“丹丘万里无消息，几对梧桐忆凤凰”的执着相思，是“清露下，月明中，凤凰栖老碧梧桐”的此去经年……

2015年，一组航拍南京中山陵秋日美景的照片刷爆网络。沿南京陵园路栽种的梧桐在阳光下金彩辉煌，好似一条华美无比的项链，将“美龄宫”的蓝色琉璃瓦屋顶环绕其间，恰似镶嵌于吊坠中心的一枚蓝色宝石，美不胜收。从1872年第一株梧桐在南京石鼓路落地生根，梧桐陪伴了这座历史名城一个多世纪的时光，是自然的造化，也是人文的浪漫。珠宝大师方韦先生将这份寄托着时代沧桑和家国情怀的厚重演绎成为对金

图296　宝庆银楼　方韦“金陵之恋”

陵古城的深情。由4991粒钻石镶嵌而成的“梧桐叶片”串联环绕成华光璀璨的“金陵之恋”（图296），襄护于无数星芒间的蓝宝石仿佛一颗悦动的心脏，在流光溢彩的闪耀中诉说着跨越世纪的眷恋。

在《红楼梦》第四十二回中，贾母二宴大观园时在缀锦阁吃酒，小戏子们在临水而建的藕香榭中演习吹打。借着水音，丝竹箫管之乐穿林渡水而来，旋律婉转，曲调清亮，如天籁回响，妙音临凡。《释名》云：“榭者，藉也。藉景而成者也。或水边，或花畔，制亦随态。”为赏景而生的“榭”形制自由，造型规格全在匠心。藕香榭“盖在池中，四面有窗，左右有曲廊可通，亦是跨水接岸，后面又有曲折竹桥暗接”，水榭柱子上一副黑漆嵌蚌对联：“芙蓉影破归兰桨，菱藕香深写竹桥”，这是园林中一处创造“声景”的舞台——晚归的兰桨划破夜色，潺潺的涟漪摇碎花影，竹桥上是清脆而悠缓的脚步，伴着被晚风吹散的花香，声声入耳。

园林的“声”是燕语莺啼，也是风潇雨瑟；是抚琴弄乐，也是戏曲吟唱。自古戏曲与园林就有着千丝万缕的联系。园林中的浓山绿水、花木竹影是顾曲演剧的理想场所，为戏曲艺术创造了一方美丽鲜活的舞台。梨香院内“笛韵悠扬，歌声婉转”的《牡丹亭》曲让经过的黛玉不禁驻足“原来姹紫嫣红开遍，似这般，都付与断井颓垣……”辞典文雅的唱词，动情缠绵的曲调，隔着透风漏月的花墙逶迤传入耳中，身处在红情绿意、林籁泉韵的大观园中，牵动的又是怎样一断愁肠？

《牡丹亭》是明代戏剧家汤显祖创作的“临川四梦”之一，讲述了南宋南安太守杜宝的独生女儿丽娘与情郎相会，由梦生情，由情而病，由病而死，又因情复生的故事。故事发生的背景是一处“亭台六七座，秋千一两架，绕的流觞曲水，面着太湖山石，名花异草，委实华丽”的小庭深园，在“朝飞暮卷，云霞翠轩”的春光里，这个浸染了“雨丝风片”的“梦”，孤独而绚烂地绽放在象征天地自由的园林深处。

“不到园林，怎知春色如许！”第一次走进花园的杜丽娘，领略到了梦境与现实怡然融合的绝妙片段。在园林的“良辰美景”中，她遇到了爱情，发现了自我，挣脱了枷锁……直到“梦回莺啭，乱煞年光遍”，春梦乍醒，“锦屏人忒看的这韶光贱！”青春短暂的自叹自伤接踵而至：“则为你如花美眷，似水流年。”神思恍惚的杜丽娘再次寻梦花园：“寻来寻去，都不见了。牡丹亭，芍药阑，怎生这般凄凉冷落，杳无人迹？好不伤心也！”为情而死的杜丽娘被葬在她向往的花园梅树下，最终因“情”复生，团圆结局。

无论是惊心动魄、巧妙迭出的《牡丹亭》，还是曲折跌宕、风清月朗的《紫钗记》，抑或是冷峻尖锐、浑朴深刻的《邯郸记》和《南柯梦》，园林给予了汤显祖思维驰骋、人生抱负的舞台。根植于园林文化生发而成的爱情生死、人生起落，“一切世事俱属梦境”[1]。杜丽娘的人生就是一场梦，赠与柳枝定终身的柳梦梅，碧瓦亭台春衫薄的小庭院，她的凋谢盛放、生死轮回，都是一场梦境的自述。人生如梦，梦似人生，中国文学史上又有哪些故事曾经真实发生，又有哪些是作者梦中的呓语呢？两千多年前的庄周用一个影响了后世无数文人的梦告诉了我们答案。在这个梦里，他变成了一只蝴蝶舞于天地之间，醒来后不禁自问：我到底是谁，是蝴蝶还是人呢？是我进入了蝴蝶的梦中，还是蝴蝶进入了我的梦中？自由与艺术在这一瞬穿越了时空，穿透了壁垒，仿佛一只蝴蝶停留在了内心的最深处。

园林也是一场梦，盛放着中国古代文人所有诗意的幻想，从蓬莱仙岛到世外桃源，入世的文人一直在给自己找一个出世的乌托邦。与其说园林是现实自然的缩影，不如说是理想生活的哲学，是中国人心中一片与世隔绝的宇宙。踏进一方园林，抚一块山

[1]（明）袁宏道：《邯郸记总评》。

石，搁一捧清水，俯仰之间，沉醉于蓝天白云、明月清风，感受着那些在园林中发生的动人传说，像一只悠游自在的蝴蝶，过石桥，越洞门，看“叠石成山，林木葱翠”[1]，落于土山之巅，极目周眺，望“炊烟四起，晚霞灿然（图297）”[2]。

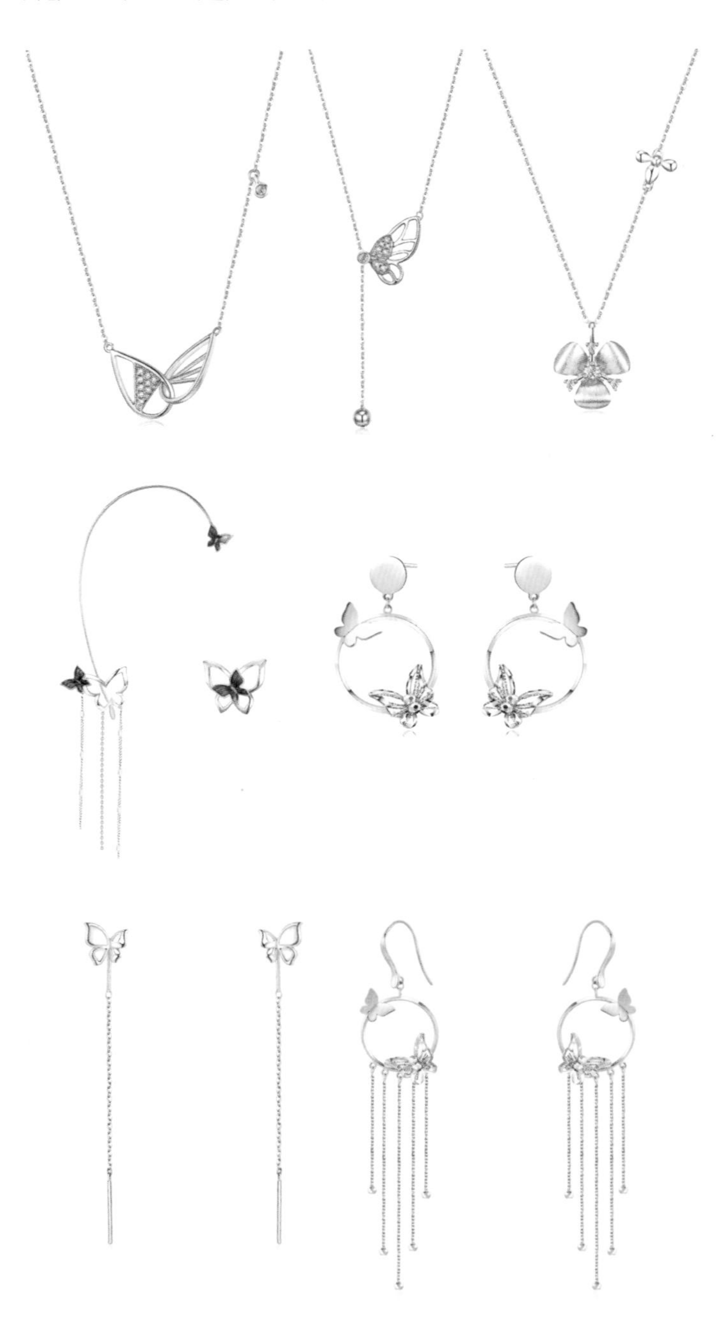

[1]（清）沈复：《浮生六记》。

[2]（清）沈复：《浮生六记》。

图297　甘露珠宝　2021春“梦蝶”系列

以梦造园林，移天缩地，灵水静幽，只为构筑一方心灵栖所；以梦筑珠宝，工艺与材质的交流琢磨间，诠释出一段艺术与灵魂的浪漫共鸣。御木本MIKIMOTO高级珠宝系列"The JapaneseSense of Beauty"采撷流转于园林中的四季美景，演绎出灵动变幻的"自然之美"，用珠宝打造出诗韵的浪漫季节。

"瀑布"胸针（图298）用缤纷的彩钻和巴洛克珍珠镶嵌出一卷冬末春初的园林图轴：倚崖傍水的青松展露出苍翠的容颜，倾珠泄玉的雪瀑漫射出游弋的飞虹，浮动的雪光消融成飘散的流云，千寻雪浪间翻卷起华光翠影。在这样的花园里，将世间百味煮成一壶清茶，那萦绕的茗香犹如似水无涯的人生，不负千里的烟霞。

图298　MIKIMOTO高级珠宝系列
"The JapaneseSense of Beauty"系列　"瀑布"胸针

“折扇”胸针（图299）致敬了园林中的禅意之美。灰色珍珠母贝拼贴出扇面，扇骨铺镶灵动的钻石，随着扇子的摆幅展现出不同光彩。紫色蓝宝石、粉色尖晶石、翠榴石化作一枝“胡枝子花”垂挂在折扇前，侧边悬缀一颗南洋金珠，如同一轮皓月。“折扇”意象构筑出了一个发生在夏日园林中的故事片段：如水的月光倾泻，照亮了一个开满鲜花的庭园。园里有雕梁画栋、飞阁流丹，还有密密匝匝的紫藤和丰美茂盛的竹林。站在曲桥上的美人伸出手臂，抖落折扇上的一枝胡枝子，桥下静谧的池水中荡出圈圈涟漪。月华如水的夜，微风吹散了香味，吹远了相思，只留点点落入凡间的星辉闪动着迷人的光。

图299　MIKIMOTO高级珠宝系列　“The JapaneseSense of Beauty”系列　“折扇”胸针

一步一方是风景，一景一笔成诗画。园林，藏着每个人的游园惊梦。

一扇轩窗，夜听秋雨；一方静斋，思索人生；一池碧水，洗濯心灵；半亩净土，耕云种月。卷帘藏起山光树影，洞门半掩泼墨红尘，忘却人间心碎，暂停宁谧时光，只留一片闲花、半盏香茗。

珠宝艺术虽不同于绘画、雕塑、建筑、音乐的创作，但是它可以浓缩形态与意境，淬炼材质与技艺，映射潮流与时代，更可贵的是，珠宝可以在使用中被传承下去，伴随时光的流淌，有着接近于“永恒”的生命力。

东方传统艺术是写意的，注重人与自然的关系，反映的大多是内心感受。西方古典艺术是写实的，注重的是对自然的重现，反映的大多是外部世界的真实情况或运行理论。东西方艺术的差异与中西哲学的差异有关。中国的哲学思想是天人合一，物我两忘；西方哲学主要是来源于逻辑思维，重视对事物的客观认识。东西方的当代艺术，在继承和融合之后，又不约而同地倾向于对内心的表达和重塑的欲望。

艺术流派的演化就像文中提到的“非物质文化遗产”，同样门类各异，异彩纷呈。“非遗”很多是“技术”也是相对实用的艺术，最大的特点是“活态流变”，在其千百年的传承中，始终不断地吸收融合。在珠宝艺术领域，珠宝“非遗”项目大多以“传统技艺”类别出现，“技术”始终伴随和支撑着艺术理念的形态与意境表达，“艺术”也不断重塑着“技术”的架构与章法，彼此依存。

无论何种艺术流派与“非遗”，如果以珠宝作为形式载体或者思想映射的窗口，都会更加容易得到最大限度的调和与认可。

在开放包容的时代，像各种艺术流派百花齐放一样，珠宝创作已经可以逐渐摆脱意识形态与加工技术的限制，以更自由的方式挥毫泼墨、彰显自我，人类数千年积淀而来的文化艺术宝库，也必将成为珠宝艺术创作取之不尽的灵感来源。

珠宝创作，是设计师将昂贵材质赋予灵魂的精准表达，也可以作为艺术家挥洒激情、重塑思维边界的神来之笔。

可以预见，在珠宝作品的创作领域中，勇敢打破经验桎梏，我们将能更深刻地体会到灵感与技艺相得益彰、意境与匠心交相辉映！